#수학심화서
#리더공부비법
#상위권으로도약
#학원에서검증된문제집

수학리더
응용·심화

Chunjae
Makes
Chunjae

▼

기획총괄　박금옥

편집개발　윤경옥, 박초아, 조은영, 김연정, 김수정,
　　　　　임희정, 이혜지, 최민주, 허인영

디자인총괄　김희정

표지디자인　윤순미, 박민정, 이수민

내지디자인　박희춘

제작　황성진, 조규영

발행일　2024년 10월 1일 3판　2025년 9월 1일 2쇄

발행인　(주)천재교육

주소　서울시 금천구 가산로9길 54

신고번호　제2001-000018호

고객센터　1577-0902

교재 구입 문의　1522-5566

수학 리더

응용 심화 3-1

BOOK **1**

분수와 소수

심화북 **차례**

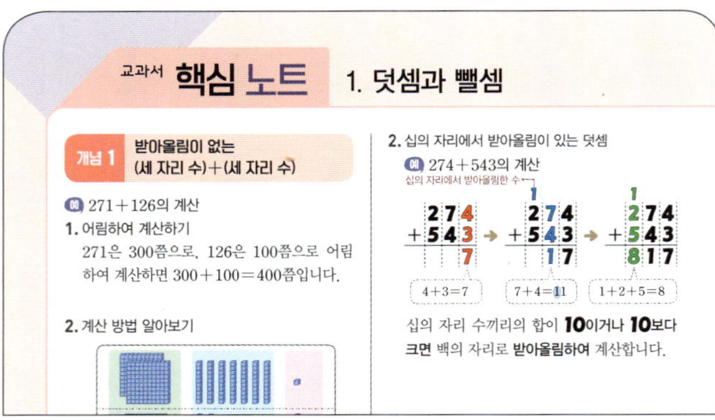

교과서 핵심 노트

단원별 교과서 핵심 개념을 한눈에 익힐 수 있습니다.

기본 유형 연습 1단계

주제별 교과서·익힘책 수준의 문제를 통해 배운 개념을 확실하게 익혀 봅니다.

기본 유형 완성

하나의 유형을 반복해서 연습해 보며 실력을 키워 봅니다.

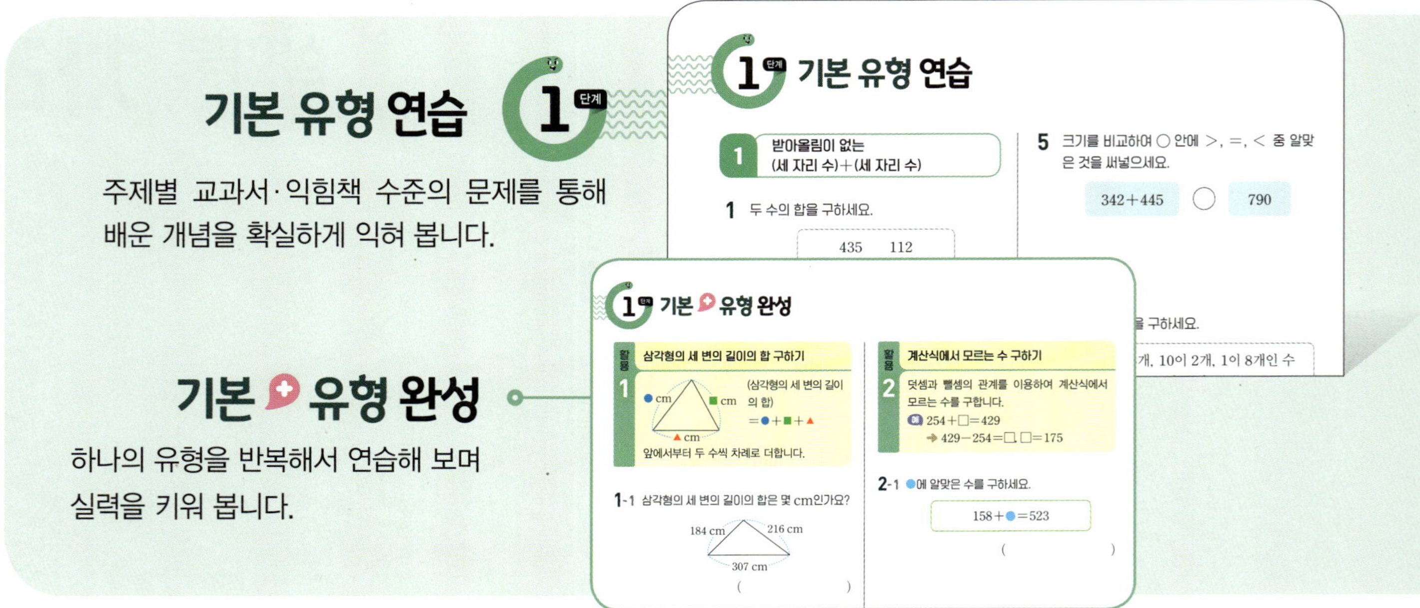

실력 유형 연습 2단계

학교 시험에 자주 출제되는 다양한 실력 문제를 풀어 봅니다.

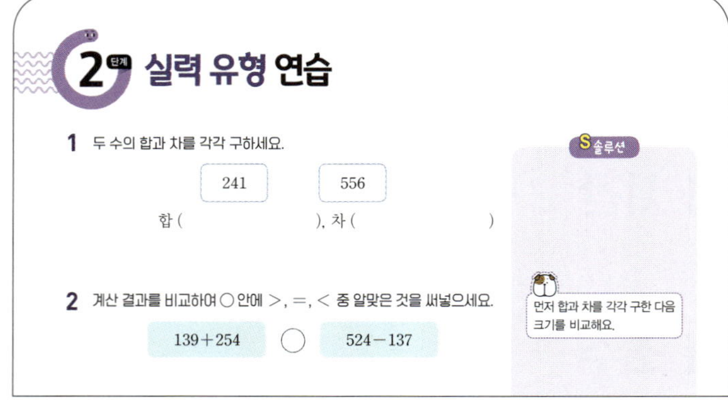

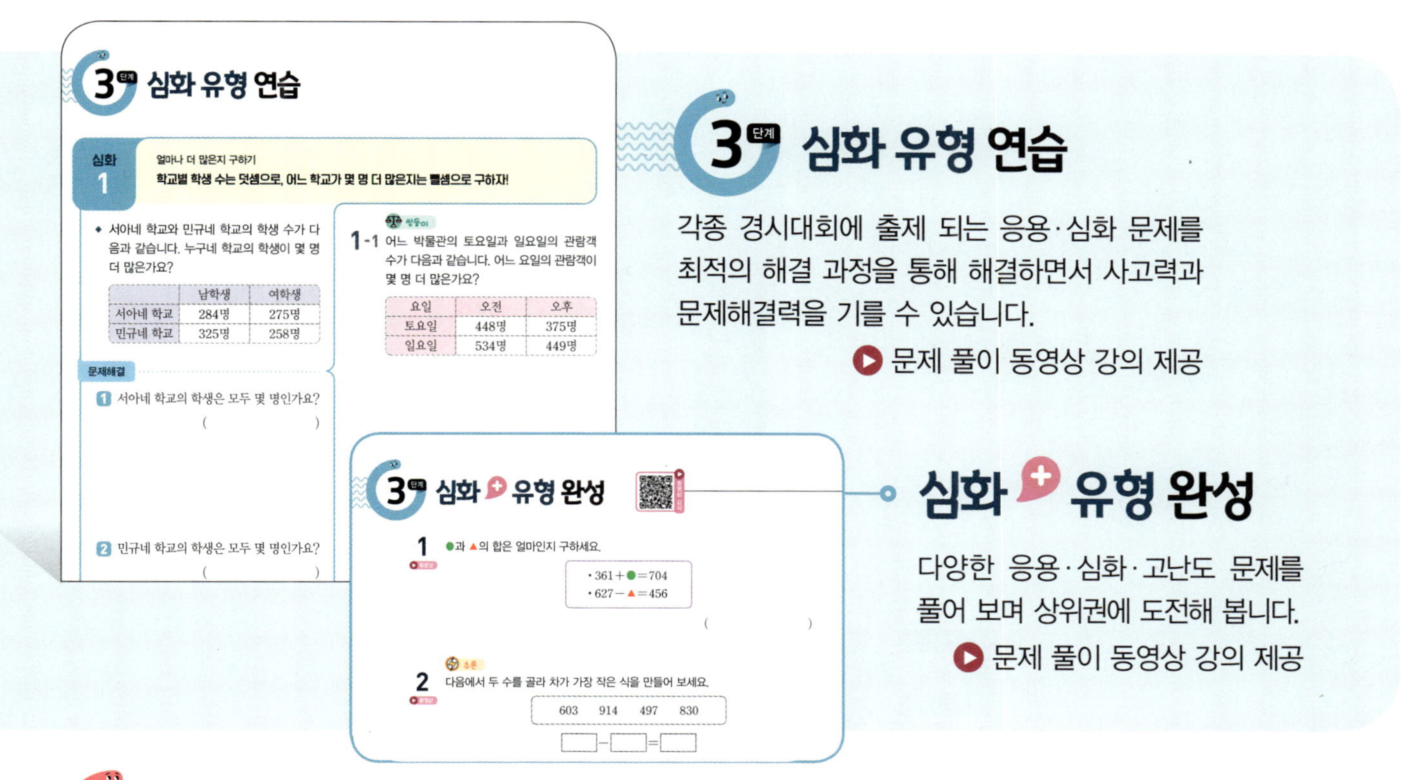

3^{단계} 심화 유형 연습

각종 경시대회에 출제 되는 응용·심화 문제를 최적의 해결 과정을 통해 해결하면서 사고력과 문제해결력을 기를 수 있습니다.

▶ 문제 풀이 동영상 강의 제공

심화 ⊕ 유형 완성

다양한 응용·심화·고난도 문제를 풀어 보며 상위권에 도전해 봅니다.

▶ 문제 풀이 동영상 강의 제공

Test 단원 실력 평가   각종 경시대회에 출제되었던 기출 유형을 풀어 보면서 실력을 평가해 봅니다.

Book 2

경시 대비북

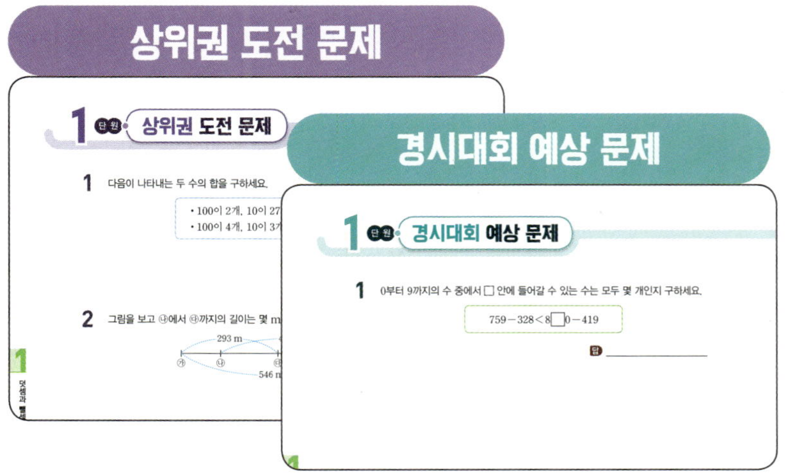

단원별 다양한 응용·심화·경시대회 기출 문제를 풀어 봅니다.

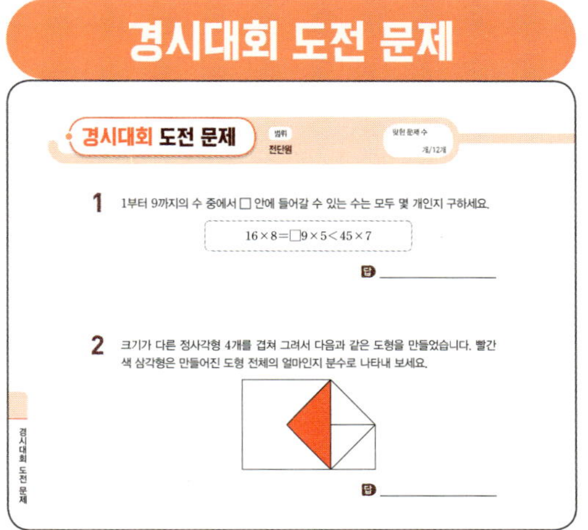

교내·외 경시대회를 대비하여 전단원 문제를 풀면서 실력을 평가해 봅니다.

1

덧셈과 뺄셈

1단원의 대표 심화 유형

● 학습한 후에 이해가 부족한 유형에 체크하고 한 번 더 공부해 보세요.

큐알 코드를 찍으면 개념 학습 영상과 문제 풀이 영상을 볼 수 있어요.

개념 1　받아올림이 없는 (세 자리 수)＋(세 자리 수)

(예) $271＋126$의 계산

1. 어림하여 계산하기

271은 300쯤으로, 126은 100쯤으로 어림하여 계산하면 $300＋100＝400$쯤입니다.

2. 계산 방법 알아보기

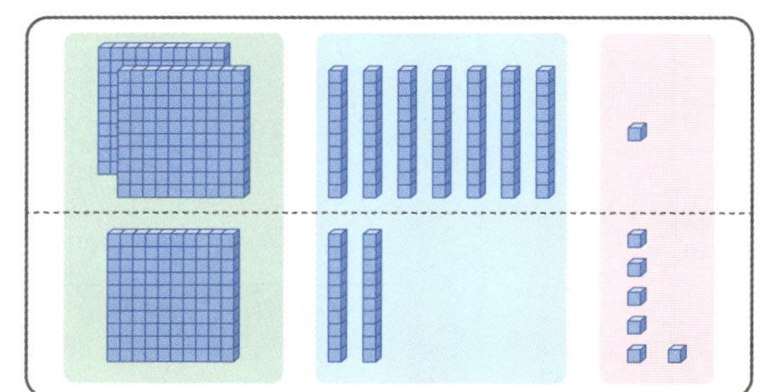

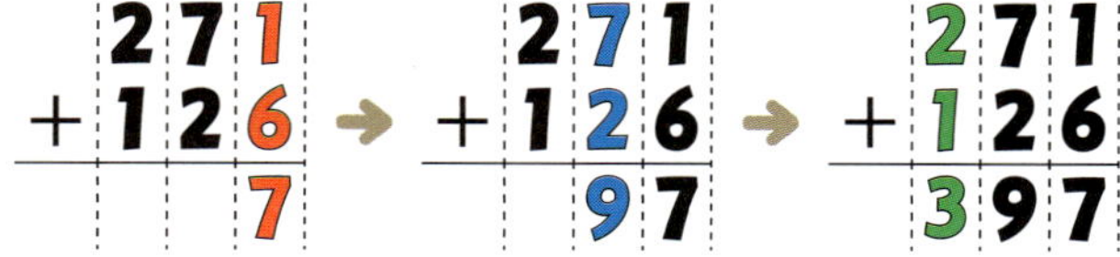

① 각 자리의 숫자끼리 맞추어 적습니다.
② 일의 자리 수끼리, 십의 자리 수끼리, 백의 자리 수끼리 더한 값을 차례로 씁니다.

개념 2　받아올림이 한 번 있는 (세 자리 수)＋(세 자리 수)

1. 일의 자리에서 받아올림이 있는 덧셈

(예) $139＋214$의 계산

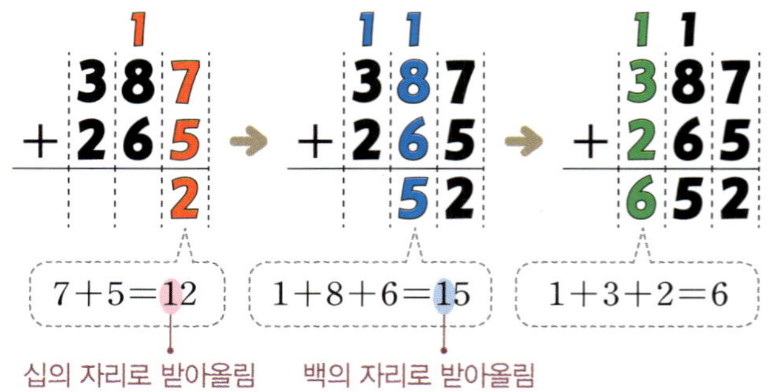

일의 자리 수끼리의 합이 **10**이거나 **10**보다 **크면** 십의 자리로 **받아올림하여** 계산합니다.

2. 십의 자리에서 받아올림이 있는 덧셈

(예) $274＋543$의 계산

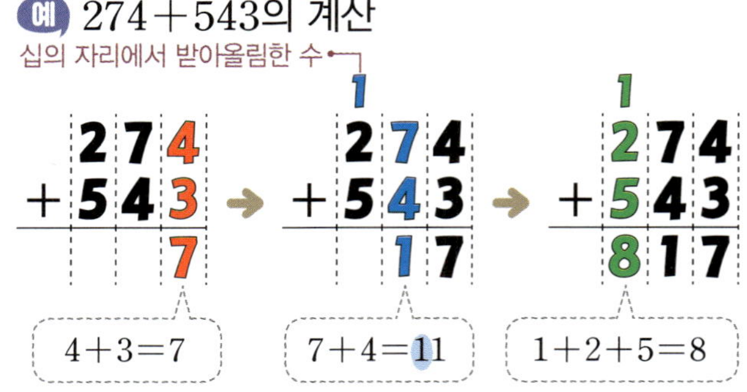

십의 자리 수끼리의 합이 **10**이거나 **10**보다 **크면** 백의 자리로 **받아올림하여** 계산합니다.

개념 3　받아올림이 두 번, 세 번 있는 (세 자리 수)＋(세 자리 수)

1. 받아올림이 두 번 있는 덧셈

(예) $387＋265$의 계산

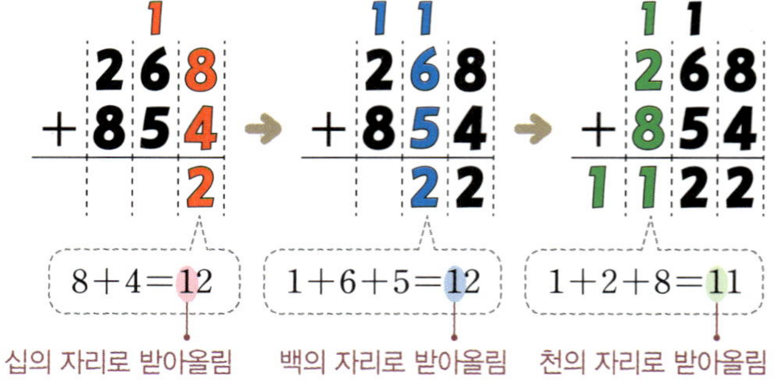

2. 받아올림이 세 번 있는 덧셈

(예) $268＋854$의 계산

덧셈과 뺄셈
1

개념 4 받아내림이 없는 (세 자리 수)−(세 자리 수)

예 328−113의 계산

1. 어림하여 계산하기

328은 300쯤으로, 113은 100쯤으로 어림하여 계산하면 300−100=200쯤입니다.

2. 계산 방법 알아보기

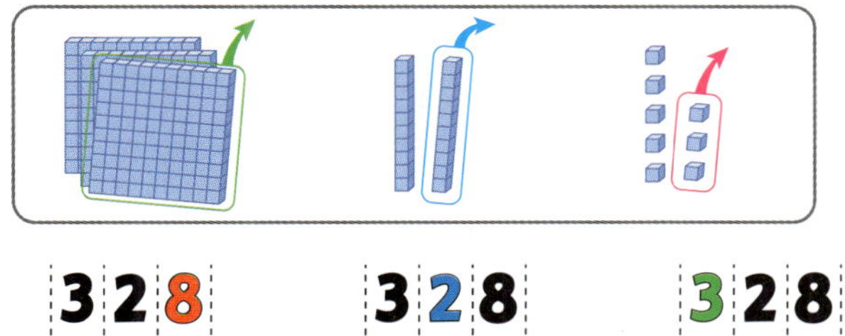

① 각 자리의 숫자끼리 맞추어 적습니다.
② 일의 자리 수끼리, 십의 자리 수끼리, 백의 자리 수끼리 뺀 값을 차례로 씁니다.

개념 5 받아내림이 한 번 있는 (세 자리 수)−(세 자리 수)

1. 십의 자리에서 받아내림이 있는 뺄셈

예 483−256의 계산

5+10−6=7   7−5=2   4−2=2

일의 자리 수끼리 뺄 수 없으면 십의 자리에서 **받아내림하여** 계산합니다.

2. 백의 자리에서 받아내림이 있는 뺄셈

예 725−481의 계산

5−1=4   2+10−8=4   6−4=2

십의 자리 수끼리 뺄 수 없으면 백의 자리에서 **받아내림하여** 계산합니다.

개념 6 받아내림이 두 번 있는 (세 자리 수)−(세 자리 수)

예 325−176의 계산

5+10−6=9   1+10−7=4   2−1=1

십의 자리에서 받아내림   백의 자리에서 받아내림

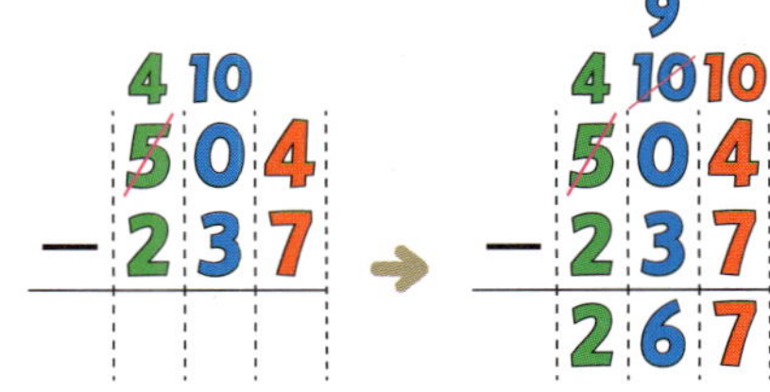

예 504−237의 계산

| 1 | 받아올림이 없는 (세 자리 수)＋(세 자리 수) |

1 두 수의 합을 구하세요.

| 435 | 112 |

(   )

2 어림하여 계산한 결과가 800쯤인 것에 ◯표 하세요.

| 114＋615 | 505＋321 |

(   )   (   )

3 ☐ 안에 알맞은 수를 써넣으세요.

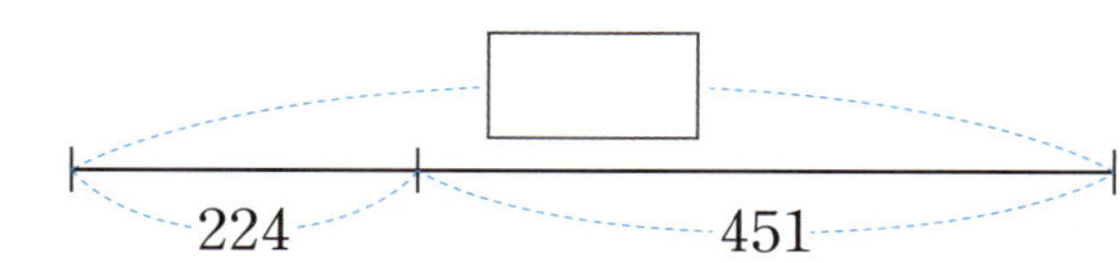

4 다음이 나타내는 수를 구하세요.

| 243보다 516만큼 더 큰 수 |

(   )

5 크기를 비교하여 ◯ 안에 >, ＝, < 중 알맞은 것을 써넣으세요.

| 342＋445 | ◯ | 790 |

6 ㉠과 ㉡의 합을 구하세요.

> ㉠ 100이 6개, 10이 2개, 1이 8개인 수
> ㉡ 170보다 100만큼 더 큰 수

(   )

7 독도에 사는 곤충은 약 130종, 조류는 약 160종이라고 합니다. 독도에 사는 곤충과 조류는 모두 몇 종인가요?　　　[출처: 외교부, 2024]

식 ____________________________
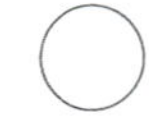

답 ____________________ 종

8 어느 날 덕수궁을 방문한 관람객이 오전에는 335명이었고 오후에는 120명 더 많이 방문하였습니다. 이날 오후에 덕수궁을 방문한 관람객은 모두 몇 명인가요?

식 ____________________________

답 ____________________ 명

2 받아올림이 한 번 있는 (세 자리 수)+(세 자리 수)

9 빈칸에 알맞은 수를 써넣으세요.

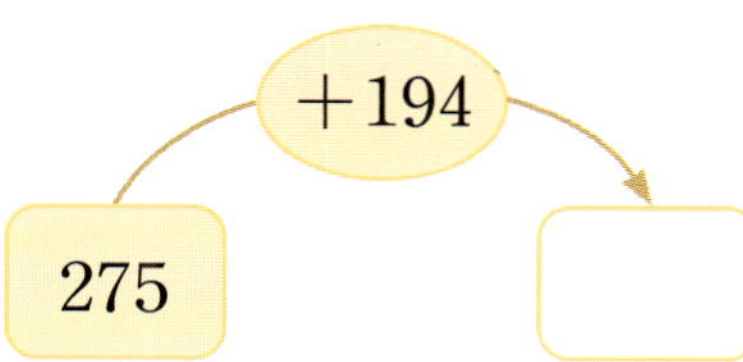

10 436+258의 계산에서 잘못된 부분을 찾아 바르게 계산해 보세요.

$$
\begin{array}{r}
4\ 3\ 6 \\
+\ 2\ 5\ 8 \\
\hline
6\ 8\ 4
\end{array}
$$

11 두 색 테이프의 길이의 합은 몇 cm인가요?

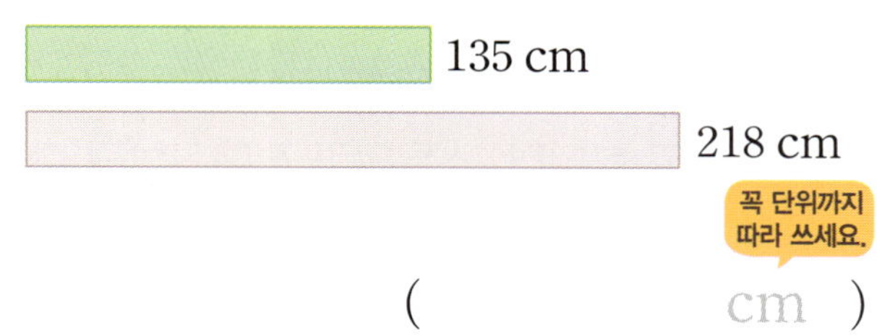

(cm   )

12 계산 결과가 더 큰 것에 ◯표 하세요.

167+529	374+295
( )	( )

13 서준이가 말하는 수를 구하세요.

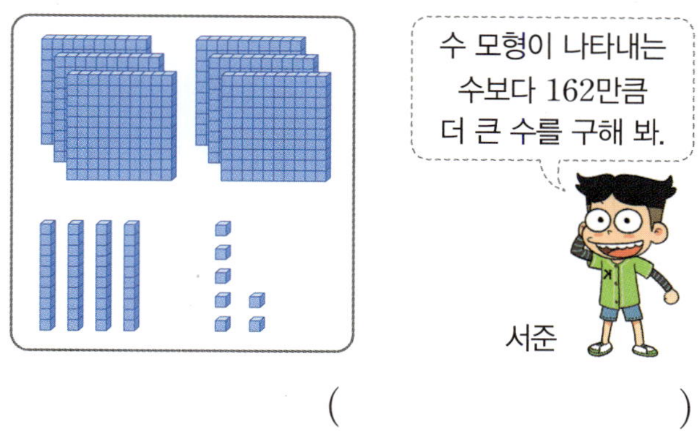

(   )

추론

14 덧셈식이 완성되도록 두 수를 골라 ☐ 안에 알맞게 써넣으세요.

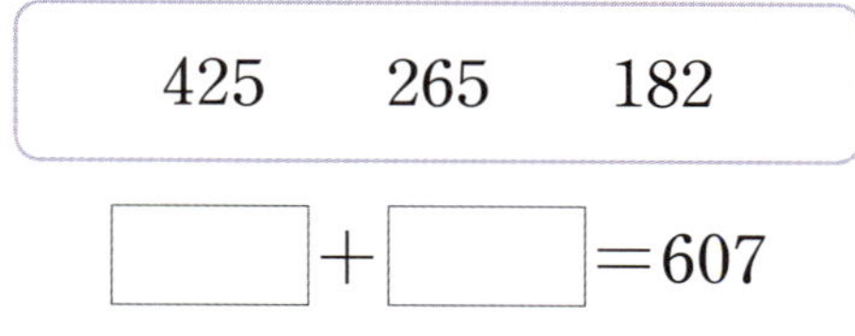

425	265	182

☐ + ☐ =607

15 과일 가게에 배가 216개, 사과가 325개 있습니다. 과일 가게에 있는 배와 사과는 모두 몇 개인가요?

식 _______________________

답 _______________ 개

16 어느 생태 습지에 독수리 373마리가 쉬고 있습니다. 이 생태 습지에 독수리 462마리가 더 날아왔다면 지금 생태 습지에 있는 독수리는 모두 몇 마리인가요?

식 _______________________

답 _______________ 마리

덧셈과 뺄셈 · 1

3 받아올림이 두 번, 세 번 있는
(세 자리 수)＋(세 자리 수)

17 다음 덧셈식에서 받아올림한 수가 실제로 나타
내는 값은 각각 얼마인지 구하세요.

$$\begin{array}{r} \boxed{1}\ \boxed{1} \\ 3\ 6\ 5 \\ +\ 2\ 8\ 8 \\ \hline 6\ 5\ 3 \end{array}$$

$\boxed{1}$ (   )

$\boxed{1}$ (   )

18 빈칸에 알맞은 수를 써넣으세요.

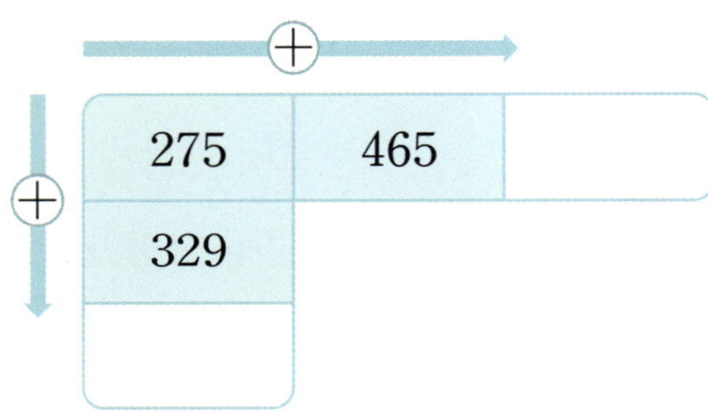

19 계산 결과를 찾아 이어 보세요.

247＋264	·	·	551
165＋386	·	·	511
359＋141	·	·	500

20 계산 결과를 비교하여 ○ 안에 ＞, ＝, ＜ 중 알
맞은 것을 써넣으세요.

| 656＋487 | ○ | 794＋326 |

21 가장 큰 수와 가장 작은 수의 합을 구하세요.

| 758 | 297 | 926 |

(   )

22 꽃밭에 장미 538송이와 튤립 574송이를 심었
습니다. 꽃밭에 심은 장미와 튤립은 모두 몇 송
이인가요?

식 _________________________

답 _________________ 송이

23 소윤이는 건우가 말한 대로 이동하여 학교를
가려고 합니다. 소윤이가 집에서부터 학교까지
걸어야 할 거리는 모두 몇 m인가요?

식 _________________________

답 _________________ m

4 받아내림이 없는 (세 자리 수)−(세 자리 수)

24 두 수의 차를 구하세요.

| 758 | 327 |

( )

추론

25 598−117을 어림하여 계산하면 결과가 몇백 쯤인지 구하세요.

( )

26 빈칸에 알맞은 수를 써넣으세요.

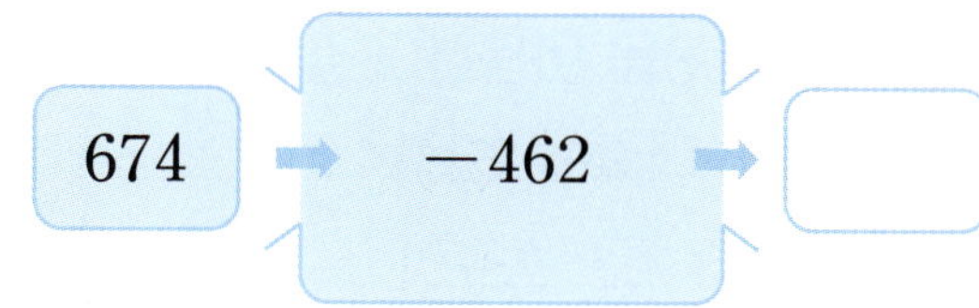

27 계산 결과가 다른 하나를 찾아 ◯표 하세요.

| 586−154 | 859−416 | 967−535 |

( ) ( ) ( )

28 ☐ 안에 알맞은 수를 써넣으세요.

29 다음이 나타내는 수보다 524만큼 더 작은 수를 구하세요.

| 100이 7개, 10이 4개, 1이 6개인 수 |

( )

30 학교 도서관에 동화책이 967권 있습니다. 이 중에서 빌려 간 동화책이 325권일 때 도서관에 남아 있는 동화책은 몇 권인가요?

식 ________________________

꼭 단위까지 따라 쓰세요.

답 ______________ 권

31 민준이네 학교에는 남학생이 548명, 여학생이 436명 있습니다. 남학생은 여학생보다 몇 명 더 많은가요?

식 ________________________

답 ______________ 명

5 받아내림이 한 번 있는
(세 자리 수)─(세 자리 수)

32 빈칸에 알맞은 수를 써넣으세요.

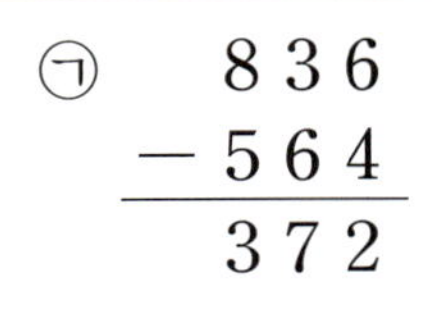

33 바르게 계산한 것의 기호를 쓰세요.

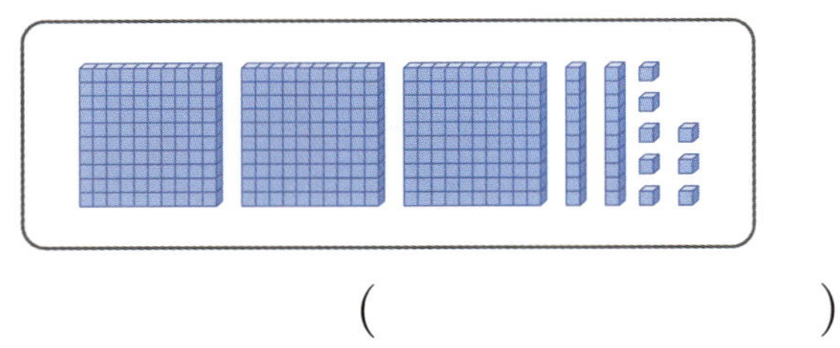

(   )

34 수 모형이 나타내는 수보다 145만큼 더 작은
수를 구하세요.

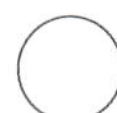

(   )

35 계산 결과를 비교하여 ○ 안에 >, =, < 중
알맞은 것을 써넣으세요.

427─235   ○   542─318

36 가장 큰 수와 가장 작은 수의 차를 구하세요.

(   )

[37~38] 문제를 풀고, 다른 문제를 만들어 해결해
보세요.

37 문구점에 연필이 534자루 있습니다. 그중에서
308자루를 팔았다면 지금 문구점에 남아 있는
연필은 몇 자루인가요?

식 _________________________ 꼭 단위까지
따라 쓰세요.

답 _________________ 자루

38 534─308을 이용하여 풀 수 있는 다른 문제
를 만들어 해결해 보세요.

문제

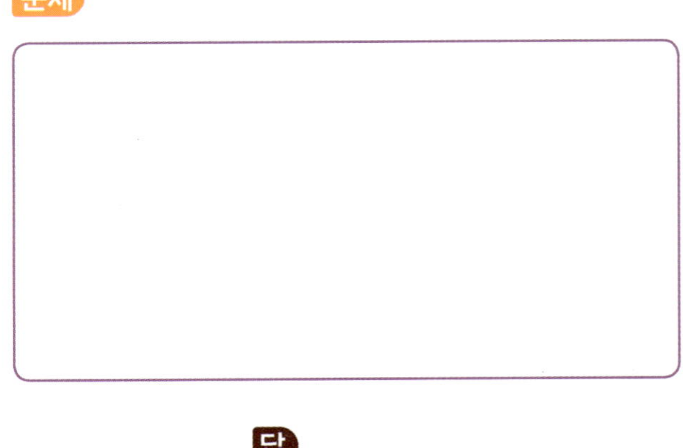

답 _____________________

1
덧셈과 뺄셈

6 받아내림이 두 번 있는 (세 자리 수)−(세 자리 수)

39 빈칸에 두 수의 차를 써넣으세요.

537	189

40 □ 안에 알맞은 수를 구하세요.

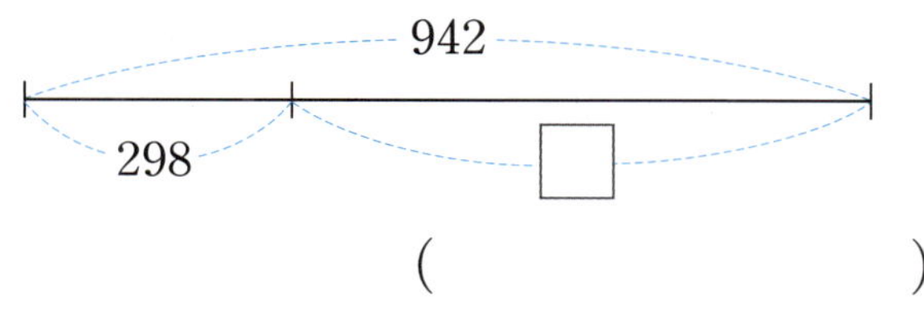

( )

41 계산 결과를 찾아 이어 보세요.

| 723−584 | 805−676 |

119   129   139

42 빈칸에 알맞은 수를 써넣으세요.

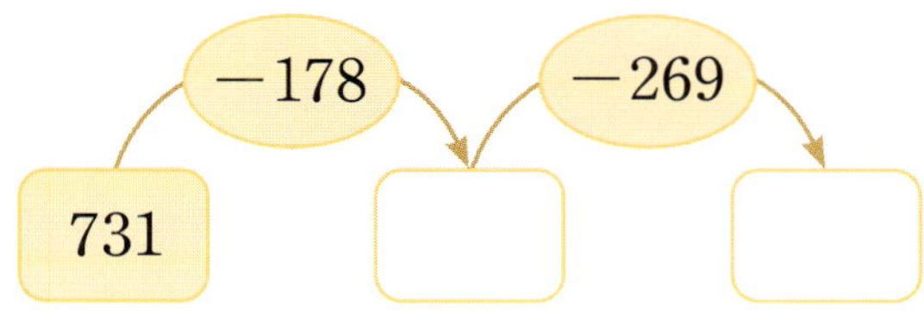

43 641−355의 계산에서 잘못된 부분을 찾아 바르게 계산하고, 그 까닭을 쓰세요.

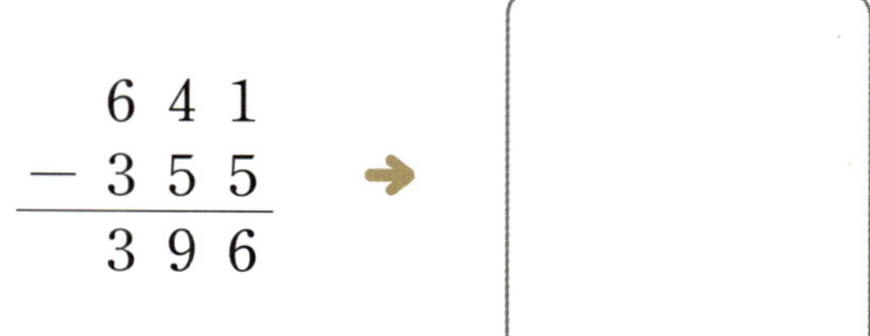

```
  6 4 1
−  3 5 5
  3 9 6
```
→

까닭

44 동욱이는 252쪽짜리 위인전을 모두 읽으려고 합니다. 지금 174쪽까지 읽었다면 앞으로 몇 쪽을 더 읽어야 하나요?

식

꼭 단위까지 따라 쓰세요.

답 ________ 쪽

45 가장 높은 건물과 가장 낮은 건물의 높이의 차는 몇 m인지 구하세요.

건물	롯데타워	상하이 타워	63빌딩
높이(m)	555	632	249

식

답 ________ m

활용 1	삼각형의 세 변의 길이의 합 구하기

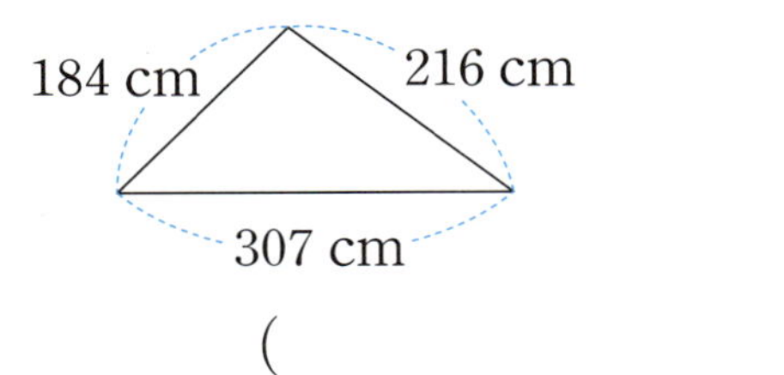

(삼각형의 세 변의 길이의 합)
$$= ● + ■ + ▲$$

● cm ■ cm ▲ cm

앞에서부터 두 수씩 차례로 더합니다.

1-1 삼각형의 세 변의 길이의 합은 몇 cm인가요?

184 cm   216 cm
307 cm

(   )

1-2 삼각형의 세 변의 길이의 합은 몇 cm인가요?

275 cm   275 cm
193 cm

(   )

1-3 삼각형의 세 변의 길이가 모두 같습니다. 삼각형의 세 변의 길이의 합은 몇 cm인가요?

156 cm

(   )

활용 2	계산식에서 모르는 수 구하기

덧셈과 뺄셈의 관계를 이용하여 계산식에서 모르는 수를 구합니다.

(예) $254 + □ = 429$
→ $429 - 254 = □$, $□ = 175$

2-1 ●에 알맞은 수를 구하세요.

$$158 + ● = 523$$

(   )

2-2 ◆에 알맞은 수를 구하세요.

$$◆ + 724 = 913$$

(   )

2-3 ★에 알맞은 수를 구하세요.

$$★ - 269 = 472$$

(   )

1 덧셈과 뺄셈

<table>
<tr><td>활용
3</td><td>□ 안에 알맞은 수 구하기</td></tr>
</table>

일의 자리, 십의 자리, 백의 자리 순서로 받아올림과 받아내림에 주의하여 □ 안에 알맞은 수를 구합니다.

3-1 □ 안에 알맞은 수를 써넣으세요.

$$\begin{array}{r} 6\ 5\ 3 \\ +\ \square\ 2\ \square \\ \hline 9\ \square\ 1 \end{array}$$

3-2 □ 안에 알맞은 수를 써넣으세요.

$$\begin{array}{r} \square\ 4\ 9 \\ +\ 3\ \square\ 4 \\ \hline 5\ 0\ \square \end{array}$$

3-3 □ 안에 알맞은 수를 써넣으세요.

$$\begin{array}{r} 7\ \square\ 3 \\ -\ \square\ 4\ \square \\ \hline 4\ 0\ 8 \end{array}$$

<table>
<tr><td>활용
4</td><td>조건에 맞는 계산식 만들기</td></tr>
</table>

- 두 수의 합이 가장 큰 덧셈식 만들기
  ➡ (가장 큰 수)＋(둘째로 큰 수)
- 두 수의 차가 가장 큰 뺄셈식 만들기
  ➡ (가장 큰 수)－(가장 작은 수)

4-1 다음에서 두 수를 골라 합이 가장 크게 되는 덧셈식을 만들어 보세요.

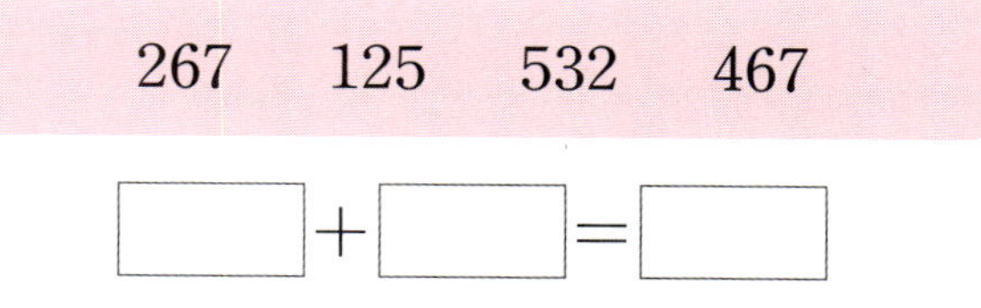

$$\square + \square = \square$$

4-2 다음에서 두 수를 골라 합이 가장 크게 되는 덧셈식을 만들어 보세요.

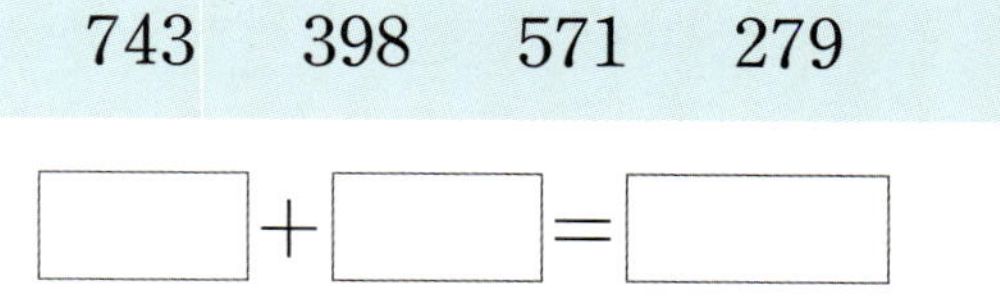

$$\square + \square = \square$$

4-3 다음에서 두 수를 골라 차가 가장 크게 되는 뺄셈식을 만들어 보세요.

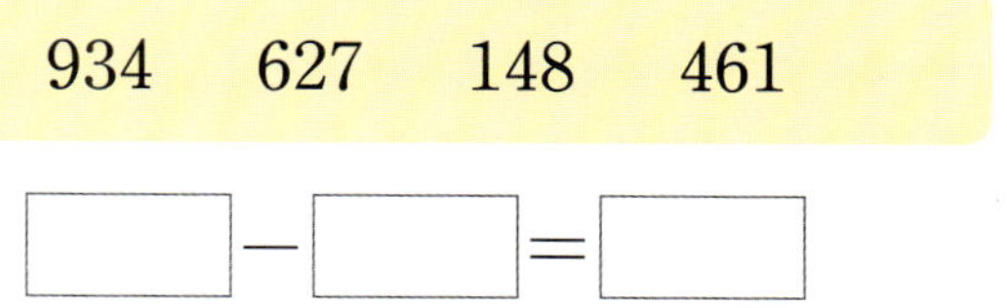

$$\square - \square = \square$$

1

덧셈과 뺄셈

15

1 두 수의 합과 차를 각각 구하세요.

| 241 | 556 |

합 (   ), 차 (   )

2 계산 결과를 비교하여 ○ 안에 >, =, < 중 알맞은 것을 써넣으세요.

$139+254$ ○ $524-137$

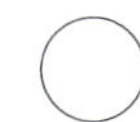

3 □ 안에 알맞은 수를 써넣으세요.

(1)

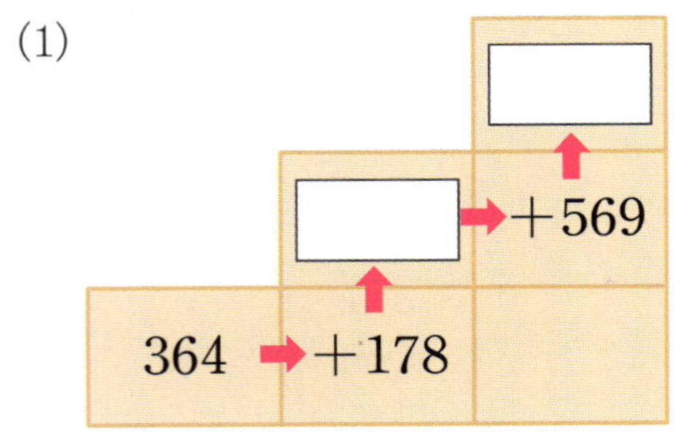

(2)

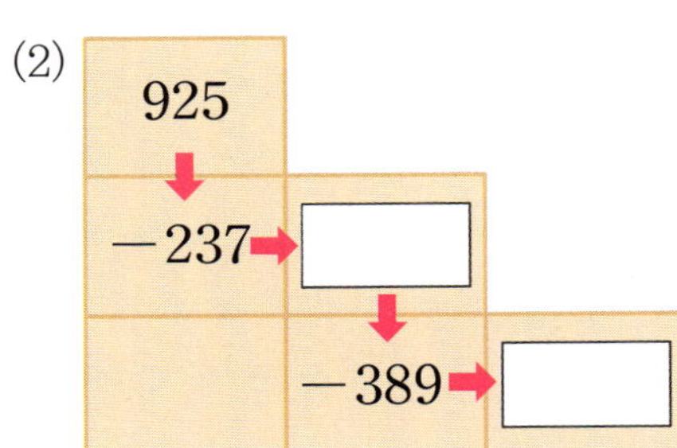

4 어림하여 계산한 결과가 500보다 작은 것을 찾아 기호를 쓰세요.

㉠ $208+315$　　㉡ $620-116$
㉢ $214+196$　　㉣ $892-304$

(   )

5 계산 결과가 큰 것부터 순서대로 기호를 쓰세요.

> ㉠ 164＋287　　㉡ 800－249　　㉢ 685－273

(　　　　　　　　)

문제 해결

6 수지네 학교에서 개교 기념으로 학생들에게 물통을 한 개씩 나누어 주려고 합니다. 이 학교의 남학생이 148명, 여학생이 154명일 때 물통은 모두 몇 개 필요한지 구하세요.

(　　　　　　　　)

7 길이가 9 m인 색 테이프 중에서 526 cm를 사용했습니다. 남은 색 테이프는 몇 cm인가요?

(　　　　　　　　)

추론

8 다음을 읽고 어떤 수를 구하세요.

> • 영진: 주희야, 내가 이 문제를 왜 틀렸는지 모르겠어.
> • 주희: 풀이 과정을 살펴볼까? 어떤 수에 172를 더해야 하는데 172를 빼서 359를 썼구나.
> • 영진: 아! 알겠다.

(　　　　　　　　)

S 솔루션

1 m＝100 cm임을 이용하여 단위를 같게 만들어요.

어떤 수를 □라 하여 잘못 계산한 식을 먼저 만들어 봐요.

9 두 수를 골라 합이 가장 작은 덧셈식을 만들어 보세요.

564	425	359	498

식 $\boxed{} + \boxed{} = \boxed{}$

10 삼각형 안에 있는 수 중에서 가장 큰 수와 가장 작은 수의 합을 구하세요.

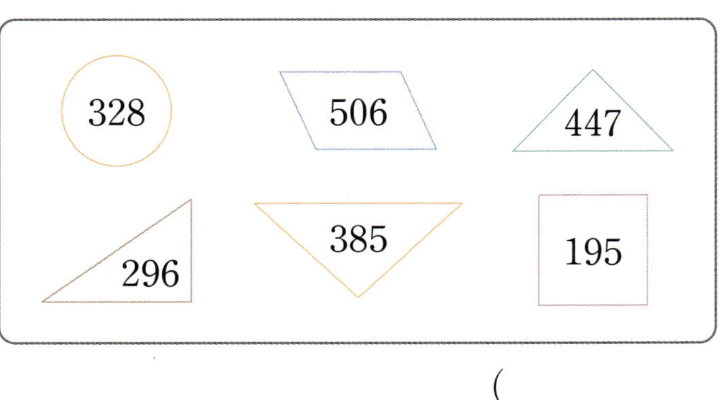

(   )

11 뺄셈식이 완성되도록 두 수를 골라 ☐ 안에 알맞게 써넣으세요.

458	732	478	629

$\boxed{} - \boxed{} = 254$

12 승협이네 과수원에서 복숭아를 어제는 657개 땄고, 오늘은 어제보다 142개 더 많이 땄습니다. 승협이네 과수원에서 어제와 오늘 딴 복숭아는 모두 몇 개인가요?

(   )

13 집에서 학교까지의 거리는 몇 m인가요?

(　　　　　　　　　　)

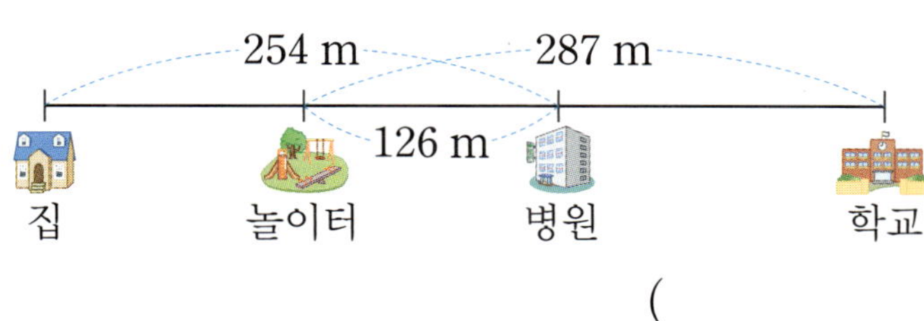

14 3장의 수 카드 중 한 장을 골라 □ 안에 써넣어 세 자리 수를 만들려고 합니다. 만들 수 있는 가장 큰 세 자리 수와 175의 차를 구하세요.

5　7　0

4□2

(　　　　　　　　　　)

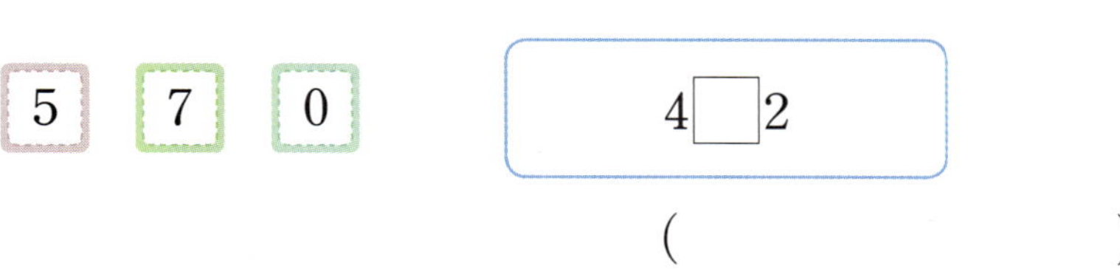

15 은우와 서준이가 말하는 수의 차를 구하세요.

100이 3개,
10이 6개
1이 5개인 수

100이 2개,
1이 9개인 수

(　　　　　　　　　　)

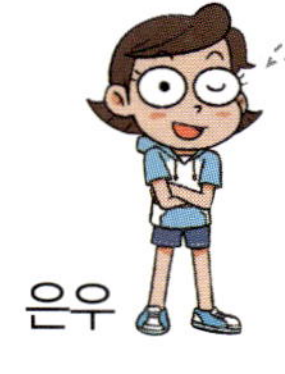

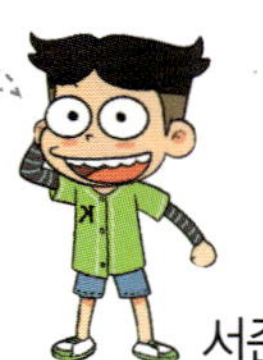

문제 해결

16 다음 설명을 보고 유찬이네 학교 학생은 몇 명인지 구하세요.

㉠ 건우네 학교 학생은 617명입니다.
㉡ 은우네 학교 학생은 건우네 학교 학생보다 104명 더 많습니다.
㉢ 유찬이네 학교 학생은 은우네 학교 학생보다 253명 더 적습니다.

(　　　　　　　　　　)

S 솔루션

→ (㉠~㉣)
=(㉠~㉢)+(㉡~㉣)
−(㉡~㉢)

가장 큰 수를 만들려면 □ 안에 가장 큰 수를 넣어야 해요.

먼저 은우네 학교 학생 수를 구해요.

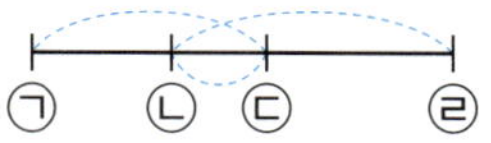

3 단계 심화 유형 연습

심화 1

얼마나 더 많은지 구하기
학교별 학생 수는 덧셈으로, 어느 학교가 몇 명 더 많은지는 뺄셈으로 구하자!

◆ 서아네 학교와 민규네 학교의 학생 수가 다음과 같습니다. 누구네 학교의 학생이 몇 명 더 많은가요?

	남학생	여학생
서아네 학교	284명	275명
민규네 학교	325명	258명

문제해결

1 서아네 학교의 학생은 모두 몇 명인가요?

( )

2 민규네 학교의 학생은 모두 몇 명인가요?

( )

3 누구네 학교의 학생이 몇 명 더 많은가요?

( ), ( )

쌍둥이

1-1 어느 박물관의 토요일과 일요일의 관람객 수가 다음과 같습니다. 어느 요일의 관람객이 몇 명 더 많은가요?

요일	오전	오후
토요일	448명	375명
일요일	534명	449명

답 ___________ , ___________

변형

1-2  우석이네 집에서 학교까지 가는 데 약국과 병원 중에서 어느 곳을 지나 가는 것이 몇 m 더 가까운가요?

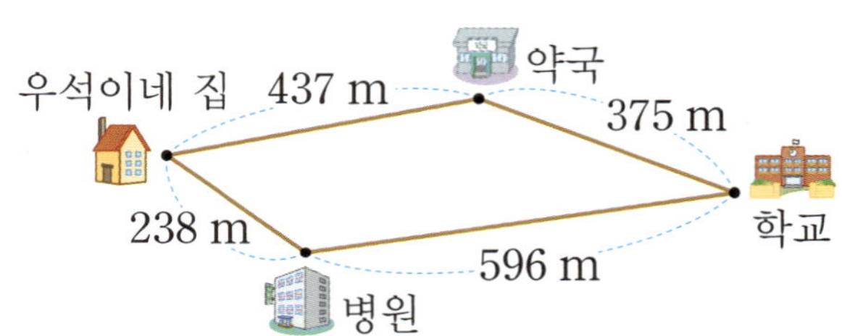

답 ___________ , ___________

심화 2

□ 안에 들어갈 수 있는 수 구하기

'>' 또는 '<'를 '='로 바꾸어 계산한 다음, □ 안에 들어갈 수의 범위를 알아보자!

◆ 0부터 9까지의 수 중에서 □ 안에 들어갈 수 있는 수를 모두 구하세요.

$$946 - 59\boxed{} > 353$$

문제해결

1 >를 =로 바꾸고 59□를 ●로 나타내어 $946 - ● = 353$이라 할 때 ●에 알맞은 수를 구하세요.

( )

2 알맞은 말에 ○표 하세요.

$946 - 59\boxed{} > 353$이 되려면 59□는 ●보다 (작아야 , 커야) 합니다.

3 □ 안에 들어갈 수 있는 수를 모두 구하세요.

( )

2-1 0부터 9까지의 수 중에서 □ 안에 들어갈 수 있는 수를 모두 구하세요.

$$307 + 21\boxed{} > 523$$

답 _______________

2-2 0부터 9까지의 수 중에서 □ 안에 들어갈 수 있는 수를 모두 구하세요.

$$732 - 3\boxed{}8 > 257 + 129$$

답 _______________

심화 3

수 카드로 만든 두 수의 합(차) 구하기

가장 큰 수는 높은 자리에 큰 수부터, 가장 작은 수는 높은 자리에 작은 수부터 차례로 놓아 만들자!

◆ 4장의 수 카드 중에서 3장을 뽑아 한 번씩만 사용하여 만들 수 있는 세 자리 수 중 가장 큰 수와 가장 작은 수의 합을 구하세요.

| 6 | 1 | 2 | 5 |

문제해결

1 만들 수 있는 가장 큰 세 자리 수를 구하세요.

( )

2 만들 수 있는 가장 작은 세 자리 수를 구하세요.

( )

3 만들 수 있는 세 자리 수 중 가장 큰 수와 가장 작은 수의 합을 구하세요.

( )

쌍둥이

3-1 4장의 수 카드 중에서 3장을 뽑아 한 번씩만 사용하여 만들 수 있는 세 자리 수 중 가장 큰 수와 가장 작은 수의 차를 구하세요.

| 4 | 0 | 7 | 8 |

답 _______________

변형

3-2  5장의 수 카드 중에서 3장을 뽑아 한 번씩만 사용하여 만들 수 있는 세 자리 수 중 가장 큰 수와 둘째로 작은 수의 합을 구하세요.

| 3 | 7 | 8 | 2 | 5 |

답 _______________

심화 4

바르게 계산한 값 구하기

먼저 어떤 수를 □라 하여 잘못 계산한 식을 만들어 어떤 수를 구하자!

◆ 어떤 수에서 263을 빼야 할 것을 잘못하여 263을 더했더니 684가 되었습니다. 바르게 계산한 값을 구하세요.

문제해결

1 어떤 수를 □라 하여 잘못 계산한 식을 쓰세요.

식 ________________________

2 어떤 수를 구하세요.

( )

3 바르게 계산한 값을 구하세요.

( )

 **쌍둥이**

4-1 어떤 수에 327을 더해야 할 것을 잘못하여 327을 뺐더니 539가 되었습니다. 바르게 계산한 값을 구하세요.

답 ________________________

 **변형**

4-2 어떤 세 자리 수 ㉠에 134를 더해야 할 것을 잘못하여 ㉠의 십의 자리 숫자와 일의 자리 숫자를 서로 바꾼 수에서 341을 뺐더니 352가 되었습니다. 바르게 계산한 값을 구하세요.

답 ________________________

1 덧셈과 뺄셈

| 심화 5 | 기호의 약속대로 계산하기
약속에 따라 정해진 자리에 수를 넣어 계산하자! |

◆ 기호 ◎에 대하여 ㉠◎㉡＝㉠＋㉠＋㉡
이라고 약속할 때 다음을 계산해 보세요.

$$129◎285$$

문제해결

1 129◎285의 계산 방법을 설명해 보세요.

설명 ㉠의 자리에 [   ]을/를,
㉡의 자리에 [   ]을/를 넣어 계산합니다.

2 위 **1**의 계산 방법으로 식을 만들어 계산해 보세요.

$$129◎285＝129＋\boxed{}＋\boxed{}$$
$$＝\boxed{}＋\boxed{}$$
$$＝\boxed{}$$

쌍둥이

5-1 기호 ♥에 대하여 ㉠♥㉡＝㉡－㉠－㉠이
라고 약속할 때 다음을 계산해 보세요.

$$148♥874$$

답 _______________

변형

5-2 기호 ♣에 대하여 ㉠♣㉡＝㉠＋㉡＋165

동영상 라고 약속할 때 □에 알맞은 수를 구하세요.

$$346♣209＝462＋\boxed{}$$

답 _______________

심화 6

처음에 있던 개수 구하기

전체의 수를 같은 두 수의 합으로 나타내어 구하자.

◆ 어느 공원에 소나무와 벚나무를 합하여 536그루가 있습니다. 이 공원에 소나무 104그루를 더 심었더니 소나무의 수와 벚나무의 수가 같아졌습니다. 처음 공원에 있던 소나무는 몇 그루인가요?

문제해결

1 지금 공원에 있는 소나무와 벚나무는 모두 몇 그루인가요?

( )

2 지금 공원에 있는 소나무는 몇 그루인가요?

( )

3 처음 공원에 있던 소나무는 몇 그루인가요?

( )

6-1 기차에 어른과 어린이를 합하여 751명이 타고 있습니다. 이 기차에서 어른 247명이 내렸더니 어른 수와 어린이 수가 같아졌습니다. 처음 기차에 타고 있던 어른은 몇 명인가요?

답 ____________________

6-2 상자에 사탕과 초콜릿을 합하여 576개 들어 있었습니다. 이 상자에 사탕 158개를 더 담고 초콜릿 134개를 꺼냈더니 상자에 들어 있는 사탕과 초콜릿의 수가 같아졌습니다. 처음 상자에 들어 있던 사탕은 몇 개인가요?

답  ____________________

1 ●과 ▲의 합은 얼마인지 구하세요.

> 동영상

$$\cdot\ 361 + \bullet = 704$$
$$\cdot\ 627 - \blacktriangle = 456$$

(   )

추론

2 다음에서 두 수를 골라 차가 가장 작은 식을 만들어 보세요.

> 동영상

| 603 | 914 | 497 | 830 |

☐ − ☐ = ☐

정보처리

3 지안이와 건우가 고른 수를 보기에서 각각 찾아 두 수의 차를 구하세요.

> 동영상

보기

| 280 | 475 | 850 | 712 | 638 |

(   )

4 ▶동영상 삼각형의 각 변에 놓인 세 수의 합은 모두 같습니다. 빈 곳에 알맞은 수를 써넣으세요.

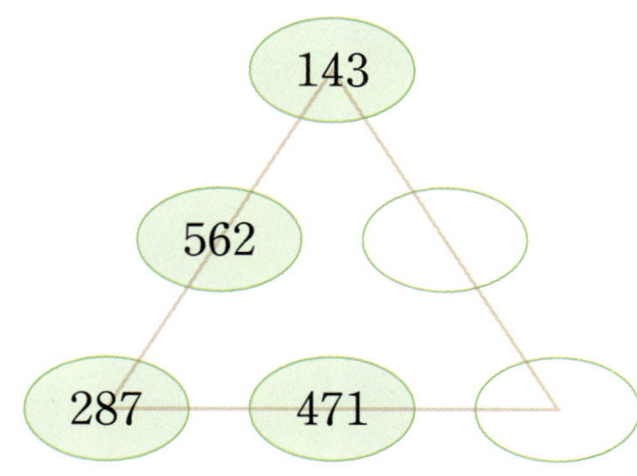

문제 해결

5 ▶동영상 서울에 있는 여러 산 중에서 북한산이 가장 높습니다. 북한산은 남산보다 565 m 더 높고, 관악산보다 204 m 더 높습니다. 북한산의 높이가 836 m일 때 남산과 관악산의 높이의 합은 몇 m인지 구하세요.

(   )

6 ▶동영상 다음을 모두 만족하는 ㉠과 ㉡을 각각 구하세요.

$$㉠+㉡=466, \quad ㉠-㉡=216$$

㉠ (   ), ㉡ (   )

1 덧셈과 뺄셈

27

BOOK❷ 2~5쪽에서 경시대회 문제 도전!

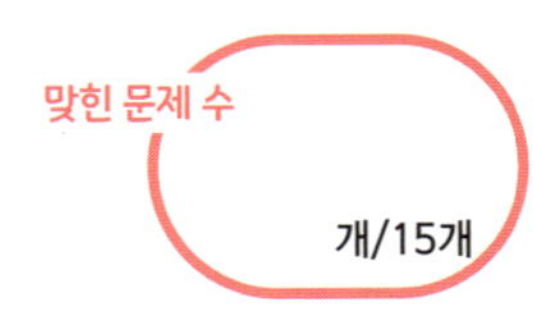

Test 단원 **실력** 평가

1 두 수의 합을 구하세요.

| 348 | 427 |

(   )

2 잘못 계산한 사람의 이름을 쓰세요.

```
  5 4 8
- 1 3 6
-------
  4 1 2
```
민호

```
  7 6 4
- 3 2 7
-------
  4 4 7
```
세희

(   )

3 빈칸에 알맞은 수를 써넣으세요.

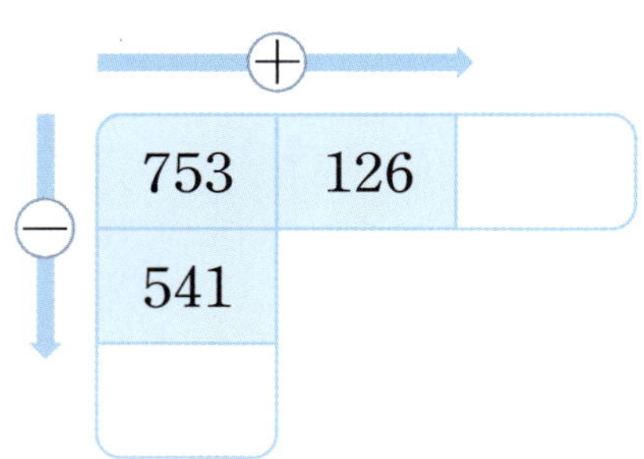

4 수 모형이 나타내는 수보다 184만큼 더 작은 수를 구하세요.

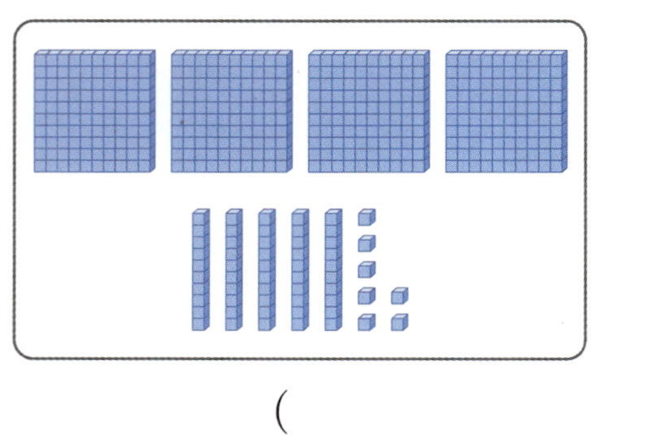

(   )

5 가장 큰 수와 가장 작은 수의 합을 구하세요.

| 625 | 327 | 452 | 632 |

(   )

6 어림하여 계산한 결과가 600보다 큰 것을 찾아 기호를 쓰세요.

㉠ 384＋293
㉡ 740－235
㉢ 179＋395

(   )

7 인혁이네 학교에는 남학생이 457명, 여학생이 438명 있습니다. 인혁이네 학교의 학생은 모두 몇 명인가요?

식 ______________________________

답 ______________________________

8 수족관에 열대어가 423마리, 금붕어가 148마리 있습니다. 열대어는 금붕어보다 몇 마리 더 많은가요?

식 ______________________________

답 ______________________________

9 차가 가장 작은 식을 찾아 기호를 쓰세요.

> ㉠ 675−343
> ㉡ 824−516
> ㉢ 743−458

(   )

10 길이가 7 m인 철사 중에서 458 cm를 사용했습니다. 남은 철사는 몇 cm인지 구하세요.

(   )

11 다음에서 두 수를 골라 덧셈식을 만들려고 합니다. □ 안에 알맞은 수를 써넣으세요.

| 452 | 288 | 578 | 424 |

☐＋☐＝876

12 □ 안에 알맞은 수를 써넣으세요.

```
    2  7  □
 +  □  □  4
 ─────────
    8  2  3
```

13 과일 가게에 귤이 276개 있고 사과는 귤보다 185개 더 많이 있습니다. 과일 가게에 있는 귤과 사과는 모두 몇 개인지 구하세요.

(   )

🖊 **서술형**

14 0부터 9까지의 수 중에서 □ 안에 들어갈 수 있는 수를 모두 구하려고 합니다. 풀이 과정을 쓰고 답을 구하세요.

$$583＋37\square < 958$$

풀이

답

🖊 **서술형**

15 기호 ♥에 대하여 ㉠♥㉡＝950−㉠−㉡이라고 약속할 때 236♥327은 얼마인지 풀이 과정을 쓰고 답을 구하세요.

풀이

답

2

평면도형

이전에 배운 내용 _____ 2-1

❖ 여러 가지 도형
- 삼각형, 사각형, 원 알아보기
- 꼭짓점, 변을 알고 찾기

2단원의 대표 심화 유형

●학습한 후에 이해가 부족한 유형에 체크하고 한 번 더 공부해 보세요.

01 각의 수 구하기 ················· ✓

02 그을 수 있는 선분, 직선, 반직선의 수 구하기 ✓

03 색종이를 잘랐을 때 생기는 도형의 수 구하기 ✓

04 정사각형(직사각형)의 한 변의 길이 구하기 ··· ✓

05 크고 작은 도형의 수 구하기 ················· ✓

06 이어 붙여 만든 도형에서 선분의 길이 구하기 ✓

큐알 코드를 찍으면 개념 학습 영상과 문제 풀이 영상을 볼 수 있어요.

이번에 배울 내용 _____ 3-1

❖ 평면도형
- 선의 종류
- 각 / 직각
- 직각삼각형
- 직사각형 / 정사각형

이후에 배울 내용 _ 4-1, 4-2

❖ 각도
- 각의 크기 비교하기 / 각도 재기
- 삼각형의 세 각의 크기의 합
- 사각형의 네 각의 크기의 합

❖ 사각형
- 사다리꼴, 평행사변형, 마름모

개념 1 선의 종류

1. 곧은 선과 굽은 선

(1) **곧은 선**: 구부러지지 않고 반듯한 선

(2) **굽은 선**: 구부러진 선

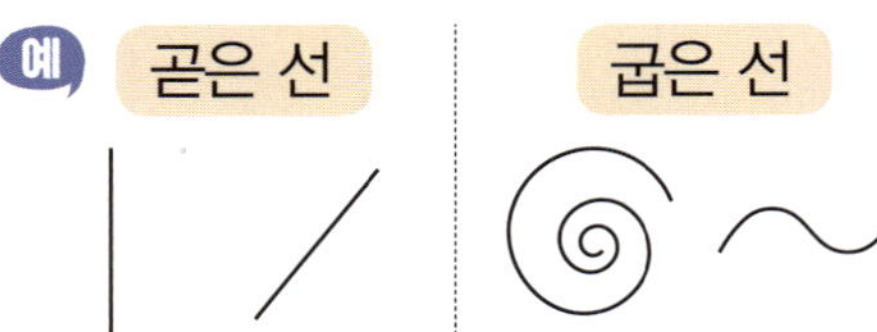

2. 여러 가지 곧은 선

(1) **선분**: 두 점을 **곧게 이은** 선

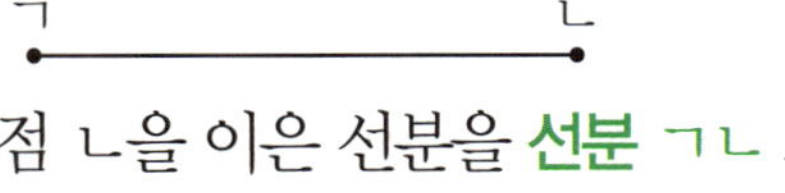

점 ㄱ과 점 ㄴ을 이은 선분을 **선분 ㄱㄴ** 또는 **선분 ㄴㄱ**이라고 합니다.

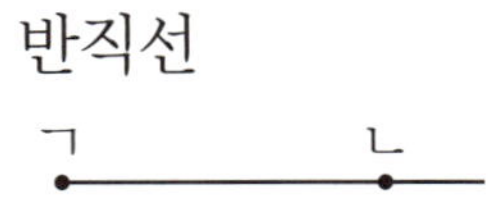

(2) **반직선**: 한 점에서 시작하여 **한쪽으로 끝없이** 늘인 곧은 선

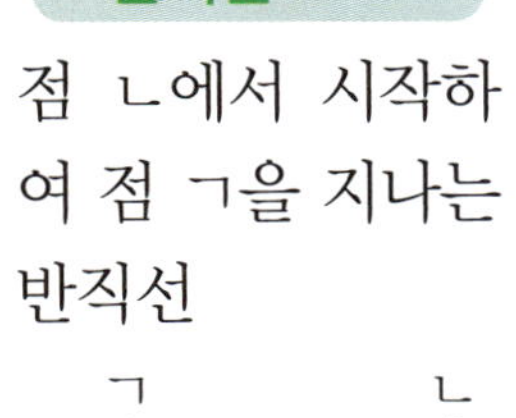

반직선 ㄱㄴ	**반직선 ㄴㄱ**
점 ㄱ에서 시작하여 점 ㄴ을 지나는 반직선	점 ㄴ에서 시작하여 점 ㄱ을 지나는 반직선

참고 반직선은 시작하는 점에서 지나는 점의 순서로 읽습니다.

(3) **직선**: 선분을 **양쪽으로 끝없이** 늘인 곧은 선

점 ㄱ과 점 ㄴ을 지나는 직선을 **직선 ㄱㄴ** 또는 **직선 ㄴㄱ**이라고 합니다.

참고 선분, 반직선, 직선의 같은 점과 다른 점

	선분	반직선	직선
같은 점	곧은 선이다.		
다른 점	양쪽 끝이 있다.	한쪽만 끝이 있다.	양쪽 끝이 없다.
	길이가 정해져 있다.	한쪽으로 늘어난다.	양쪽으로 늘어난다.

개념 2 각

• **각**: 한 점에서 그은 **두 반직선으로 이루어진** 도형

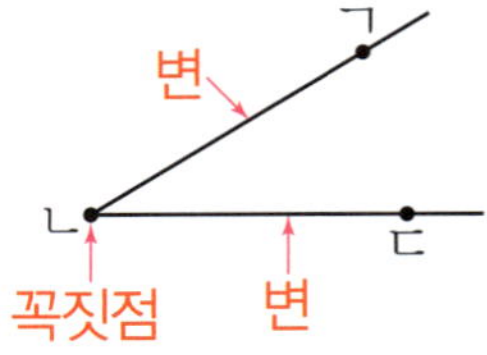

(1) 각 읽기: **각 ㄱㄴㄷ** 또는 **각 ㄷㄴㄱ**

(2) 각의 **꼭짓점**: 점 ㄴ 꼭짓점이 가운데 오도록 읽습니다.

(3) 각의 **변**: 반직선 ㄴㄱ과 반직선 ㄴㄷ 이 변을 **변 ㄴㄱ**과 **변 ㄴㄷ**이라고 합니다.

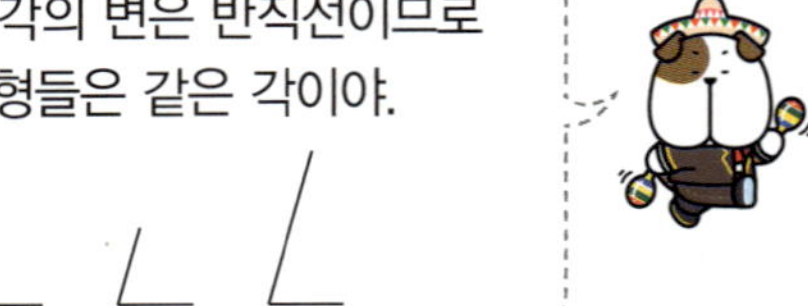

참고 각이 아닌 도형

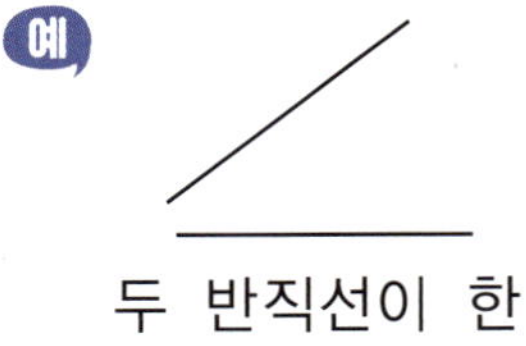

예

두 반직선이 한 점에서 만나지 않기 때문에 각이 아닙니다.

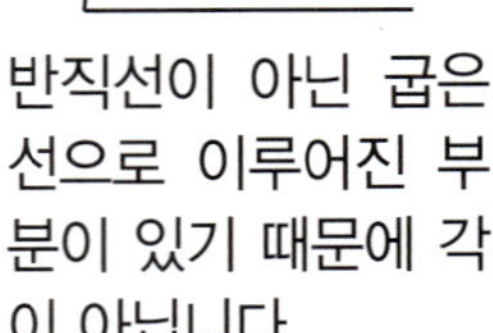

반직선이 아닌 굽은 선으로 이루어진 부분이 있기 때문에 각이 아닙니다.

개념 3 · 직각

1. 직각: 그림과 같이 종이를 반듯하게 두 번 접었을 때 생기는 각

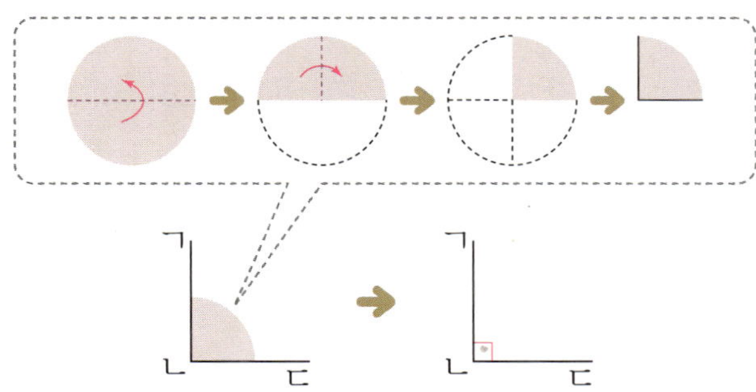

직각 ㄱㄴㄷ을 나타낼 때에는 꼭짓점 ㄴ에 ∟ 표시를 합니다.

> **참고** 특별히 직각임을 나타낼 때에는 ∟ 표시를 하지만 일반적으로 각의 크기를 그림으로 나타낼 때에는 ∠ 표시를 합니다.

2. 직각 찾기

삼각자의 직각인 부분을 대었을 때 꼭 맞게 겹쳐지는 각이 직각입니다.

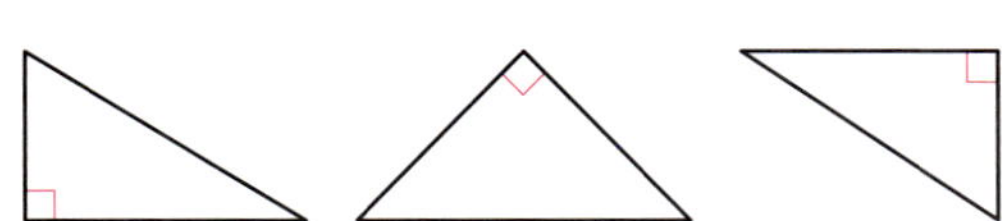

개념 4 · 직각삼각형

1. 직각삼각형: 한 각이 **직각**인 삼각형

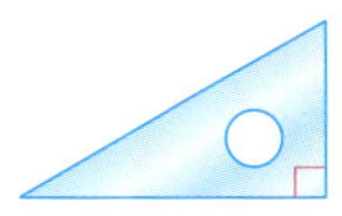

변	꼭짓점	각	직각
3개	3개	3개	**1개**

2. 직각삼각형 그리기

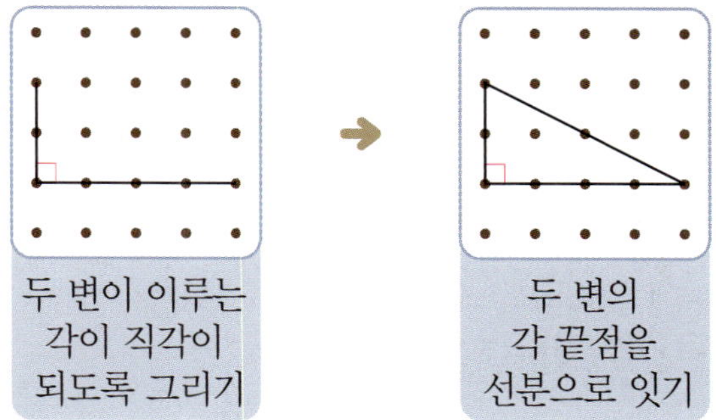

> **주의** 직각이 2개인 삼각형은 그릴 수 없습니다.

개념 5 · 직사각형

1. 직사각형: 네 각이 모두 **직각**인 사각형

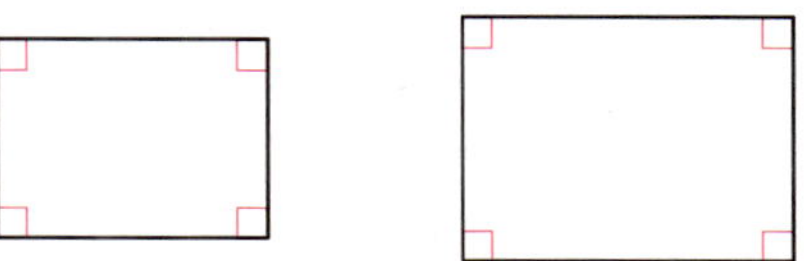

변	꼭짓점	각	직각
4개	4개	4개	**4개**

2. 직사각형의 특징

직사각형은 마주 보는 두 변의 길이가 같습니다.

3. 직사각형 그리기

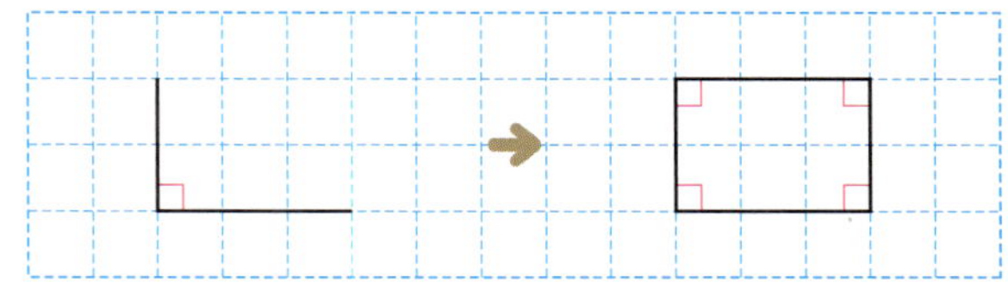

두 변이 이루는 각이 직각이 되도록 그린 후 네 각이 모두 직각이 되도록 선분을 긋습니다.

개념 6 정사각형

1. 정사각형: 네 각이 모두 **직각**이고 네 변의 길이가 모두 같은 사각형

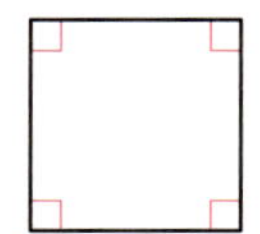 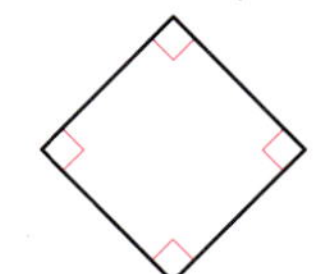

변	꼭짓점	각	**직각**
4개	4개	4개	**4개**

주의 네 변의 길이가 모두 같아도 네 각이 모두 직각이 아니면 정사각형이 아닙니다.

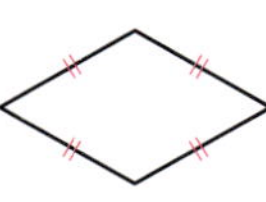

2. 직사각형과 정사각형 비교하기

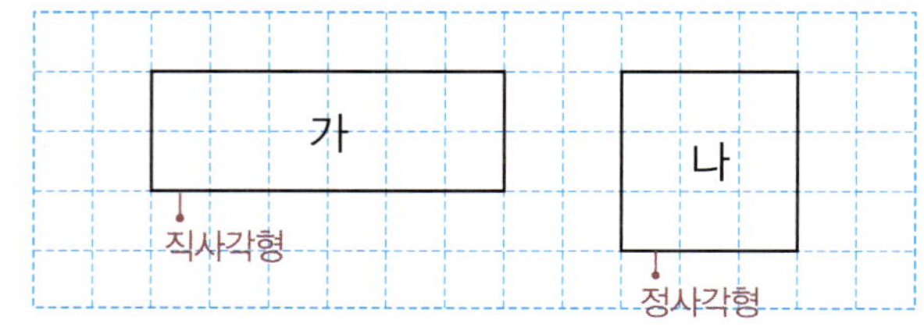

같은 점 • 사각형입니다.
• 네 각이 모두 직각입니다.

다른 점 직사각형 가는 네 변의 길이가 모두 같지 않고 정사각형 나는 네 변의 길이가 모두 같습니다.

3. 정사각형 그리기

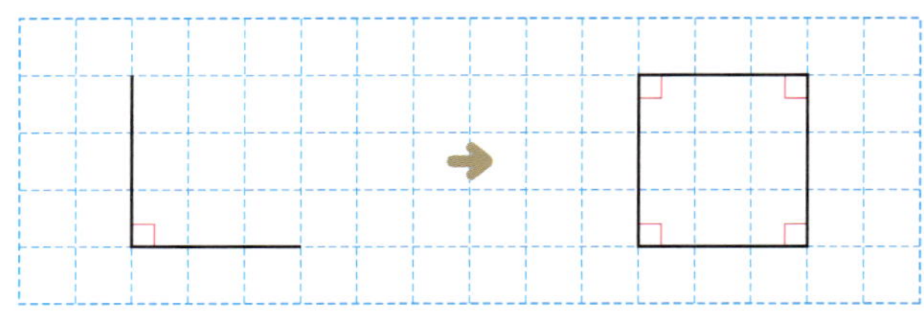

길이가 같고 직각인 두 변을 그린 후 네 각이 모두 직각이 되도록 선분을 긋습니다.

개념PLUS

(1) 직사각형의 네 변의 길이의 합 구하기
마주 보는 두 변의 길이가 같음을 이용하여 구합니다.

예
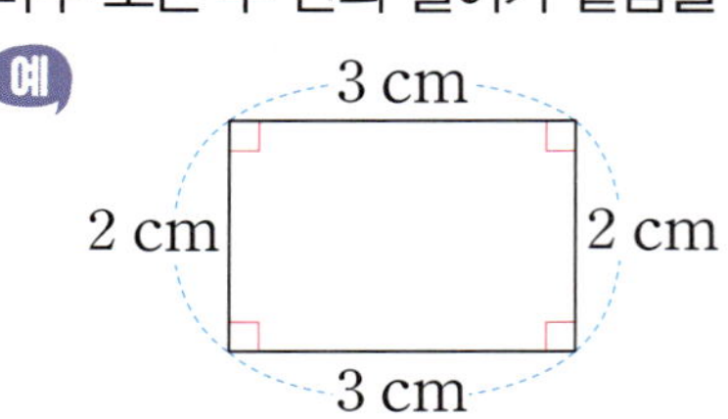

➡ (직사각형의 네 변의 길이의 합)
$= 3 + 2 + 3 + 2 = 10 \,(\text{cm})$

(2) 정사각형의 네 변의 길이의 합 구하기
네 변의 길이가 모두 같음을 이용하여 구합니다.

예
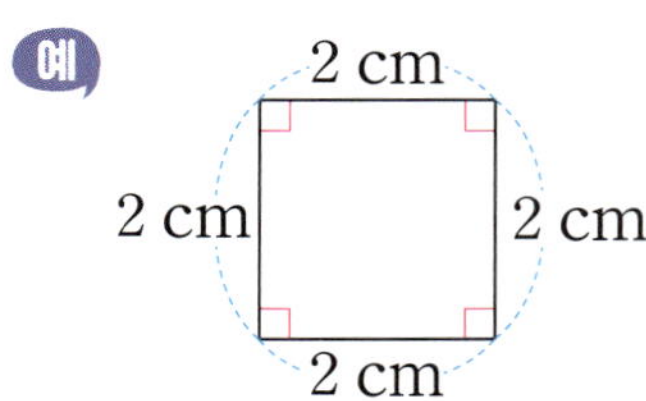

➡ (정사각형의 네 변의 길이의 합)
$= 2 + 2 + 2 + 2 = 8 \,(\text{cm})$

1단계 기본 유형 연습

1 선의 종류

1 도형을 보고 물음에 답하세요.

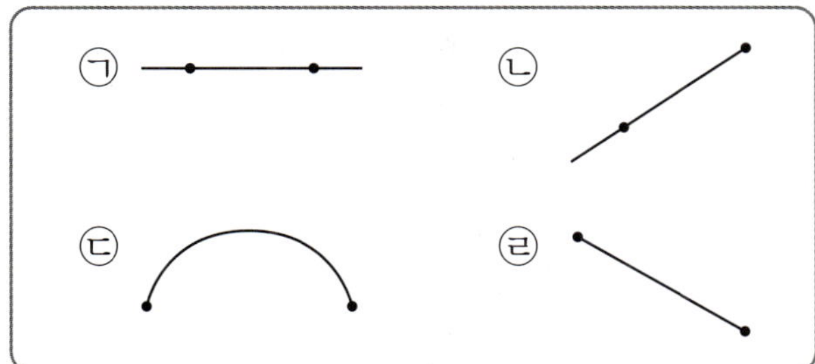

(1) 선분을 찾아 기호를 쓰세요.

( )

(2) 반직선을 찾아 기호를 쓰세요.

( )

2 도형의 이름을 쓰세요.

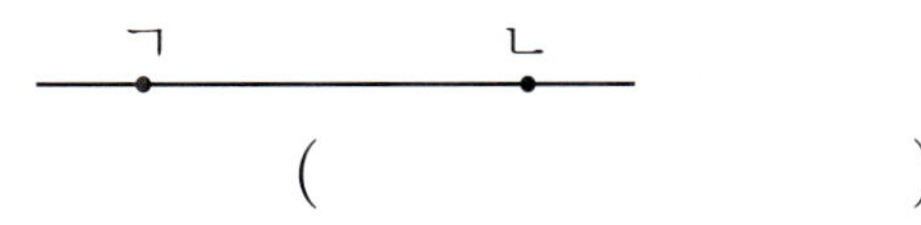

( )

3 선분 ㄱㄴ에 ○표 하세요.

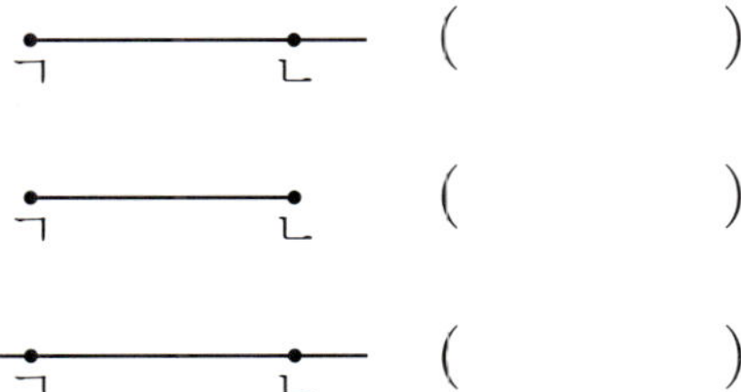

( )

( )

( )

4 직선 ㄱㄷ을 그어 보세요.

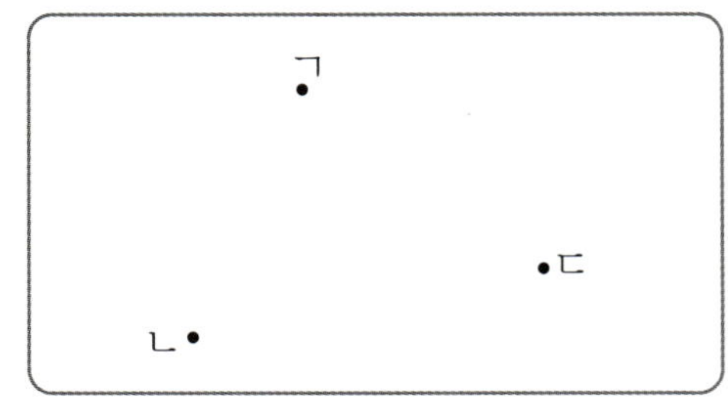

5 서아가 도형의 이름을 읽었습니다. 잘못된 부분을 바르게 고쳐 보세요.

바르게 고치기

6 도형에는 선분이 모두 몇 개 있나요?

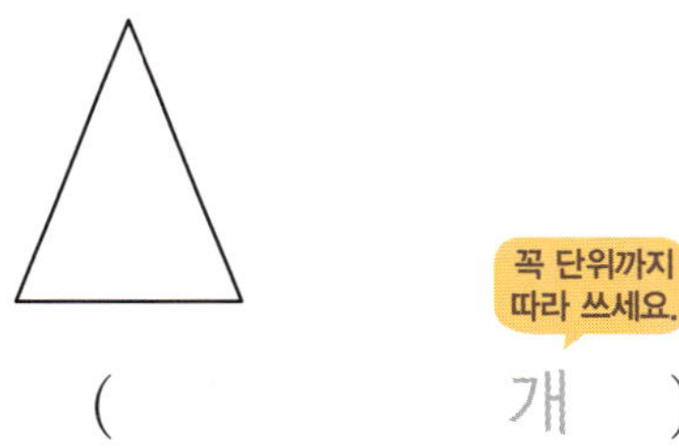

(개)

의사소통

7 선분, 반직선, 직선의 다른 점을 바르게 설명한 사람의 이름을 쓰세요.

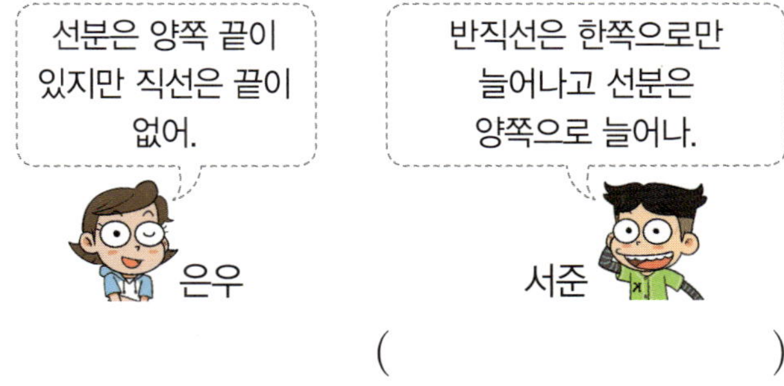

( )

2 각

8 각을 찾아 ◯표 하세요.

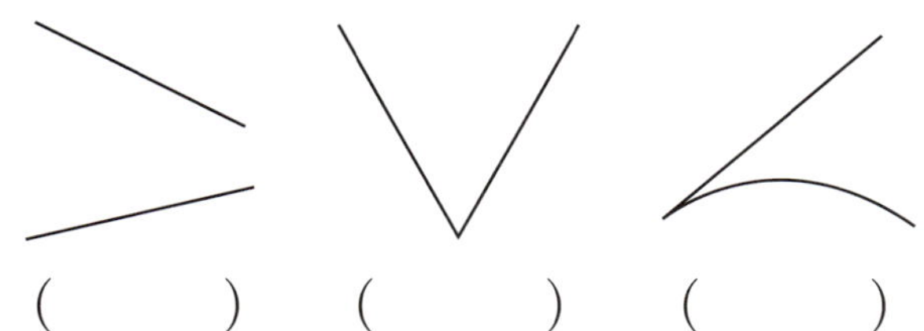

(   ) (   ) (   )

9 그림에서 반직선 ㄴㄱ과 반직선 ㄴㄷ을 각의 무엇이라고 하나요?

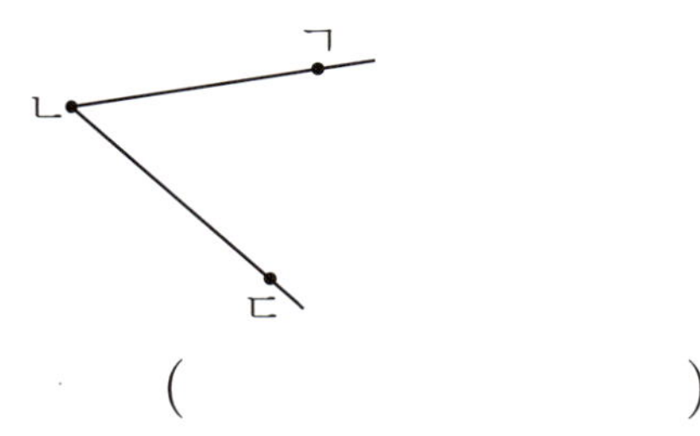

(   )

10 각 ㄱㄴㄷ을 바르게 그린 것에 ◯표 하세요.

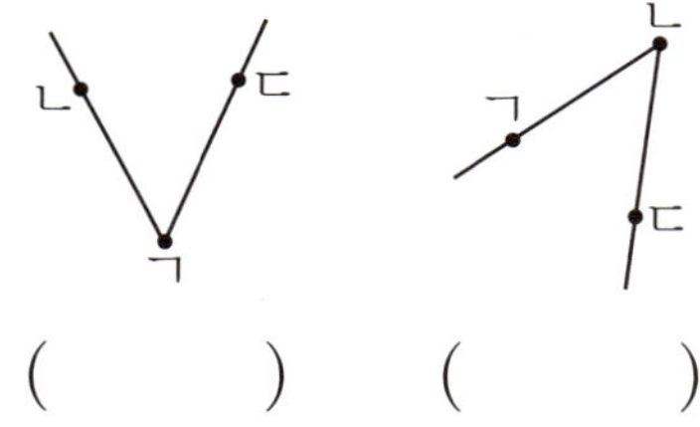

(   ) (   )

11 각 ㄴㄹㄷ을 그려 보세요.

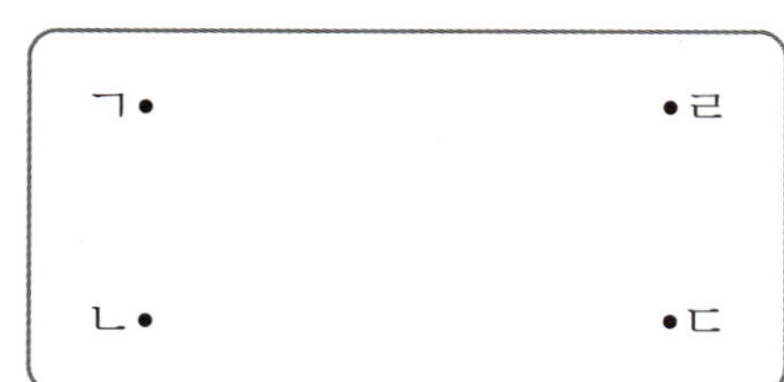

12 삼각자를 이용하여 그린 각입니다. 각과 변을 각각 읽어 보세요.

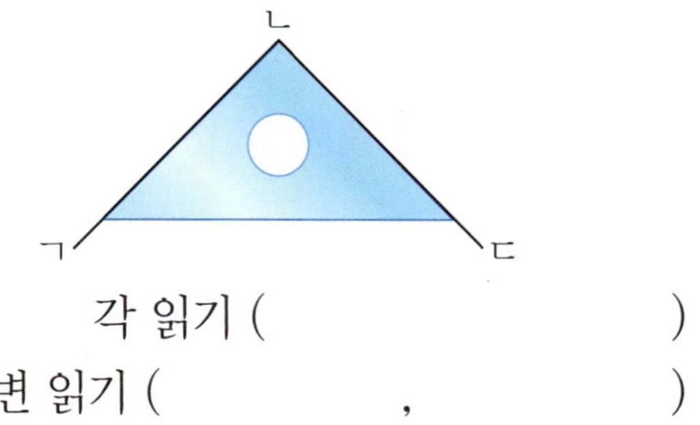

각 읽기 (   )
변 읽기 (,   )

13 각이 <u>없는</u> 도형을 찾아 기호를 쓰세요.

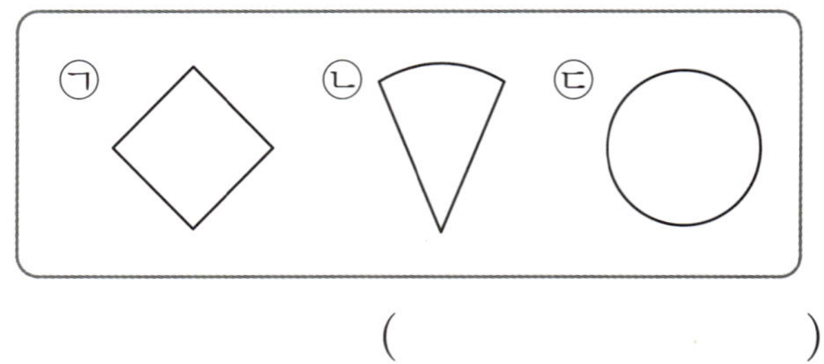

(   )

14 도형에서 찾을 수 있는 각은 모두 몇 개인가요?

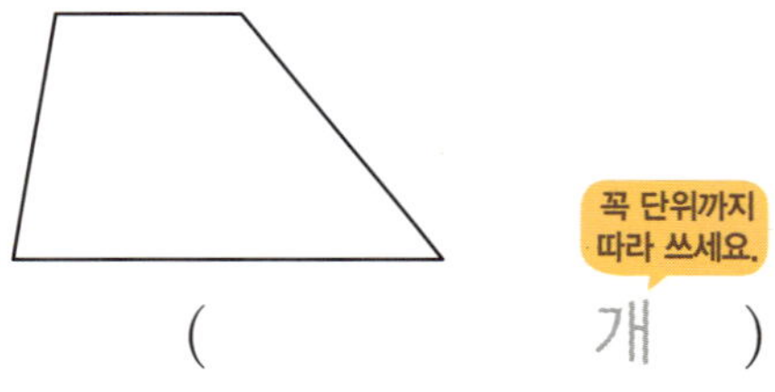

(개   )

🖊 서술형　⚡ 추론

15 오른쪽 도형이 각이 <u>아닌</u> 까닭을 쓰세요.

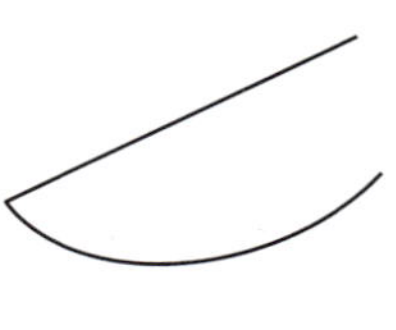

까닭 ________________

____

평면도형

2

3 직각

16 직각을 찾아 ○표 하세요.

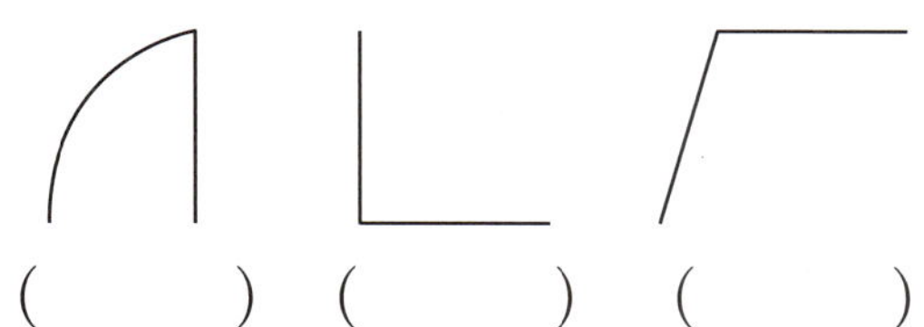

(   )   (   )   (   )

17 삼각자를 이용하여 직각을 바르게 그린 것을 찾아 기호를 쓰세요.

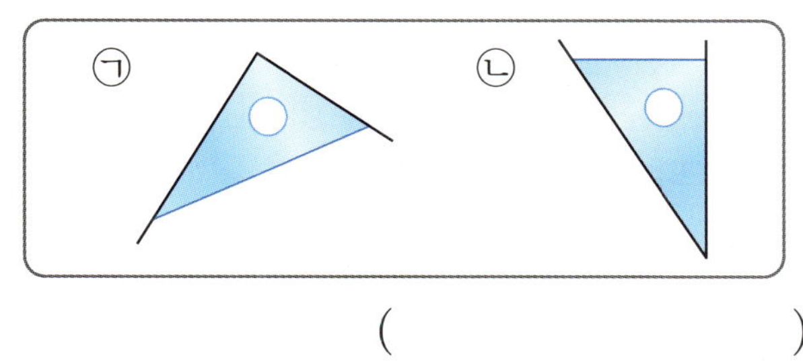

(   )

18 보기 와 같이 직각을 찾아 └ 로 표시해 보세요.

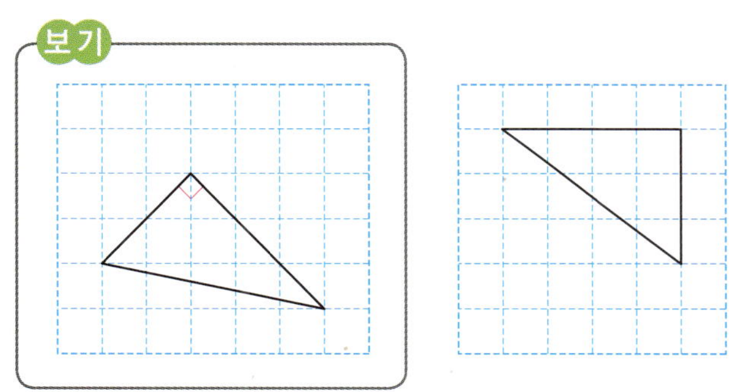

19 삼각자를 이용하여 점 ㄴ을 꼭짓점으로 하는 직각을 그려 보세요.

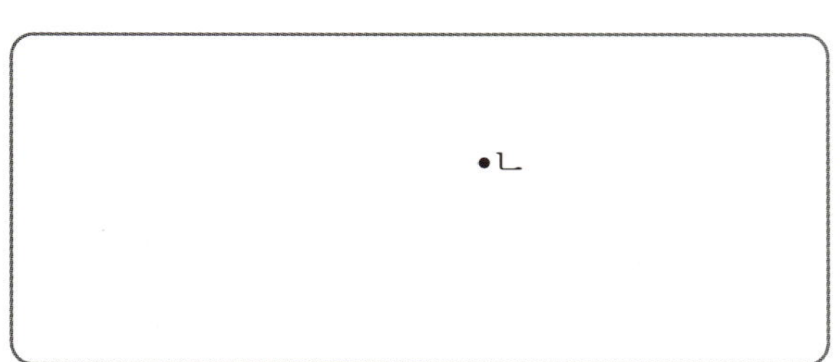

20 시계의 긴바늘과 짧은바늘이 이루는 각이 직각인 것의 기호를 쓰세요.

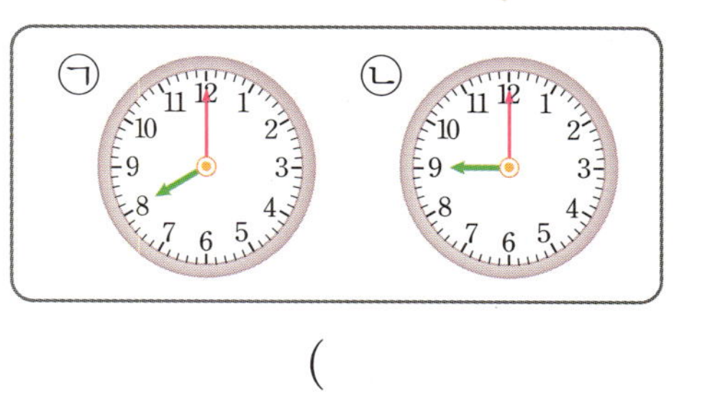

(   )

21 도형에서 찾을 수 있는 직각은 모두 몇 개인가요?

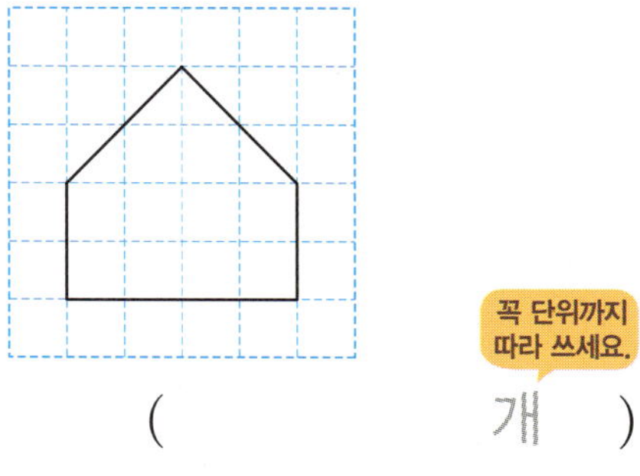

꼭 단위까지 따라 쓰세요.

(개   )

22 삼각자를 이용하여 그림에서 직각을 모두 찾아 └ 로 표시해 보세요.

문제 해결

23 직각을 찾아 읽어 보세요.

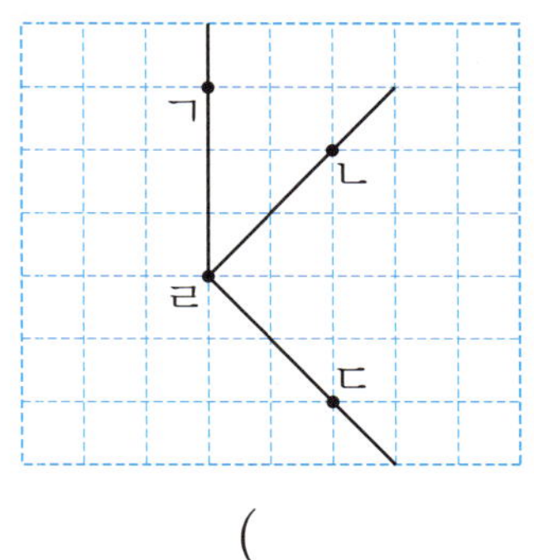

(   )

평면도형

4 **직각삼각형**

24 직각삼각형을 찾아 ○표 하세요.

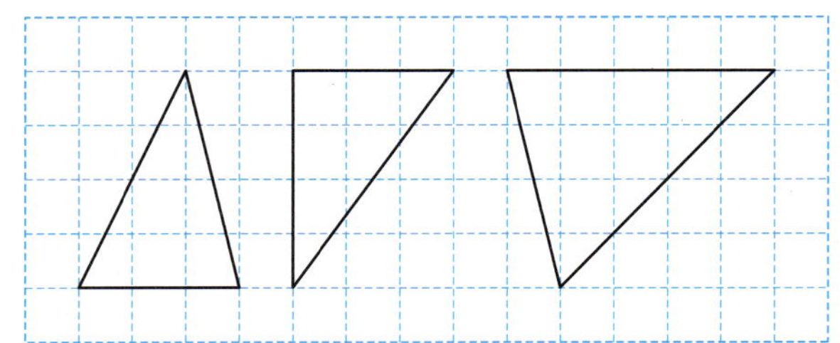

25 직각삼각형에서 직각을 찾아 ∟로 표시하고, ☐ 안에 알맞은 수를 써넣으세요.

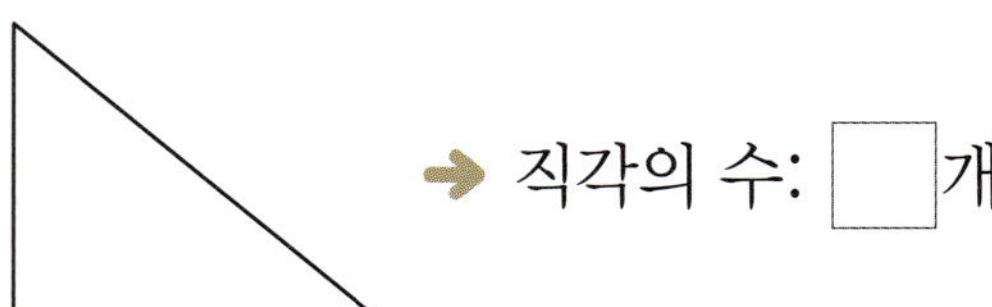

➡ 직각의 수: ☐ 개

26 점 종이에 왼쪽과 모양과 크기가 다른 직각삼각형을 1개 그려 보세요.

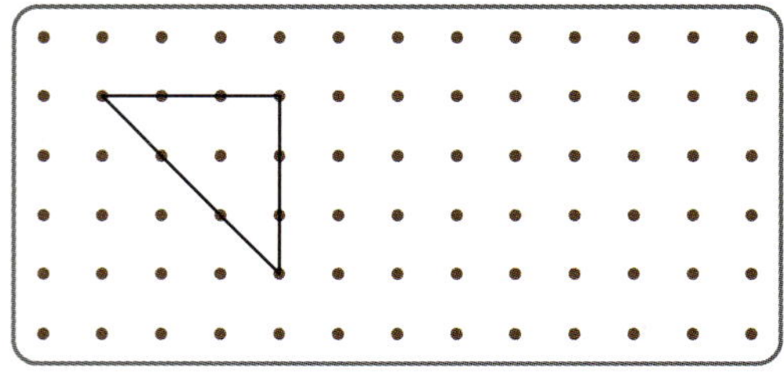

27 삼각자를 이용하여 주어진 선분을 한 변으로 하는 직각삼각형을 완성해 보세요.

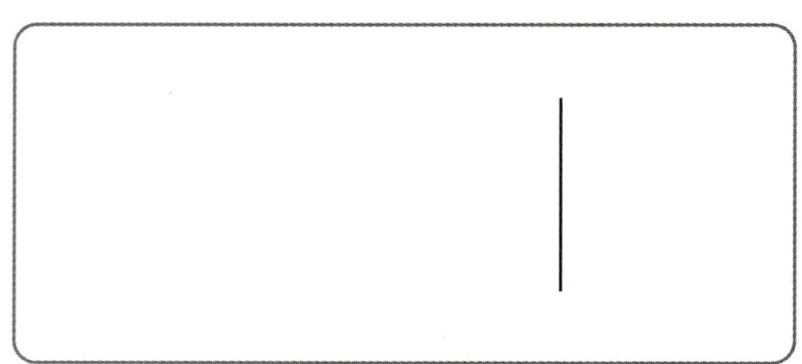

🔶 추론

28 도형의 점 ㄷ을 옮겨 직각삼각형을 만들려고 합니다. 어느 곳으로 옮겨야 하는지 번호를 찾아 쓰세요.

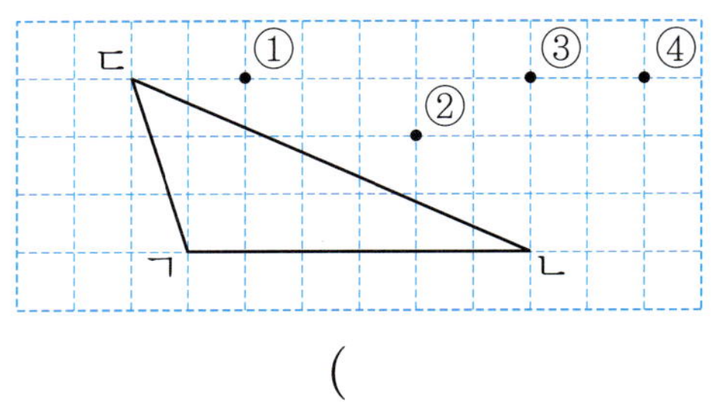

( )

29 도형은 직각삼각형이 아닙니다. 그 까닭을 바르게 설명한 사람의 이름을 쓰세요.

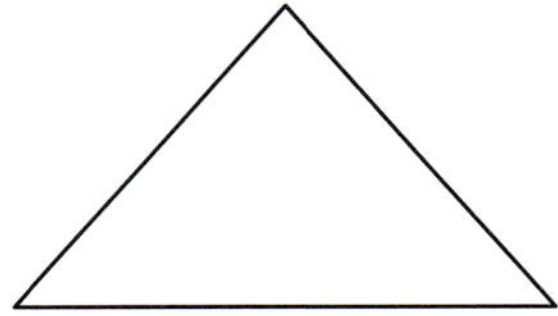

• 지수: 1개의 각이 직각이 아니야.
• 혜원: 3개의 각 중에서 직각인 각이 없어.

( )

30 네 각이 모두 직각인 사각형 모양의 종이를 선을 따라 모두 잘랐습니다. 직각삼각형은 모두 몇 개 생기나요?

꼭 단위까지 따라 쓰세요.

(개)

5 직사각형

31 직사각형 모양의 물건을 찾아 ○표 하세요.

 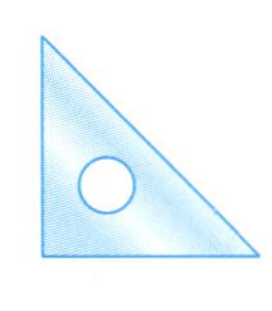 

(　　　) 　　(　　　) 　　(　　　)

32 직사각형을 모두 찾아 기호를 쓰세요.

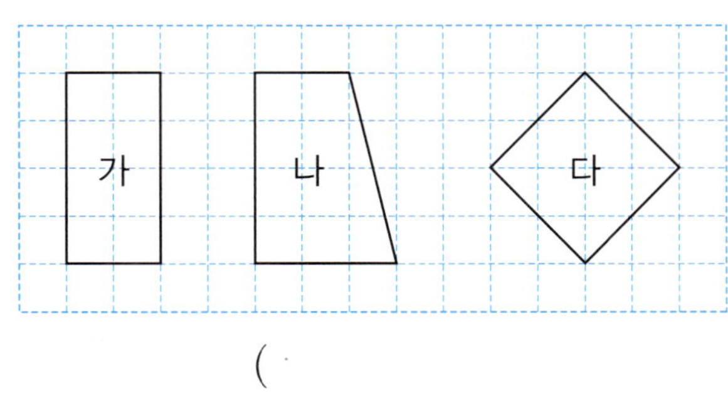

(　　　　　　　　　)

33 모눈종이에 그어진 선분을 두 변으로 하는 직사각형을 완성해 보세요.

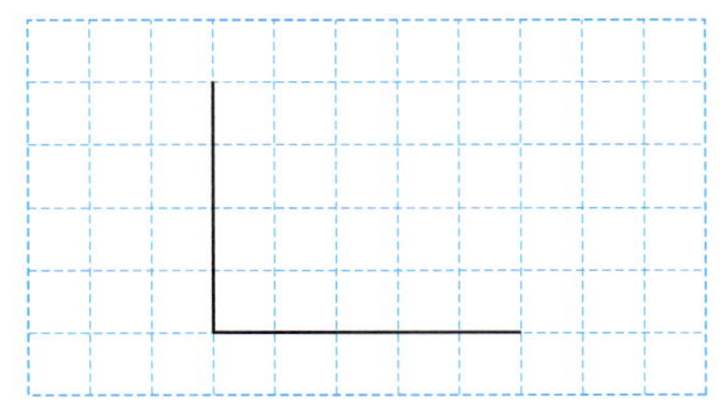

34 점 종이에 모양과 크기가 다른 직사각형을 2개 그려 보세요.

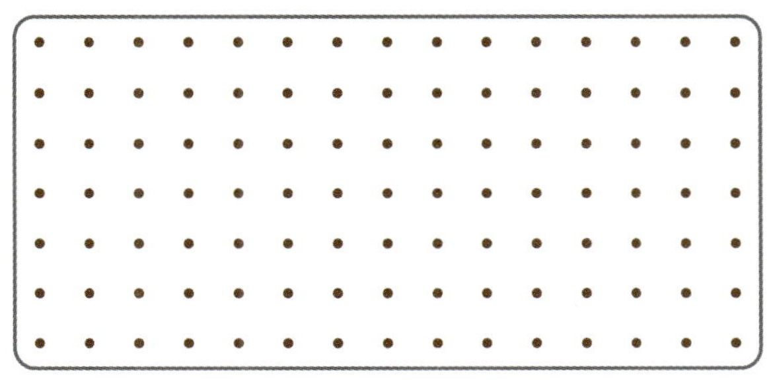

35 도형은 직사각형입니다. □ 안에 알맞은 수를 써넣으세요.

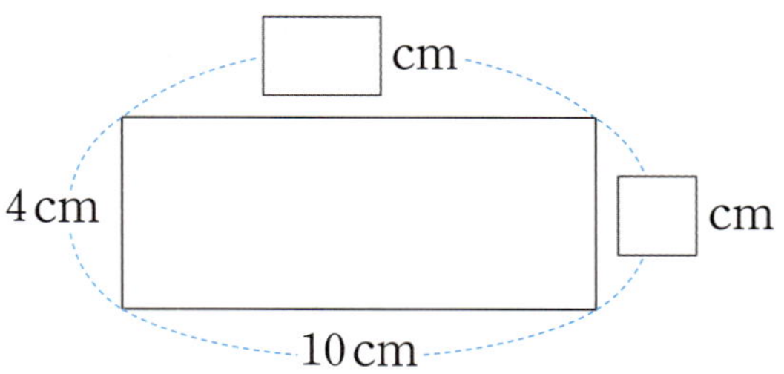

36 다음 도형이 직사각형이 <u>아닌</u> 까닭을 쓰세요.

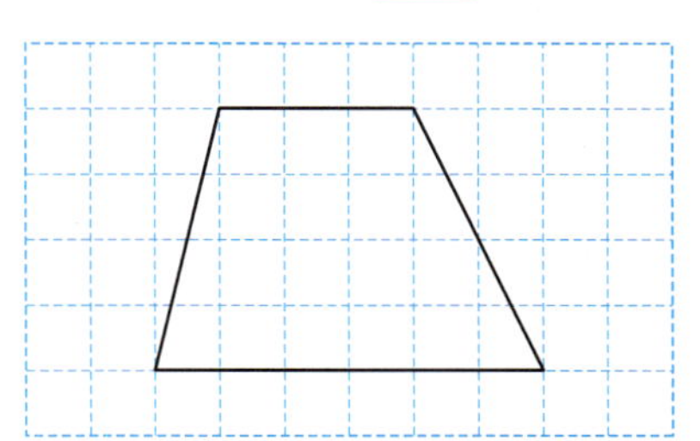

까닭 ________________________

____

37 고양이가 한 마리씩 들어가도록 마당을 세 부분으로 나누려고 합니다. 모양과 크기가 같은 직사각형으로 나누어지도록 점선을 따라 마당을 나누는 선을 그어 보세요.

39

6 정사각형

38 정사각형을 찾아 기호를 쓰세요.

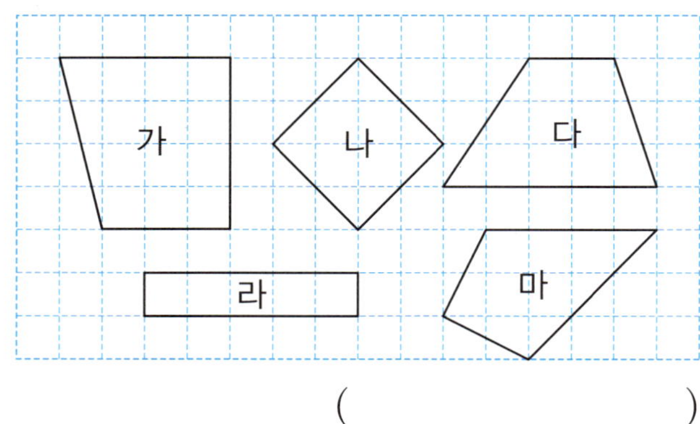

( )

39 도형은 정사각형입니다. ☐ 안에 알맞은 수를 써넣으세요.

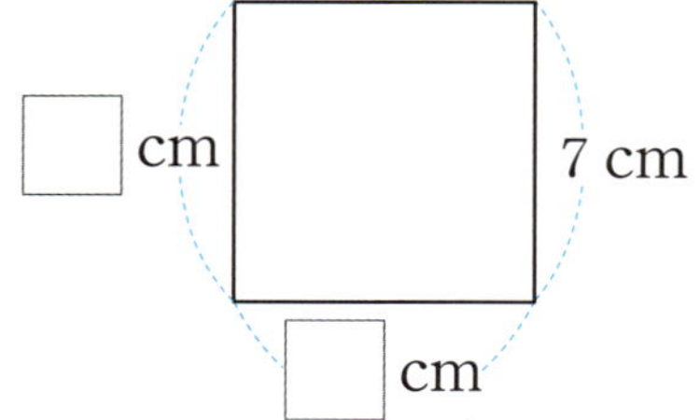

40 직사각형 모양의 종이를 그림과 같이 접어서 자른 후 펼쳤습니다. 만들어진 사각형에는 길이가 같은 변이 모두 몇 개 있나요?

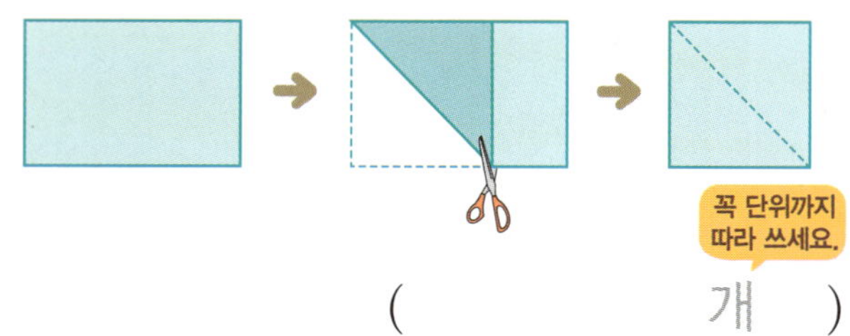

(개)

41 한 변의 길이가 4 cm인 정사각형을 그려 보세요.

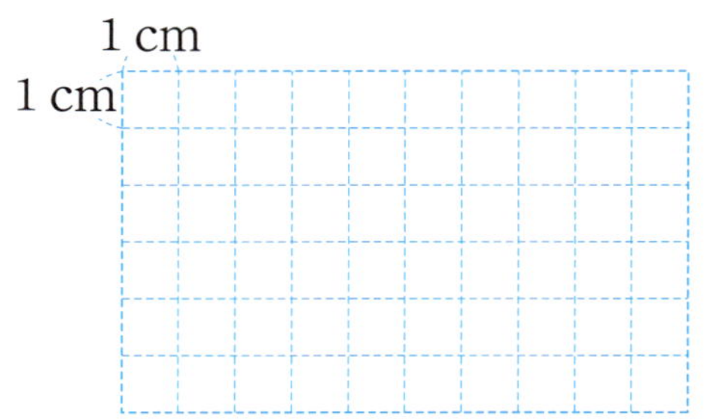

💬 의사소통

42 정사각형에 대해 <u>잘못</u> 설명한 사람의 이름을 쓰세요.

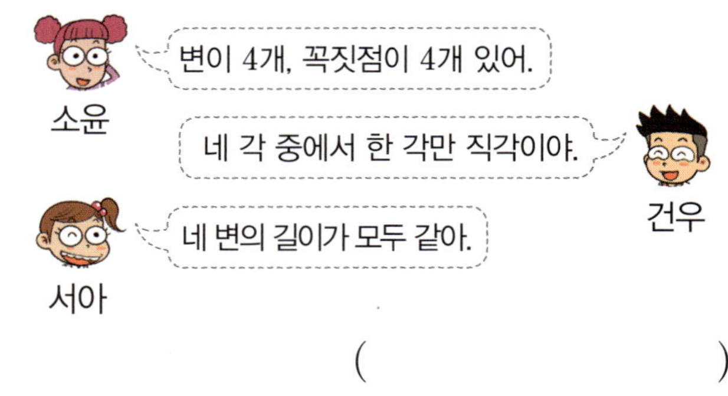

( )

43 도형의 이름으로 알맞은 것을 모두 고르세요.

( )

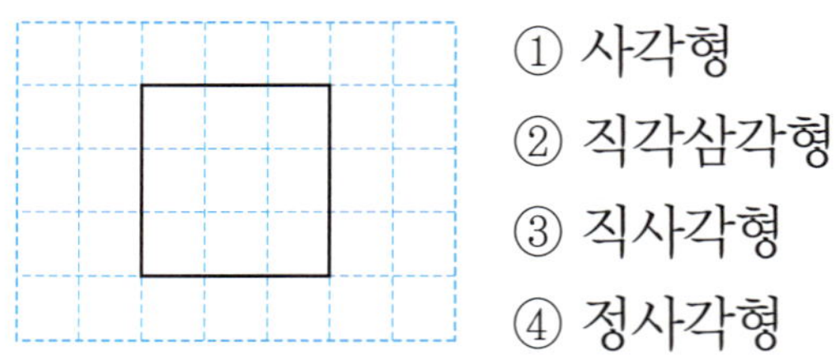

44 정사각형의 네 변의 길이의 합은 모두 몇 cm 인가요?

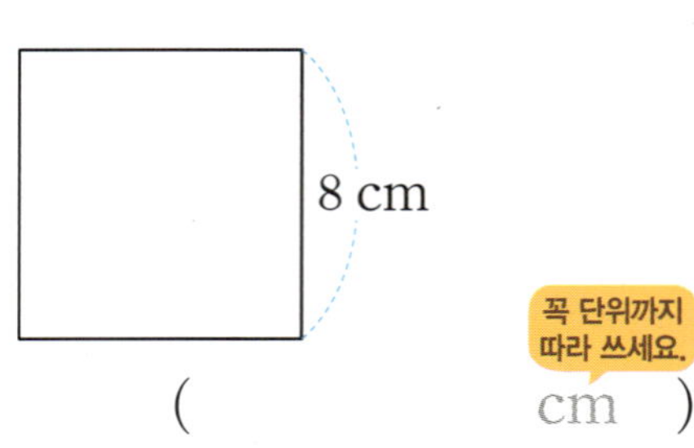

(cm)

1단계 기본 유형 완성

활용 1	**직각의 수 구하기**
	도형에서 찾을 수 있는 직각의 수를 각각 구하여 직각의 개수의 합을 구합니다.

활용 2	**직사각형의 네 변의 길이의 합 구하기**
	직사각형은 마주 보는 두 변의 길이가 같음을 이용하여 네 변의 길이의 합을 구합니다.

1-1 다음 도형에서 찾을 수 있는 직각은 모두 몇 개인가요?

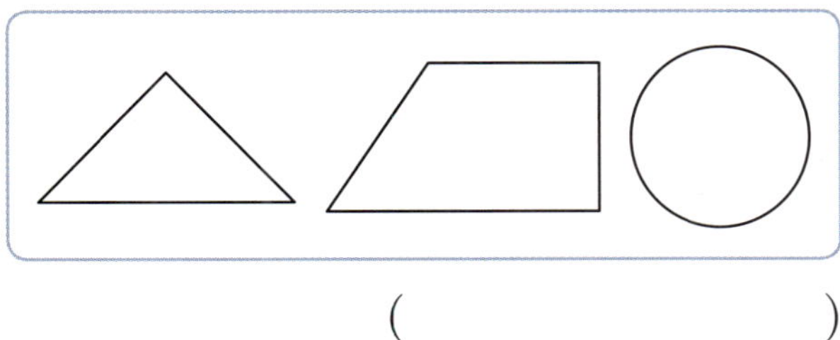

( )

2-1 직사각형의 네 변의 길이의 합은 몇 cm인가요?

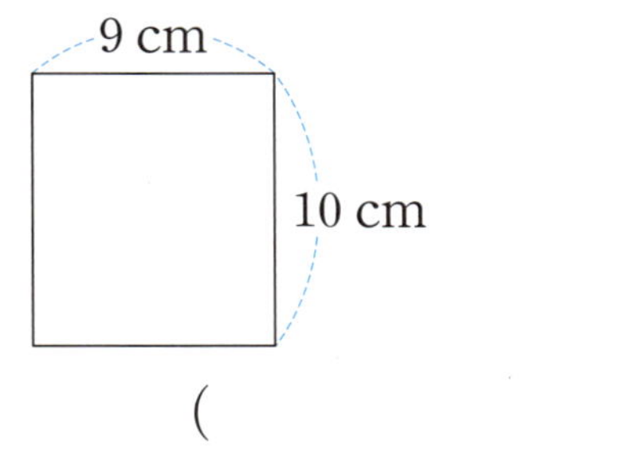

( )

1-2 다음 도형에서 찾을 수 있는 직각은 모두 몇 개인가요?

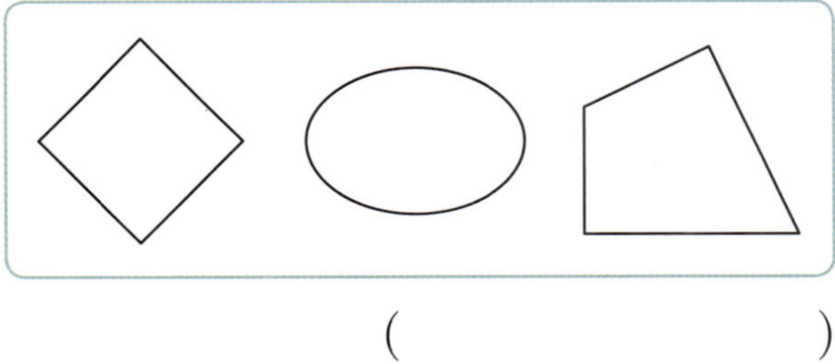

( )

2-2 직사각형의 네 변의 길이의 합은 몇 cm인가요?

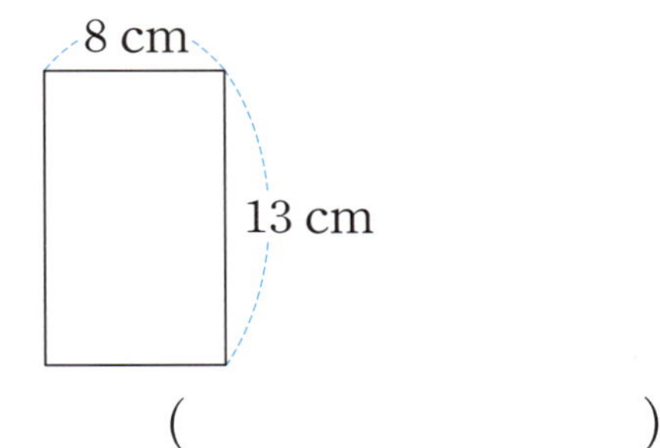

( )

1-3 다음 도형에서 찾을 수 있는 직각은 모두 몇 개인가요?

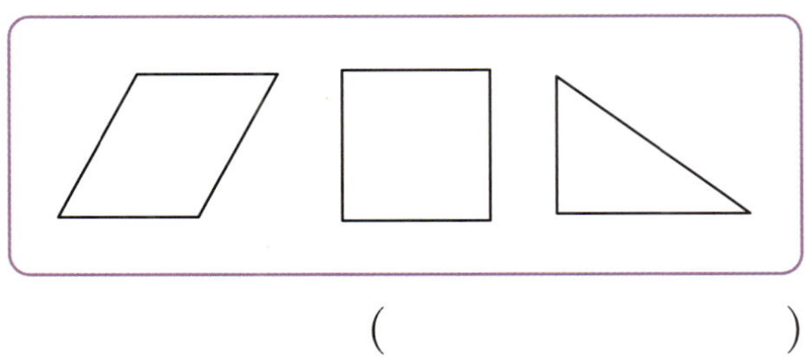

( )

2-3 직사각형의 네 변의 길이의 합은 몇 cm인가요?

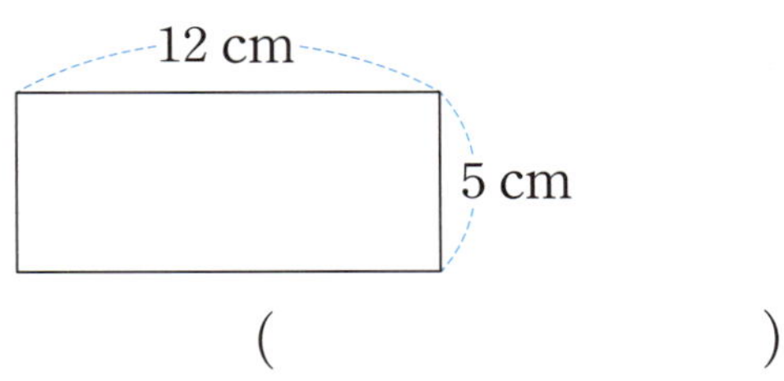

( )

활용 3 정사각형의 한 변의 길이 구하기

정사각형은 네 변의 길이가 모두 같음을 이용하여 한 변의 길이를 구합니다.

예 네 변의 길이의 합이 4 cm인 정사각형의 한 변의 길이 구하기

➡ 한 변의 길이를 □ cm라 하면
□＋□＋□＋□＝4입니다.
따라서 1＋1＋1＋1＝4이므로
□＝1입니다.

3-1 네 변의 길이의 합이 44 cm인 정사각형이 있습니다. 이 정사각형의 한 변의 길이는 몇 cm인가요?

(   )

3-2 네 변의 길이의 합이 84 cm인 정사각형이 있습니다. 이 정사각형의 한 변의 길이는 몇 cm인가요?

(   )

3-3 네 변의 길이의 합이 60 cm인 정사각형입니다. □ 안에 알맞은 수를 구하세요.

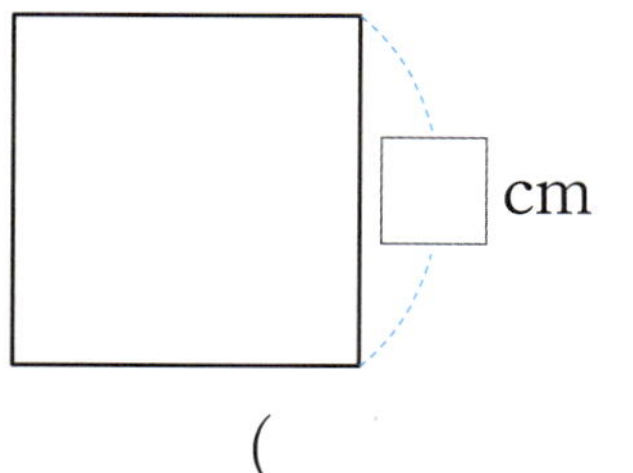

□ cm

(   )

활용 4 그릴 수 있는 각의 개수 구하기

각 점을 꼭짓점으로 하는 각을 알아봅니다.

예 점 ㄱ을 꼭짓점으로 하는 각 그리기

4-1 3개의 점을 이용하여 각을 그릴 때, 그릴 수 있는 각은 모두 몇 개인가요?

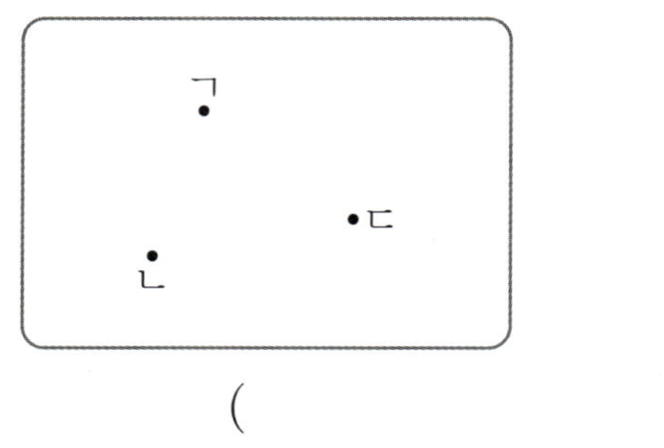

(   )

4-2 4개의 점 중에서 3개의 점을 이용하여 각을 그릴 때, 그릴 수 있는 각은 모두 몇 개인가요?

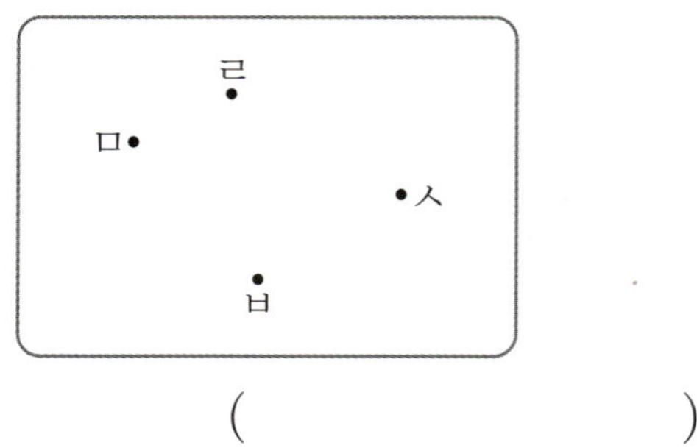

(   )

2단계 실력 유형 연습

1 반직선 ㄷㄴ을 바르게 그린 사람은 누구인가요?

(   )

⚡ 추론

2 직각을 그리기 위해서 점 ㄱ과 어느 점을 이어야 하나요? (   )

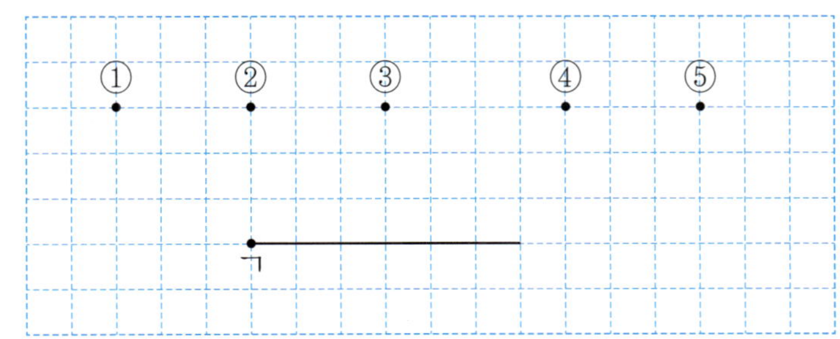

3 점을 이용하여 선분, 반직선, 직선을 각각 그어 보세요.

선분 ㄱㄴ   반직선 ㅁㄷ   직선 ㄹㅂ

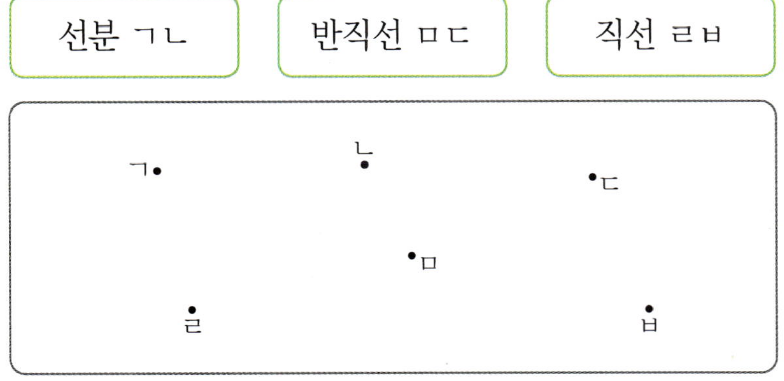

4 세 점을 이용하여 꼭짓점이 서로 다른 각을 그려 보세요.

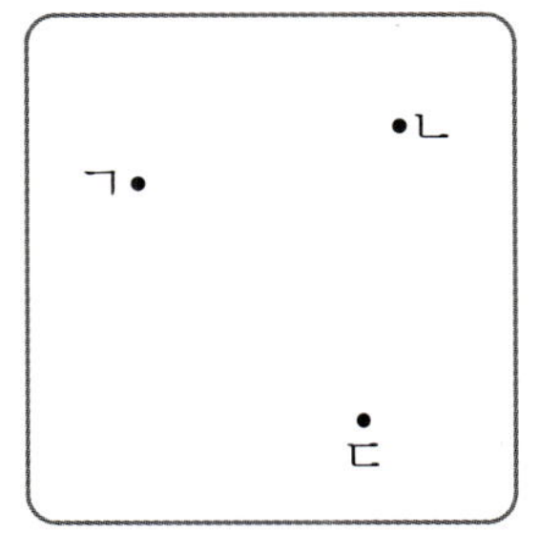

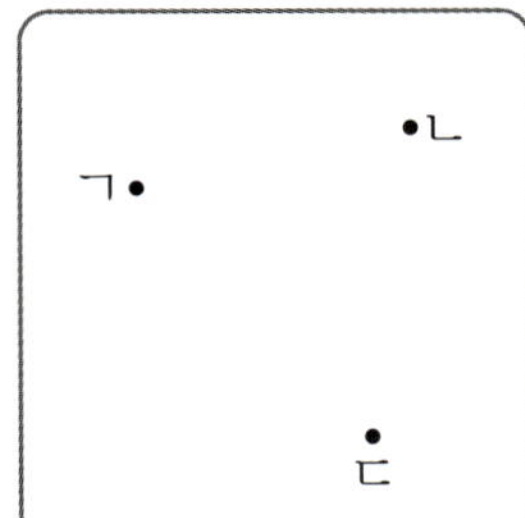

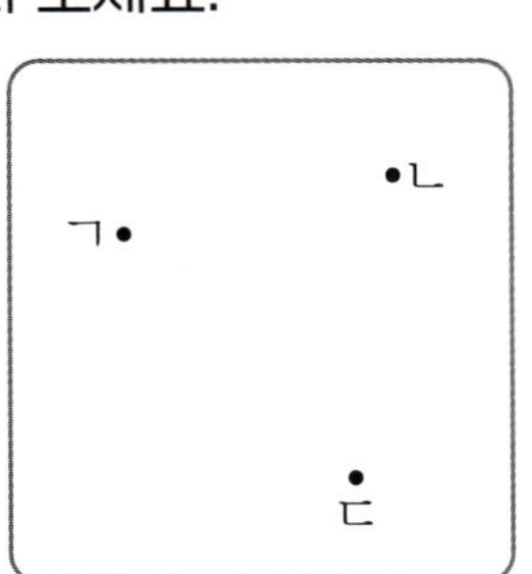

S 솔루션

두 사람이 그린 반직선이 어느 점에서 시작됐는지 확인해 봐요.

선분, 반직선, 직선은 모두 곧은 선으로 긋고 반직선은 시작하는 점에 주의해요.

세 점이 각각 꼭짓점이 되도록 서로 다른 각을 그려 봐요.

5 다음에서 설명하는 도형의 이름을 쓰세요.

> • 직각이 4개인 사각형입니다.
> • 4개의 변의 길이가 모두 같습니다.

(   )

6 직사각형을 찾아 길을 따라 가며 선을 긋고, 도착한 곳에 ◯표 하세요.

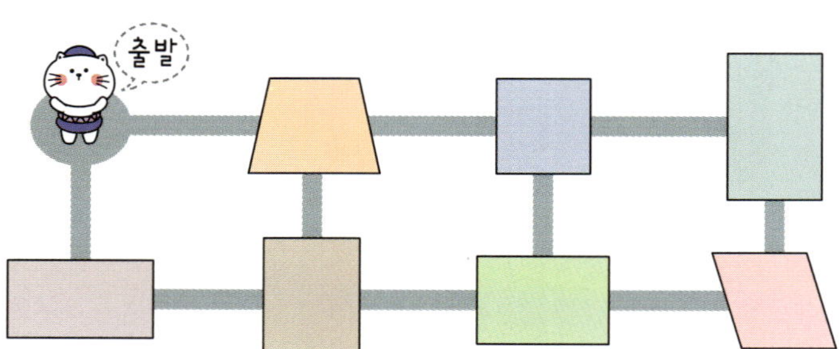

7 삼각형의 꼭짓점을 한 개 옮겨서 직각삼각형을 만들어 보세요.

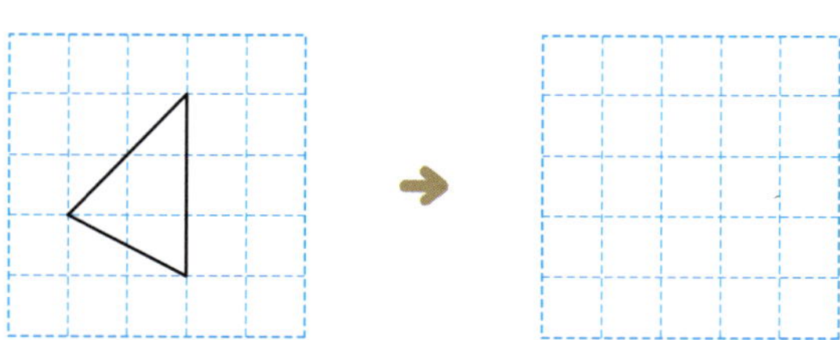

8 칠교판으로 오른쪽 집 모양을 만들었습니다. 집 모양에서 찾을 수 있는 크고 작은 직사각형은 모두 몇 개인가요?

(   )

44

S 솔루션

네 각이 모두 직각인 사각형을 찾아봐요.

직각삼각형은 세 각 중에서 한 각이 직각이에요.

모양 조각 여러 개로 이루어진 직사각형도 찾아봐요.

9 각의 수가 많은 도형부터 순서대로 기호를 쓰세요.

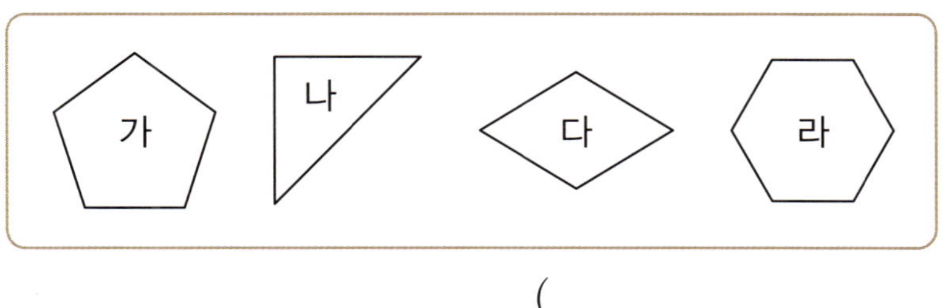

(   )

10 직사각형 모양의 종이를 잘라 직각삼각형을 4개 만들려고 합니다. 잘라야 하는 선을 그어 보세요.

11 시각을 각각 시계에 나타냈을 때 긴바늘과 짧은바늘이 이루는 각이 직각인 시각은 몇 시인가요?

1시	3시	5시

(   )

문제 해결

12 오른쪽 직사각형 모양의 종이를 잘라서 만들 수 있는 가장 큰 정사각형의 네 변의 길이의 합은 몇 cm인지 구하세요.

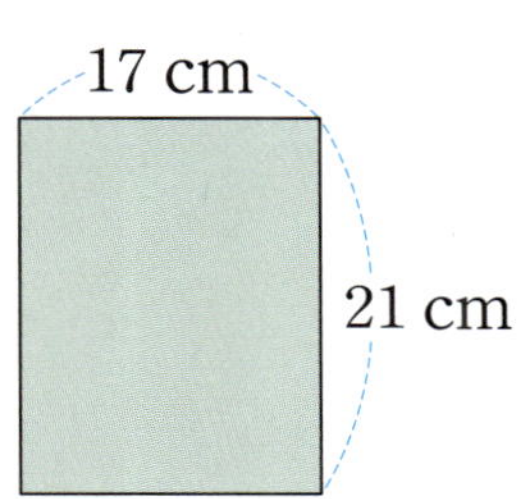

(   )

S 솔루션

도형의 각의 수를 먼저 구해요.

종이를 먼저 직사각형 2개로 나누고, 나눈 직사각형을 각각 직각삼각형 2개로 나눠 봐요.

시곗바늘이 어디를 가리키는지 알아봐요.

예 4시는 짧은바늘이 4, 긴바늘이 12를 가리켜요.

2

평면도형

45

| 심화 1 | 각의 수 구하기
각 1개, 2개, 3개로 이루어진 각을 각각 구하자! |

◆ 도형에서 찾을 수 있는 각은 모두 몇 개인지 구하세요.

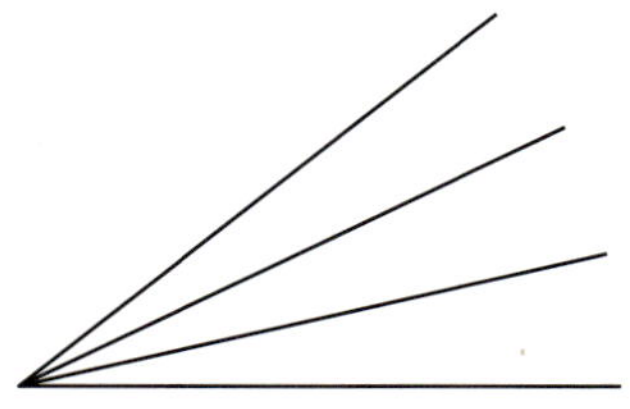

문제해결

1 각 1개, 2개, 3개로 이루어진 각은 각각 몇 개인지 구하세요.

각 1개 (   )
각 2개 (   )
각 3개 (   )

2 찾을 수 있는 각은 모두 몇 개인지 구하세요.

(   )

1-1 도형에서 찾을 수 있는 각은 모두 몇 개인지 구하세요.

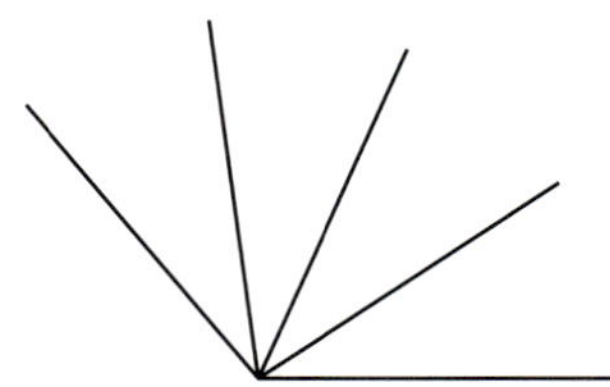

답 ______________________

1-2 도형에서 찾을 수 있는 각은 모두 몇 개인지 구하세요.

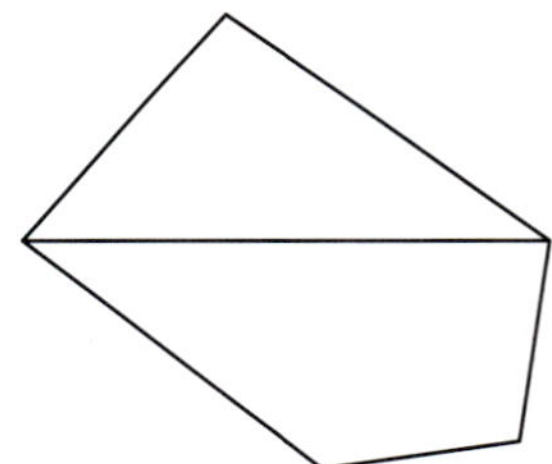

답 ______________________

심화 2

그을 수 있는 선분, 직선, 반직선의 수 구하기

먼저 점과 점을 이어 선분, 직선, 반직선을 그어 보자!

◆ 4개의 점 중에서 2개의 점을 이어 선분을 그으려고 합니다. 그을 수 있는 선분은 모두 몇 개인지 구하세요.

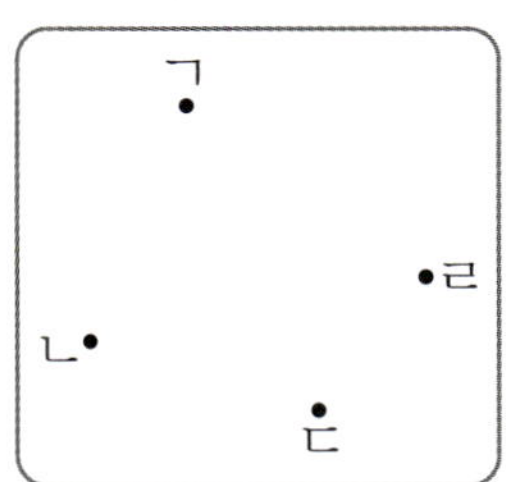

문제해결

1 점 ㄱ에서 그을 수 있는 선분은 ☐ 개입니다.

2 점 ㄴ에서 그을 수 있는 선분은 점 ㄱ과 그은 선분을 제외한 ☐ 개입니다.

3 점 ㄷ에서 그을 수 있는 선분은 점 ㄱ, 점 ㄴ과 그은 선분을 제외한 ☐ 개입니다.

4 그을 수 있는 선분은 모두 몇 개인가요?

( )

쌍둥이

2-1 5개의 점 중에서 2개의 점을 이어 직선을 그으려고 합니다. 그을 수 있는 직선은 모두 몇 개인지 구하세요.

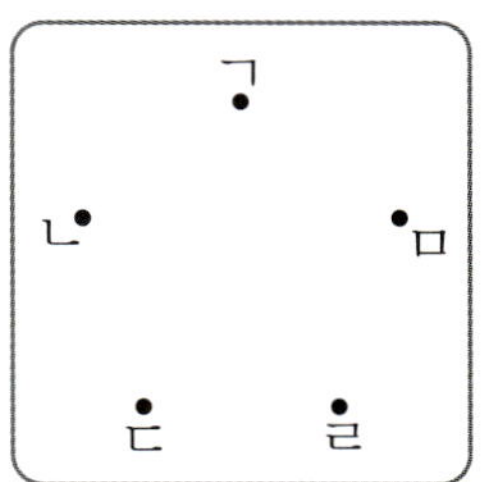

답 ____________________

변형

2-2 ▶동영상 4개의 점 중에서 2개의 점을 이어 반직선을 그으려고 합니다. 그을 수 있는 반직선은 모두 몇 개인지 구하세요.

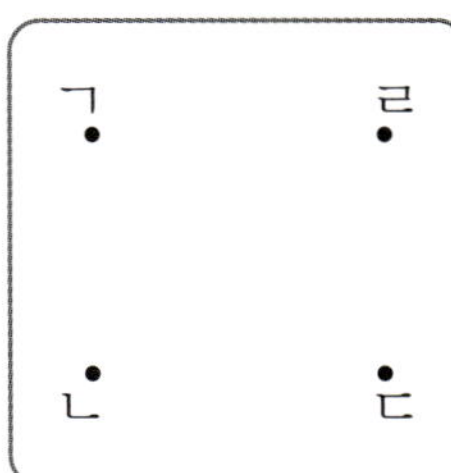

답 ____________________

| 심화
3 | 색종이를 잘랐을 때 생기는 도형의 수 구하기
색종이를 반듯하게 2번 접으면 직각이 생겨! |

◆ 정사각형 모양의 색종이를 그림과 같이 3번 접은 후 펼쳤습니다. 접힌 선을 따라 모두 잘랐을 때 직각삼각형은 모두 몇 개 생기는지 구하세요.

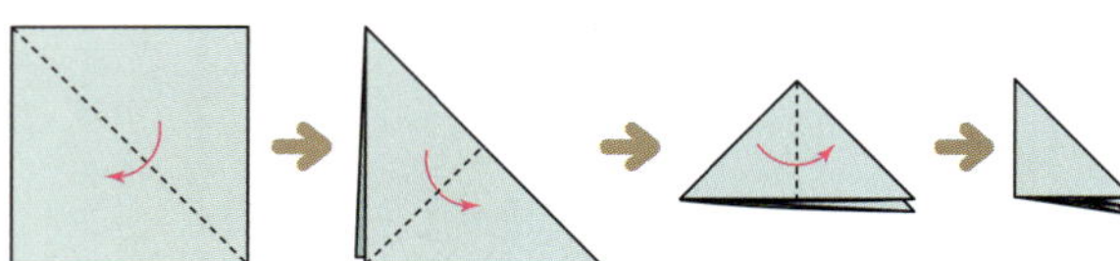

문제해결

1 색종이를 3번 접은 후 펼친 것입니다. 접힌 선을 점선으로 표시해 보세요.

2 접힌 선을 따라 모두 잘랐을 때 직각삼각형은 모두 몇 개 생기는지 구하세요.

(   )

3-1 정사각형 모양의 색종이를 그림과 같이 3번 접은 후 펼쳤습니다. 접힌 선을 따라 모두 잘랐을 때 직각삼각형은 모두 몇 개 생기는지 구하세요.

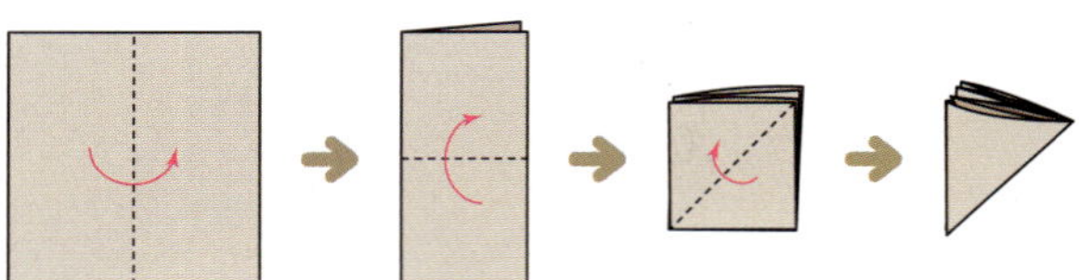

답 ________________________

3-2 정사각형 모양의 색종이를 그림과 같이 3번 접은 후 펼쳤습니다. 접힌 선을 따라 모두 잘랐을 때 직사각형은 모두 몇 개 생기는지 구하세요.

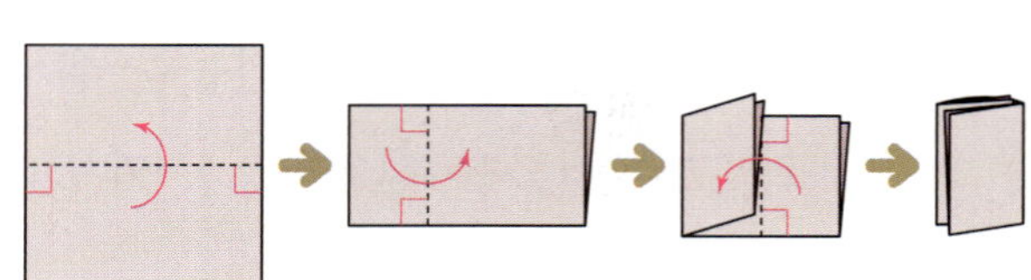

답 ________________________

심화 4

정사각형(직사각형)의 한 변의 길이 구하기
직사각형은 마주 보는 두 변의 길이가 같고 정사각형은 네 변의 길이가 모두 같아!

◆ 직사각형 가와 정사각형 나의 네 변의 길이의 합은 같습니다. 정사각형 나의 한 변의 길이는 몇 cm인가요?

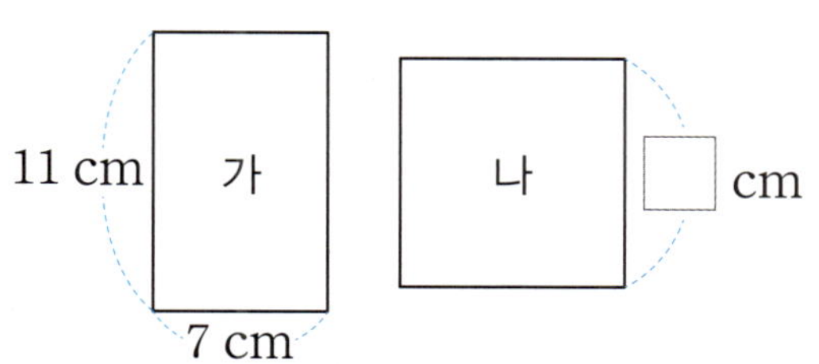

문제해결

1 직사각형 가의 네 변의 길이의 합은 몇 cm인가요?

( )

2 정사각형 나의 네 변의 길이의 합은 몇 cm인가요?

( )

3 정사각형 나의 한 변의 길이는 몇 cm인가요?

( )

 **쌍둥이**

4-1 직사각형 가와 정사각형 나의 네 변의 길이의 합은 같습니다. 정사각형 나의 한 변의 길이는 몇 m인가요?

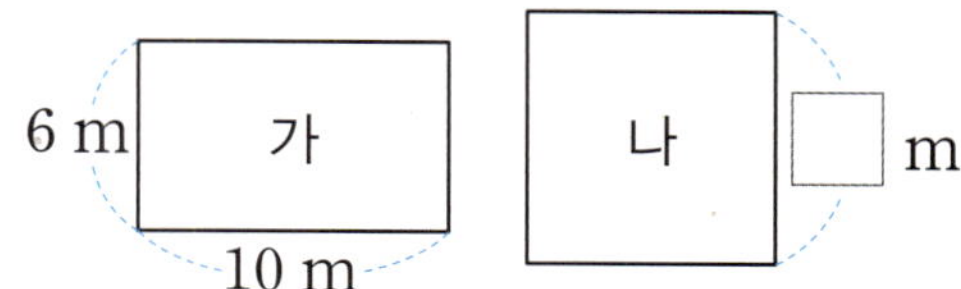

답 ________________

변형

4-2 직사각형 가와 정사각형 나의 네 변의 길이의 합은 같습니다. 직사각형 가의 ■의 길이는 몇 cm인가요?

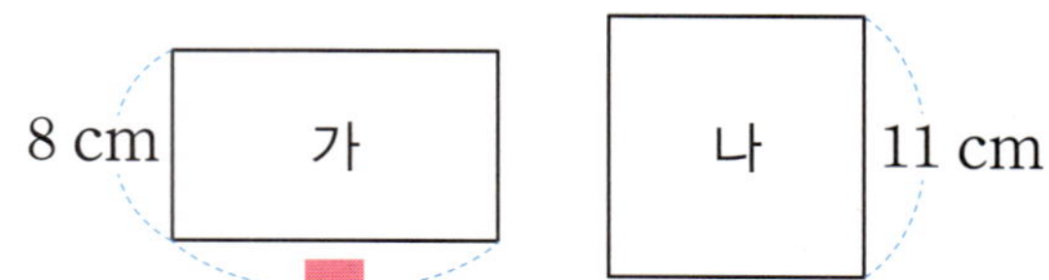

답 ________________

| 심화 5 | 크고 작은 도형의 수 구하기
찾을 수 있는 가장 작은 도형부터 순서대로 구하자! |

◆ 도형에서 찾을 수 있는 크고 작은 직사각형은 모두 몇 개인지 구하세요.

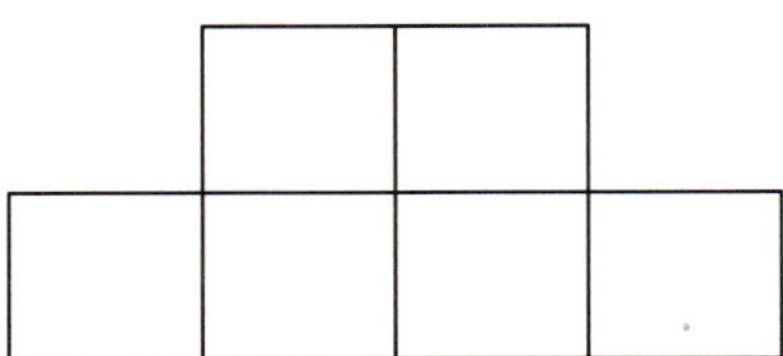

문제해결

1 가장 작은 직사각형 1개, 2개, 3개, 4개로 이루어진 직사각형은 각각 몇 개인지 구하세요.

- 가장 작은 직사각형 1개: 6개
- 가장 작은 직사각형 2개: ☐개
- 가장 작은 직사각형 3개: ☐개
- 가장 작은 직사각형 4개: ☐개

2 찾을 수 있는 크고 작은 직사각형은 모두 몇 개인지 구하세요.

(   )

5-1 도형에서 찾을 수 있는 크고 작은 직사각형은 모두 몇 개인지 구하세요.

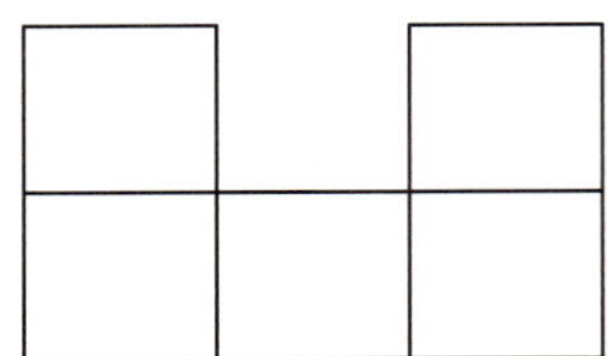

답 ____________________

5-2 도형에서 찾을 수 있는 크고 작은 직각삼각형은 모두 몇 개인지 구하세요.

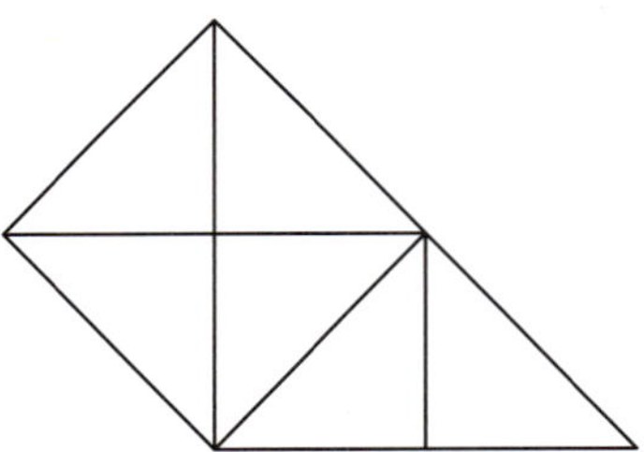

답 ____________________

심화 6

이어 붙여 만든 도형에서 선분의 길이 구하기

정사각형은 네 변의 길이가 모두 같음을 이용하여 한 변의 길이부터 구하자!

◆ 크기가 다른 정사각형 3개를 겹치지 않게 이어 붙여서 만든 도형입니다. 선분 ㅅㅇ의 길이는 몇 cm인지 구하세요.

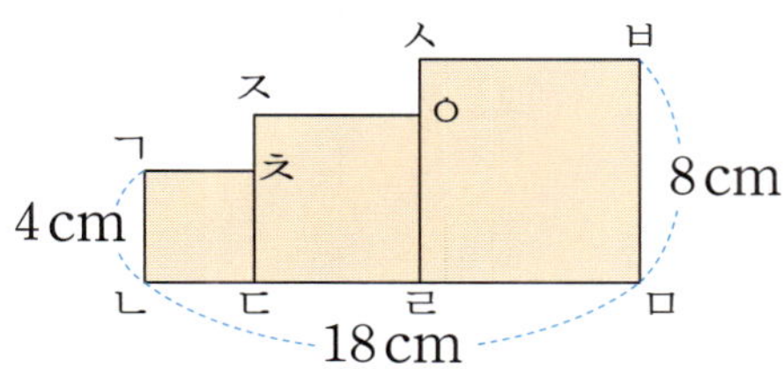

문제해결

1 선분 ㅅㄹ의 길이는 몇 cm인가요?

( )

2 선분 ㅇㄹ의 길이는 몇 cm인가요?

( )

3 선분 ㅅㅇ의 길이는 몇 cm인지 구하세요.

( )

 쌍둥이

6-1 크기가 다른 정사각형 3개를 겹치지 않게 이어 붙여서 만든 도형입니다. 선분 ㅊㅈ의 길이는 몇 cm인지 구하세요.

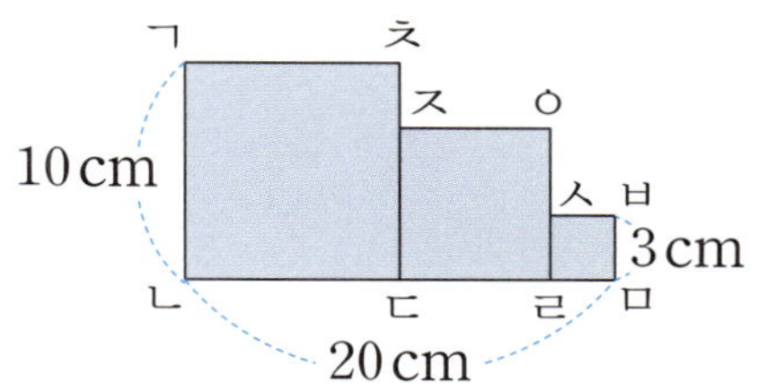

답 ________________

변형

6-2 크기가 다른 정사각형 3개를 겹치지 않게 이어 붙여서 만든 도형입니다. 선분 ㅁㅂ의 길이는 몇 cm인지 구하세요.

동영상

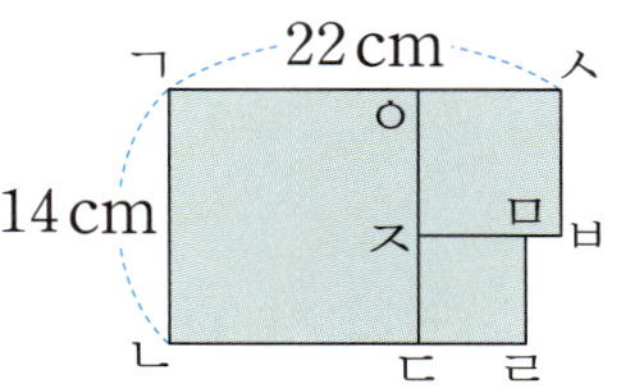

답 ________________

1 정사각형 4개를 변끼리 맞닿게 이어 붙여 직사각형을 만들었습니다. 만든 직사각형의 네 변의 길이의 합은 몇 cm인지 구하세요.

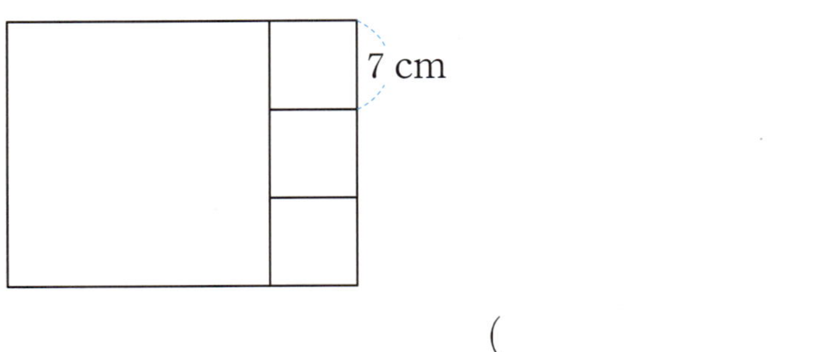

(   )

2 정사각형과 직사각형을 겹치지 않게 이어 붙여 만든 도형입니다. 도형을 둘러싼 굵은 선의 길이는 몇 cm인지 구하세요.

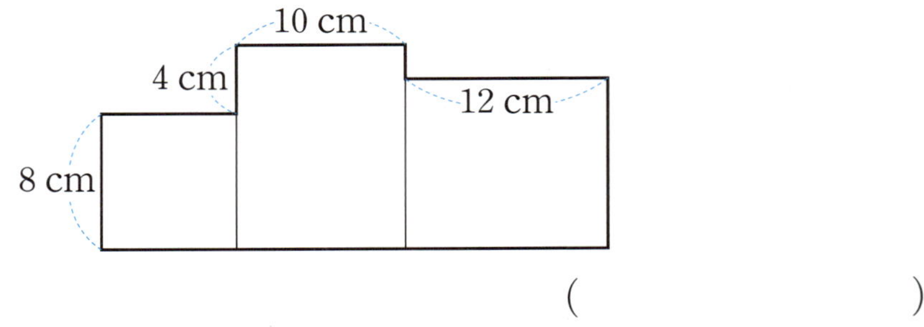

(   )

3 직선 가 위의 한 점과 직선 나 위의 한 점을 이용하여 그을 수 있는 반직선은 모두 몇 개인지 구하세요.

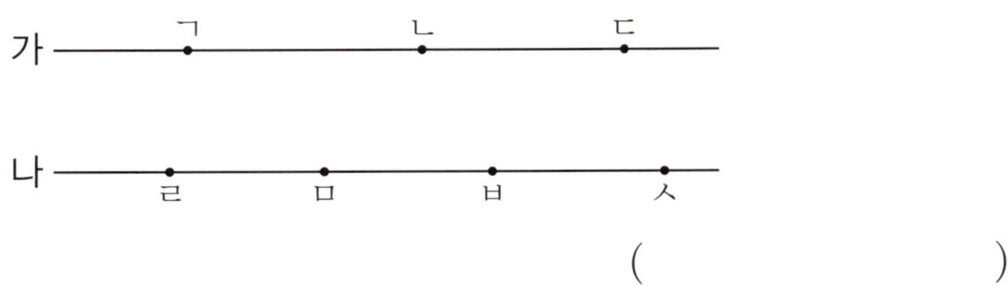

(   )

⚡ 추론

4 오른쪽 5개의 점 중에서 3개의 점을 꼭짓점으로 하는 직각삼각형을 그리려고 합니다. 그릴 수 있는 크고 작은 직각삼각형은 모두 몇 개인가요?

(   )

5 철사를 사용하여 한 변의 길이가 18 cm인 정사각형 모양 한 개를 만들었습니다. 이 철사를 다시 펴서 남김없이 모두 사용하여 직사각형 모양 한 개를 만들려고 합니다. 직사각형의 짧은 변의 길이를 12 cm로 한다면 긴 변의 길이는 몇 cm로 해야 하나요?

(   )

6 도형에서 찾을 수 있는 크고 작은 직사각형 중에서 ★을 포함하는 직사각형은 모두 몇 개인지 구하세요.

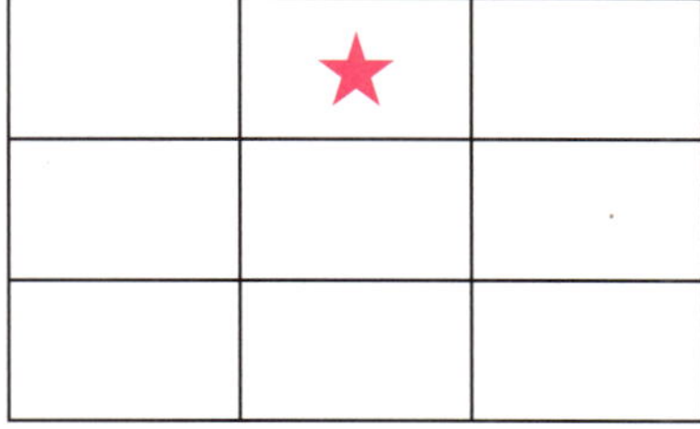

(   )

BOOK❷ 6~9쪽에서 경시대회 문제 도전!

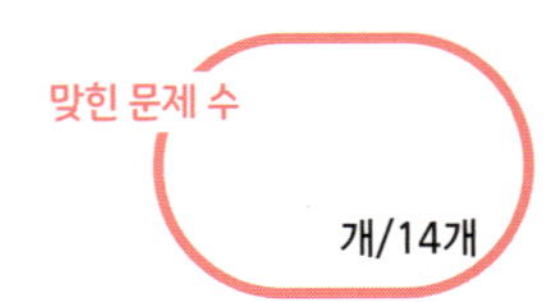

1 선분과 직선에 대한 설명이 맞으면 ◯표, 틀리면 ✕ 표 하세요.

(1) 선분은 한쪽으로만 늘어나지만 직선은 양쪽으로 늘어납니다. ··············(   )

(2) 선분은 직선의 일부분입니다. (   )

2 직각인 각을 읽어 보세요.

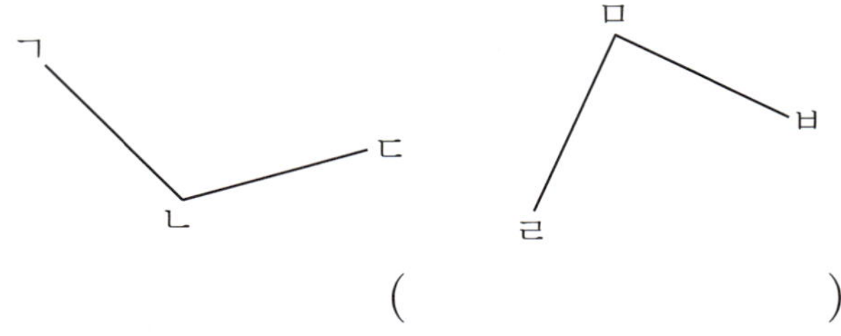

(   )

3 칠교판에 있는 직각삼각형 모양 조각은 모두 몇 개인가요?

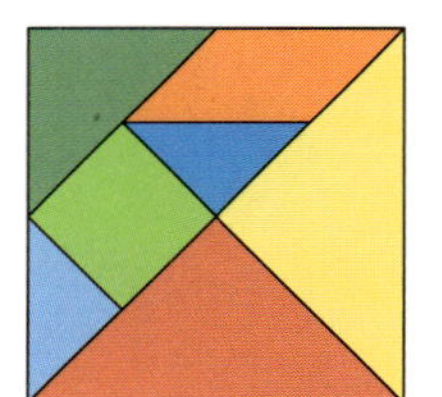

(   )

4 도형은 직사각형입니다. ☐ 안에 알맞은 수를 써넣으세요.

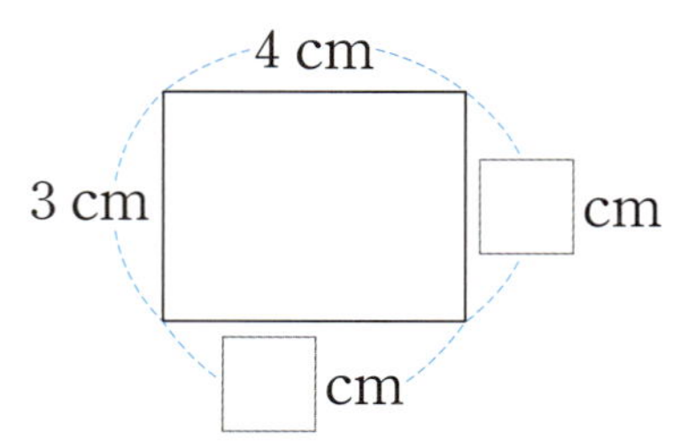

5 교통 표지판 중에서 각이 <u>없는</u> 표지판을 찾아 기호를 쓰세요.

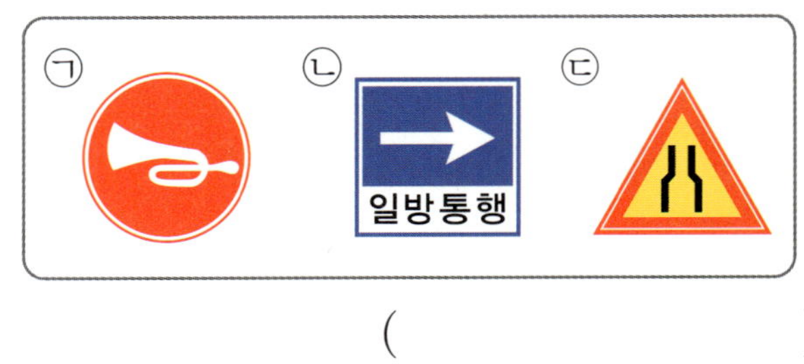

(   )

6 그림에서 찾을 수 있는 직각은 모두 몇 개인가요?

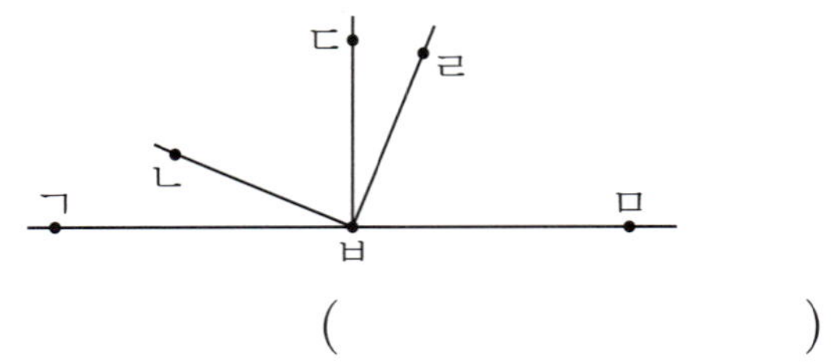

(   )

7 각의 수가 많은 도형부터 순서대로 기호를 쓰세요.

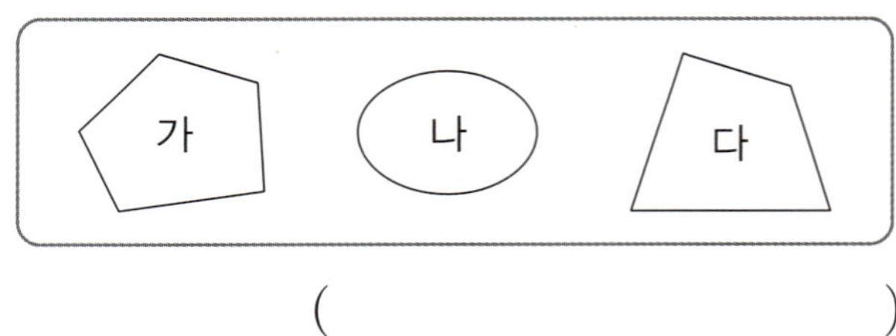

(   )

8 왼쪽 도형의 이름이 될 수 있는 것을 보기에서 모두 찾아 쓰세요.

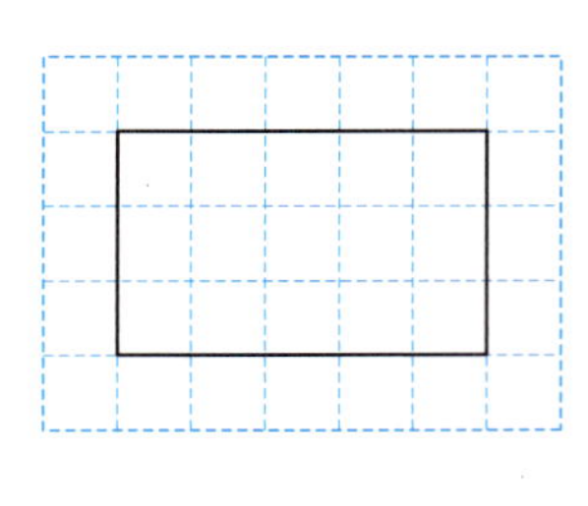

(   )

9 3개의 점 중 2개의 점을 이어서 그릴 수 있는 반직선은 모두 몇 개인가요?

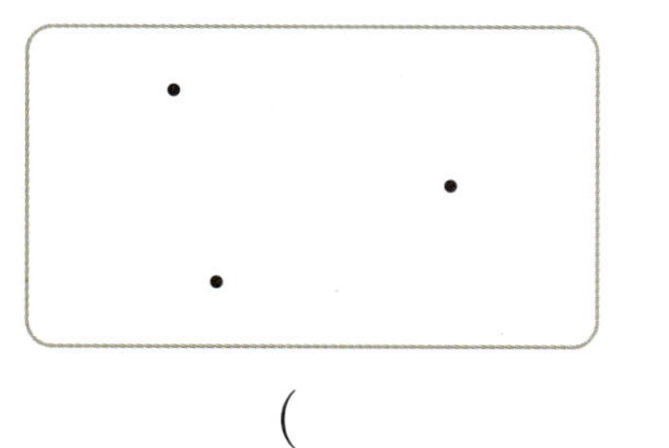

( )

 서술형

10 네 변의 길이의 합이 32 cm인 정사각형이 있습니다. 이 정사각형의 한 변의 길이는 몇 cm인지 풀이 과정을 쓰고 답을 구하세요.

풀이

답

11 태극기는 직사각형 모양이고 스위스 국기는 정사각형 모양입니다. 태극기와 스위스 국기의 네 변의 길이의 합이 같을 때, 태극기에서 ㉠에 알맞은 수를 구하세요.

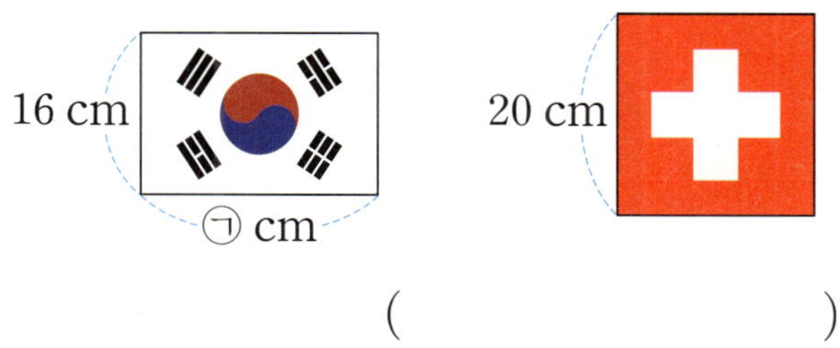

( )

12 정사각형 2개를 겹치지 않게 이어 붙여 만든 도형입니다. 도형을 둘러싼 굵은 선의 길이는 몇 cm인지 구하세요.

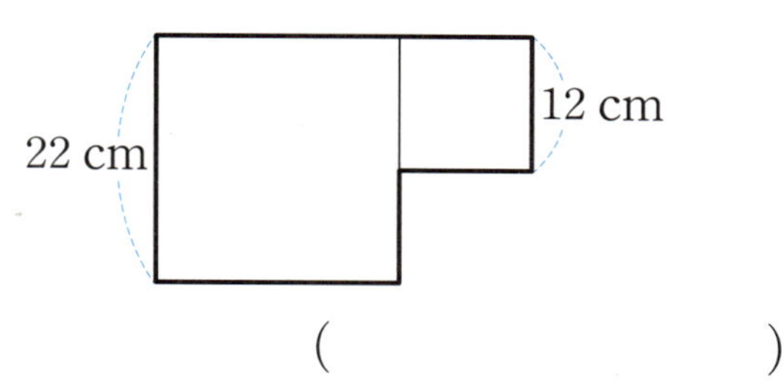

( )

13 도형에서 찾을 수 있는 각은 모두 몇 개인가요?

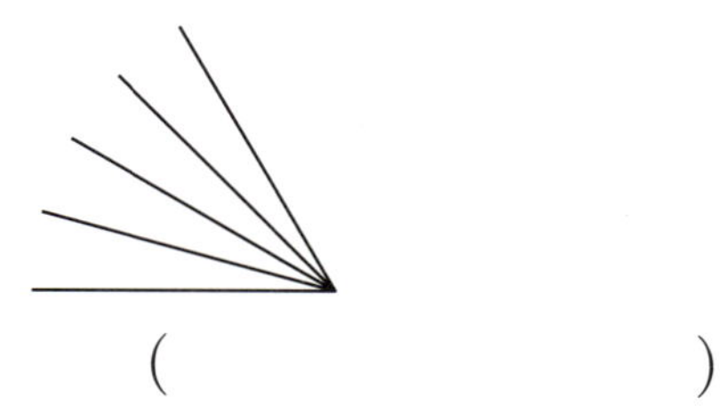

( )

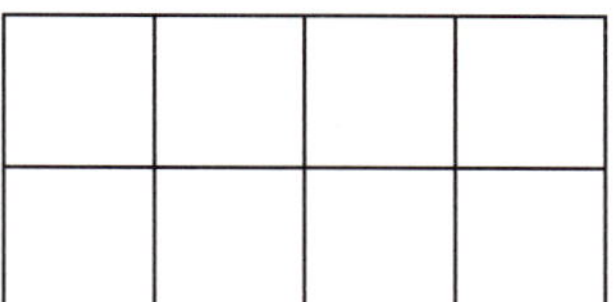 서술형

14 그림에서 찾을 수 있는 크고 작은 정사각형은 모두 몇 개인지 풀이 과정을 쓰고 답을 구하세요.

풀이

답

2

평면도형

3

나눗셈

3단원의 대표 심화 유형

● 학습한 후에 이해가 부족한 유형에 체크하고 한 번 더 공부해 보세요.

01 바르게 계산한 값 구하기 ……………… ◯

02 일정한 간격으로 놓는 물건의 수 구하기 ◯

03 나눗셈의 나누어지는 수 구하기 ………… ◯

04 만들 수 있는 사각형의 수 구하기 ……… ◯

05 수 카드로 나눗셈식 만들기 …………… ◯

06 도형의 모든 변의 길이의 합 구하기 …… ◯

큐알 코드를 찍으면 개념 학습 영상과 문제 풀이 영상을 볼 수 있어요.

개념 1　똑같이 나누기(1) → ■명에게 똑같이 나누어 주기

1. 사탕 8개를 2명에게 똑같이 나누어 주기

➡ 사탕 8개를 2명에게 똑같이 나누어 주면 한 명이 사탕을 4개씩 가질 수 있습니다.

2. 나눗셈식으로 나타내기

8을 2로 나누면 4가 됩니다.
8÷2와 같은 계산을 나눗셈,
8÷2=4와 같은 식을 나눗셈식이라 합니다.
이때, 4는 8을 2로 나눈 몫, 8은 나누어지는 수, 2는 나누는 수라고 합니다.

> 쓰기 ▶ **8 ÷ 2 = 4**
> 　　　나누어지는 수　나누는 수　　몫
> 읽기 ▶ **8** 나누기 **2**는 **4**와 같습니다.

개념 2　똑같이 나누기(2) → 같은 양씩 묶어 나누기

1. 사탕 8개를 2개씩 덜어 내기

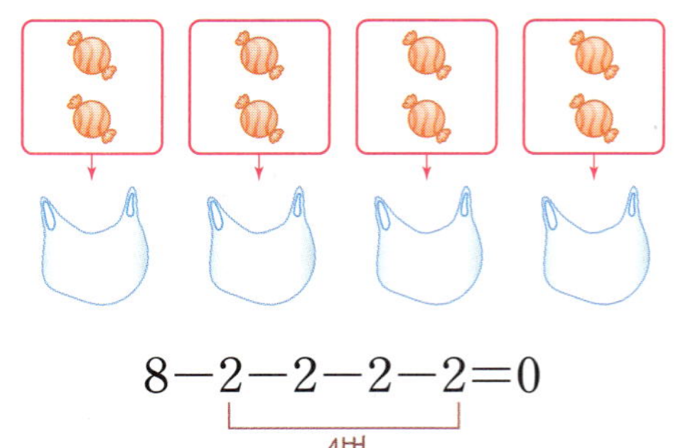

$$8-2-2-2-2=0$$
4번

➡ 사탕 8개를 2개씩 4번 덜어 낼 수 있습니다.

2. 사탕 8개를 2개씩 묶기

사탕을 2개씩 묶으면 4묶음이 됩니다.
➡ 8을 2로 나누면 4입니다.
➡ $8÷2=4$

> 8에서 2씩 4번 빼면 0이 됩니다.
> 이것을 나눗셈식으로 나타내면 8÷2=4 입니다.
> 뺄셈식 ▶ **8−2−2−2−2=0**
> 　　　　　　　　　4번
> ➡ 나눗셈식 ▶ **8÷2=④**

개념 3 곱셈과 나눗셈의 관계

1. 곱셈식과 나눗셈식으로 나타내기

(1) 바둑돌의 수를 곱셈식으로 나타내기
　① 3개씩 5묶음은 모두 15개입니다.
　　➜ $3 \times 5 = 15$
　② 5개씩 3묶음은 모두 15개입니다.
　　➜ $5 \times 3 = 15$

(2) 바둑돌의 수를 나눗셈식으로 나타내기
　① 15개를 3개씩 묶으면 5묶음입니다.
　　➜ $15 \div 3 = 5$
　② 15개를 5개씩 묶으면 3묶음입니다.
　　➜ $15 \div 5 = 3$

2. 곱셈과 나눗셈의 관계 알아보기

(1) 곱셈식을 2개의 나눗셈식으로 나타낼 수 있습니다.
　예 $3 \times 5 = 15$ 　$15 \div 3 = 5$
　　　　　　　　　　　$15 \div 5 = 3$

(2) 나눗셈식을 2개의 곱셈식으로 나타낼 수 있습니다.
　예 $15 \div 3 = 5$ 　$3 \times 5 = 15$
　　　　　　　　　　　$5 \times 3 = 15$

개념 4 나눗셈의 몫을 곱셈으로 구하기

1. 나눗셈의 몫을 곱셈식으로 구하기

예 연필 21자루를 한 명에게 3자루씩 나누어 줄 때 몇 명에게 줄 수 있는지 구하기

(1) 나눗셈식으로 나타내기
　　$21 \div 3 = \square$

(2) 나눗셈의 몫을 구할 수 있는 곱셈식 쓰기
　　$3 \times \boxed{7} = 21$ ➜ $21 \div 3 = \boxed{7}$

　　$21 \div 3$에서 3단 곱셈구구 중 곱이 나누어지는 수인 21이 되는 곱셈식을 찾으면 $3 \times 7 = 21$이므로 몫은 7입니다.

➜ 7명에게 나누어 줄 수 있습니다.

2. 나눗셈의 몫을 곱셈구구로 구하기

예 $12 \div 4$의 몫 구하기

×	1	2	**3**	**4**	5
1	1	2	3	4	5
2	2	4	6	8	10
3	3	6	9	**12**	15
4	4	8	**12**	16	20

(1) $12 \div 4$의 몫을 구하기 위한 곱셈식을 4단 곱셈구구에서 찾을 수 있습니다.

(2) 4단 곱셈구구에서 곱이 12인 곱셈식을 찾습니다.
　➜ $4 \times 3 = 12$

$4 \times 3 = 12$ ➜ $12 \div 4 = 3$ ← 몫

1 단계 기본 유형 연습

1 똑같이 나누기 (1)

1 $42 \div 6 = 7$을 바르게 읽은 것의 기호를 쓰세요.

> ㉠ 42 나누기 6은 7과 같습니다.
> ㉡ 6은 42를 7로 나눈 몫입니다.

( )

2 나눗셈식을 보고 빈칸에 알맞은 수를 써넣으세요.

$$56 \div 7 = 8$$

나누어지는 수	나누는 수	몫

3 귤 16개를 바구니 4개에 똑같이 나누어 담으려고 합니다. 바구니 한 개에 귤을 몇 개씩 담을 수 있는지 바구니에 ◯를 그리고 □ 안에 알맞은 수를 써넣으세요.

바구니 한 개에 □ 개씩 담을 수 있습니다.

➜ $16 \div 4 =$ □

4 빈칸에 똑같이 ◯를 나누어 그리고 □ 안에 알맞은 수를 써넣으세요.

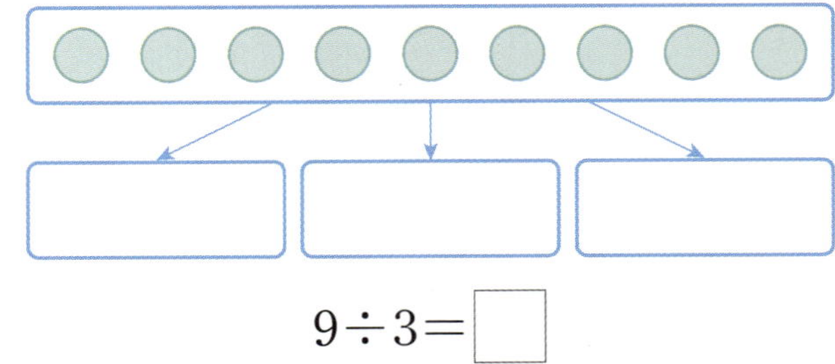

$$9 \div 3 =$$ □

5 마카롱 10개를 상자 5개에 똑같이 나누어 담으려고 합니다. 한 상자에 몇 개씩 담을 수 있는지 바르게 말한 사람의 이름을 쓰세요.

( )

6 연필 12자루를 필통 2개에 똑같이 나누어 담으려고 합니다. 필통 한 개에 연필을 몇 자루씩 담을 수 있는지 구하세요.

식 ______________________

꼭 단위까지 따라 쓰세요.

답 ______________ 자루

2 똑같이 나누기 (2)

7 다음 글을 나눗셈식으로 나타내 보세요.

> 장미 20송이를 5송이씩 묶으면 4묶음이 됩니다.

$$\boxed{} \div \boxed{} = \boxed{}$$

8 $30 \div 5 = 6$을 뺄셈식으로 바르게 나타낸 것을 찾아 기호를 쓰세요.

> ㉠ $30 - 6 - 6 - 6 - 6 - 6 = 0$
> ㉡ $30 - 5 - 5 - 5 - 5 - 5 - 5 = 0$

( )

9 금붕어 32마리를 어항 1개에 8마리씩 넣으려고 합니다. 어항은 몇 개 필요한지 구하세요.

→ $32 \div \boxed{} = \boxed{}$ 이므로 어항은 $\boxed{}$ 개 필요합니다.

---

10 밤 21개를 한 명이 7개씩 나누어 먹으려고 합니다. 뺄셈식과 나눗셈식으로 나타내 보세요.

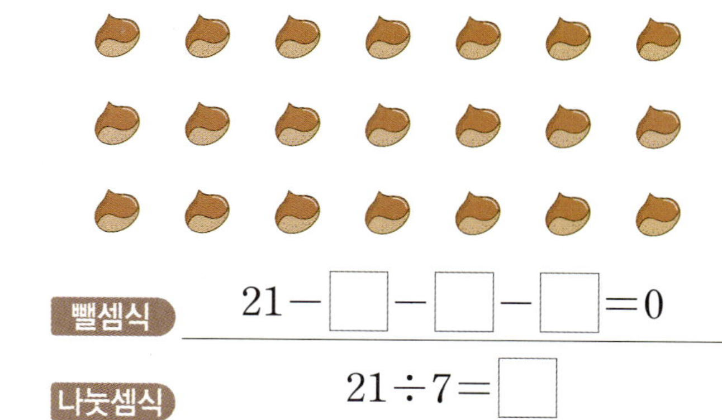

뺄셈식 $\quad 21 - \boxed{} - \boxed{} - \boxed{} = 0$

나눗셈식 $\quad 21 \div 7 = \boxed{}$

[11~12] 지우개 18개를 학생들에게 똑같이 나누어 주려고 합니다. 물음에 답하세요.

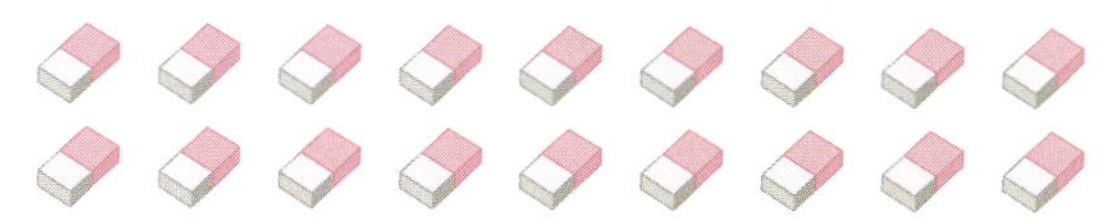

11 한 명에게 6개씩 주면 몇 명에게 나누어 줄 수 있는지 구하세요.

식 $\quad 18 \div \boxed{} = \boxed{}$

꼭 단위까지 따라 쓰세요.

답 _________ 명

12 한 명에게 3개씩 주면 몇 명에게 나누어 줄 수 있는지 구하세요.

식 $\quad 18 \div \boxed{} = \boxed{}$

답 _________ 명

문제 해결

13 길이가 24 cm인 리본으로 매듭을 만들려고 합니다. 매듭을 한 개 만드는 데 6 cm씩 사용한다면 매듭을 몇 개 만들 수 있는지 구하세요.

식 _____________________

답 _________ 개

3

나눗셈

3 곱셈과 나눗셈의 관계

[14~15] 그림을 보고 □ 안에 알맞은 수를 써넣으세요.

14 축구공이 7개씩 4줄로 놓여 있습니다. 축구공은 모두 몇 개인가요?

곱셈식 $7 \times \boxed{} = \boxed{}$

꼭 단위까지 따라 쓰세요.

답 _______ 개

15 축구공 28개를 한 상자에 4개씩 담으려면 상자는 몇 상자가 필요한가요?

나눗셈식 $28 \div \boxed{} = \boxed{}$

답 _______ 상자

16 곱셈식을 나눗셈식으로 나타내 보세요.

$8 \times 5 = 40$

$\boxed{} \div 8 = \boxed{}$

$\boxed{} \div \boxed{} = \boxed{}$

17 나눗셈식을 곱셈식으로 나타낸 것을 찾아 이어 보세요.

$32 \div 8 = 4$ •   • $4 \times 8 = 32$

$35 \div 5 = 7$ •   • $5 \times 7 = 35$

18 그림을 보고 곱셈식과 나눗셈식으로 나타내 보세요.

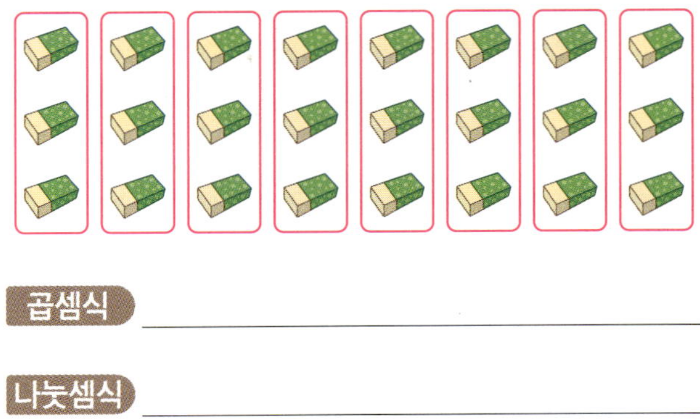

곱셈식 _______________

나눗셈식 _______________

⚡ 추론

19 곱셈식을 나눗셈식으로 나타내 보세요.

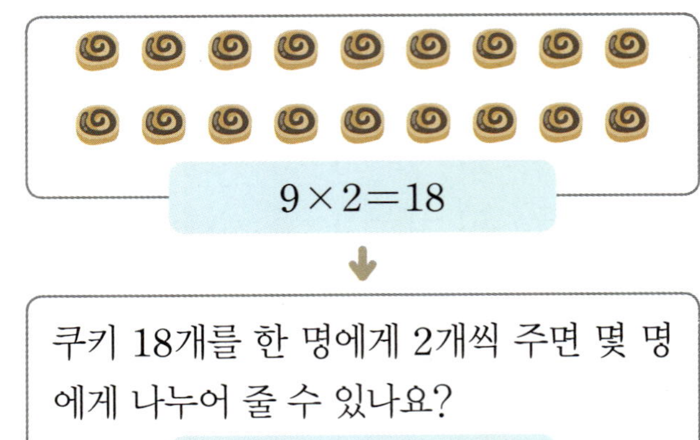

$9 \times 2 = 18$

↓

쿠키 18개를 한 명에게 2개씩 주면 몇 명에게 나누어 줄 수 있나요?

$\boxed{} \div \boxed{} = \boxed{}$

20 개구리가 6 cm씩 4번 뛰었습니다. 수직선을 보고 곱셈식으로 나타내고, 곱셈식을 나눗셈식 2개로 나타내 보세요.

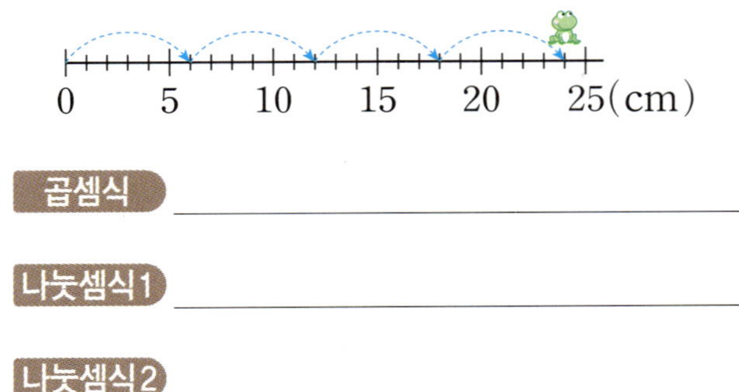

곱셈식 _______________

나눗셈식1 _______________

나눗셈식2 _______________

4 나눗셈의 몫을 곱셈으로 구하기

21 나눗셈의 몫을 곱셈식을 이용하여 구하려고 합니다. □ 안에 알맞은 수를 써넣으세요.

$$54 \div 6 = \boxed{} \; \leftarrow \; 6 \times \boxed{} = 54$$

22 곱셈표를 이용하여 나눗셈의 몫을 구하세요.

×	1	2	3	4	5	6	7	8	9
5	5	10	15	20	25	30	35	40	45
6	6	12	18	24	30	36	42	48	54
7	7	14	21	28	35	42	49	56	63
8	8	16	24	32	40	48	56	64	72

$42 \div 7$ ➡ $\boxed{}$ 단 곱셈구구를 이용합니다.

$$\boxed{} \times \boxed{} = 42 \; \blacktriangleright \; 42 \div 7 = \boxed{}$$

23 나눗셈의 몫을 곱셈식을 이용하여 구하려고 합니다. 관계있는 것끼리 선으로 이어 보세요.

$12 \div 4 = \square$	$36 \div 6 = \square$	$20 \div 5 = \square$

$5 \times 4 = 20$	$4 \times 3 = 12$	$6 \times 6 = 36$

$\square = 3$	$\square = 4$	$\square = 6$

24 장미가 30송이 있습니다. 5명에게 똑같이 나누어 주려면 한 명에게 몇 송이씩 줄 수 있나요?

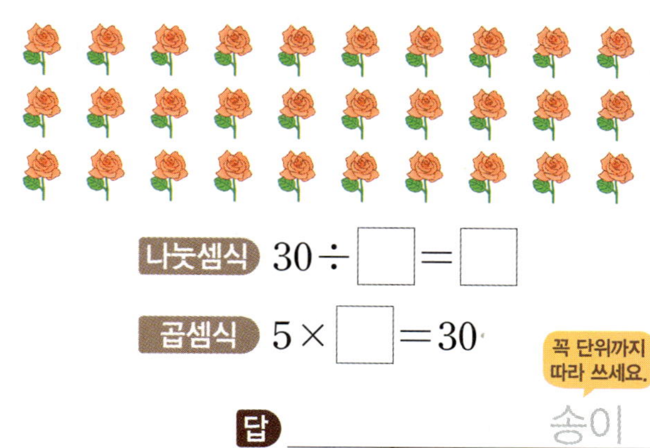

나눗셈식 $30 \div \boxed{} = \boxed{}$

곱셈식 $5 \times \boxed{} = 30$

꼭 단위까지 따라 쓰세요.

답 _________________ 송이

25 □ 안에 알맞은 수를 써넣어 $63 \div 9$의 몫을 구하세요.

$63 \div 9$의 몫은 $\boxed{}$ 단 곱셈구구로 구할 수 있습니다. $\boxed{} \times \boxed{} = 63$이므로 $63 \div 9$의 몫은 $\boxed{}$ 입니다.

🔵 연결

26 폐식용유로 만든 비누 24개를 한 명에게 3개씩 나누어 주려고 합니다. 몇 명에게 나누어 줄 수 있나요?

$$3 \times \boxed{} = 24 \; \blacktriangleright \; 24 \div 3 = \boxed{}$$

➡ $\boxed{}$ 명에게 나누어 줄 수 있습니다.

27 도화지 한 장으로 종이학을 4개 만들 수 있습니다. 종이학을 36개 만들려면 도화지는 몇 장 필요한가요?

식 _____________________________

답 _________________ 장

활용 1 규칙을 찾아 나눗셈하기

주어진 수를 보고 나누어지는 수와 나누는 수의 규칙을 찾아 나눗셈을 합니다.

1-1 보기 와 같은 규칙으로 빈 곳에 알맞은 수를 써넣으세요.

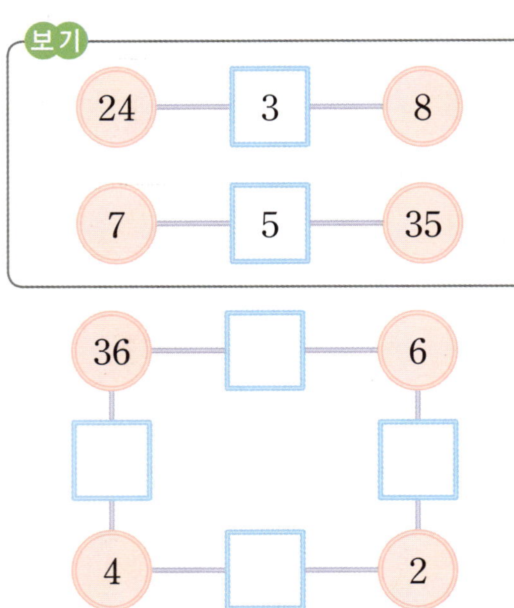

1-2 규칙을 찾아 빈 곳에 알맞은 수를 써넣으세요.

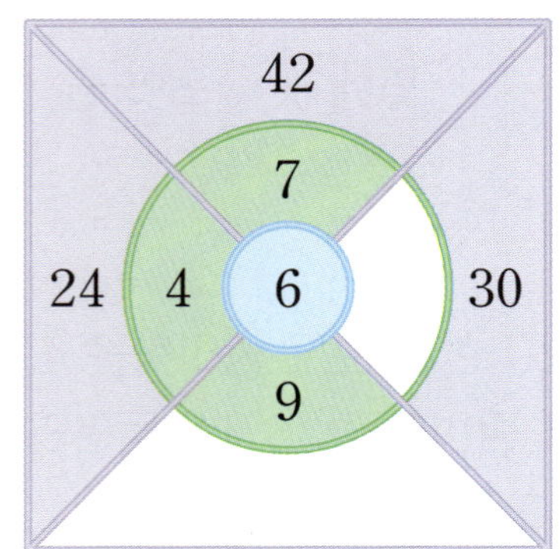

활용 2 남김없이 똑같이 나누어 가지는 경우 찾기

나누어지는 수를 나누는 수로 똑같이 나눌 수 있는 경우를 찾습니다.

2-1 남김없이 똑같이 나누어 가지는 경우를 말한 사람의 이름을 쓰세요.

- 지아: 인형 26개를 4명이 똑같이 나누어 가지기
- 명호: 공 32개를 8명이 똑같이 나누어 가지기

( )

2-2 남김없이 똑같이 나누어 가지는 경우를 말한 사람의 이름을 쓰세요.

- 선미: 자 40개를 6명이 똑같이 나누어 가지기
- 주호: 귤 21개를 3명이 똑같이 나누어 가지기

( )

2-3 남김없이 똑같이 나누어 담을 수 있는 경우를 말한 사람의 이름을 쓰세요.

- 태영: 로봇 35개를 상자 5개에 똑같이 나누어 담기
- 보라: 지우개 56개를 필통 9개에 똑같이 나누어 담기

( )

3 나눗셈

활용 3 어떤 수 구하기

어떤 수를 □라 하여 나눗셈식을 만든 후
●÷□=▲ ➡ ▲×□=●를 이용하여 어떤
수를 구합니다.

3-1 42를 어떤 수로 나누었더니 몫이 7이 되었습니다. 어떤 수를 구하세요.

( )

3-2 36을 어떤 수로 나누었더니 몫이 9가 되었습니다. 어떤 수를 구하세요.

( )

3-3 72를 어떤 수로 나누었더니 몫이 8이 되었습니다. 45를 어떤 수로 나눈 몫을 구하세요.

( )

활용 4 지워진 곱셈표에서 수 구하기

곱셈표에서 가로 줄의 수와 세로 줄의 수가 만나는 칸의 수가 두 수의 곱입니다.

예

×	3		■	6
3	9			18
4	12	16	20	24

4×■=20이므로
20÷4=■,
■=5

4-1 지워진 곱셈표에서 ♥에 알맞은 수를 구하세요.

×	4		♥		8
2	8				16
3	12				24
4	16	20	24	28	32

( )

4-2 지워진 곱셈표에서 ◆에 알맞은 수를 구하세요.

×	4	5	6	7
				42
				49
◆				56
				63

( )

4-3 지워진 곱셈표에서 □에 알맞은 수를 구하세요.

×	2	3	4		6
2	4	6	8		12
					18
				□	24
5	10	15	20	25	30

( )

1 야구공 28개를 학생들에게 똑같이 나누어 주려고 합니다. □ 안에 알맞은 수를 써넣으세요.

(1) 학생 4명에게 똑같이 나누어 주면

$28 \div \boxed{} = \boxed{}$ ➡ 한 명에게 $\boxed{}$ 개씩 줄 수 있습니다.

(2) 학생 한 명에게 4개씩 나누어 주면

$28 \div \boxed{} = \boxed{}$ ➡ 야구공을 $\boxed{}$ 명에게 줄 수 있습니다.

2 곱셈식을 나눗셈식 2개로 나타내 보세요.

$$8 \times 6 = 48$$

(   ), (   )

3 빈칸에 알맞은 수를 써넣으세요.

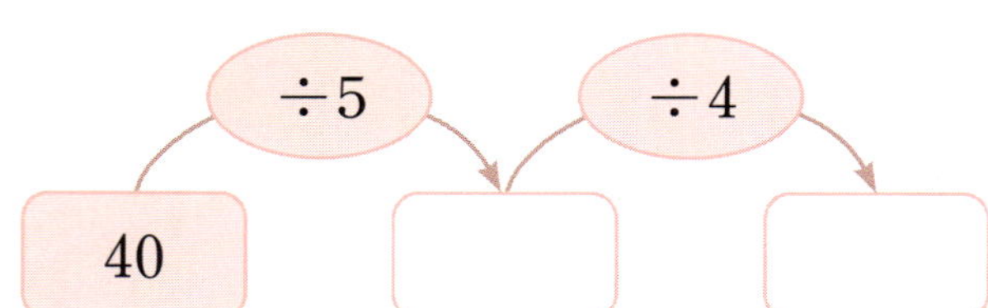

4 나눗셈식으로 나타내었을 때 몫이 더 큰 것의 기호를 쓰세요

㉠ 42에서 7을 6번 빼면 0이 됩니다.
㉡ 56에서 8을 7번 빼면 0이 됩니다.

(   )

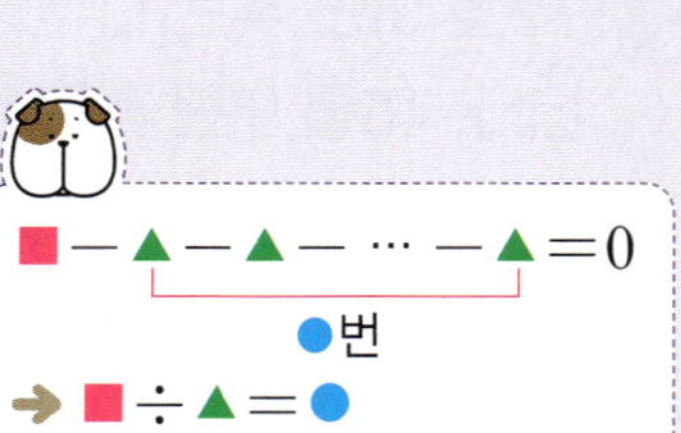

5 바나나 24개를 한 명에게 6개씩 주려고 합니다. 몇 명에게 나누어 줄 수 있는지 뺄셈식과 나눗셈식을 써서 구하세요.

뺄셈식 ____

나눗셈식 ____

답 ____

6 가위가 27개 있습니다. 그림에 알맞은 곱셈식과 나눗셈식을 2개씩 만들어 보세요.

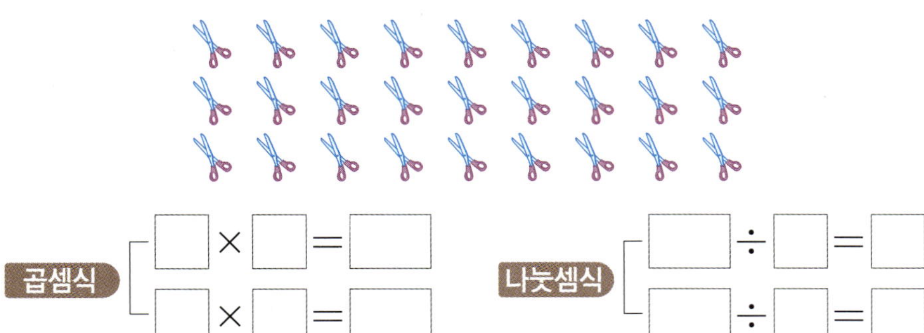

곱셈식
$$\square \times \square = \square$$
$$\square \times \square = \square$$

나눗셈식
$$\square \div \square = \square$$
$$\square \div \square = \square$$

문제 해결

7 인형이 35개 있습니다. 7명에게 똑같이 나누어 주면 한 명에게 몇 개씩 줄 수 있나요?

식 ____

답 ____

8 나눗셈의 몫을 곱셈구구를 이용하여 구할 때 곱셈구구의 단이 다른 하나를 찾아 기호를 쓰세요.

> ㉠ $40 \div 8$ ㉡ $42 \div 6$ ㉢ $64 \div 8$ ㉣ $32 \div 8$

(   )

9 서아와 건우의 대화를 읽고 남학생 한 명에게 수첩을 몇 개씩 줄 수 있고, 여학생 한 명에게 연필을 몇 자루씩 줄 수 있는지 구하세요.

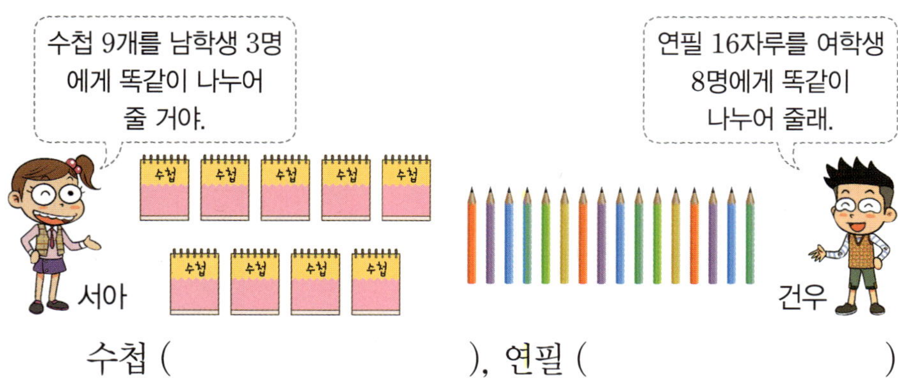

수첩 (   ), 연필 (   )

10 몫의 크기를 비교하여 ○ 안에 >, =, < 중 알맞은 것을 써넣으세요.

$$45 \div 9 \quad \bigcirc \quad 49 \div 7$$

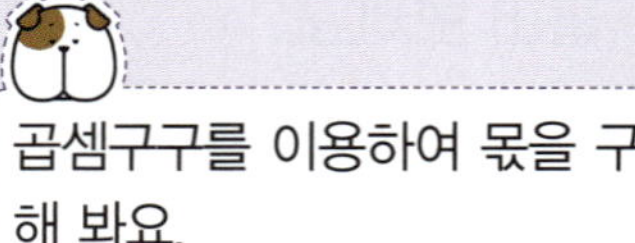

11 가장 큰 수를 가장 작은 수로 나눈 몫을 구하세요.

| 36 | 9 | 24 | 4 |

(   )

12 빨간색 풍선 14개와 노란색 풍선 18개가 있습니다. 이 풍선을 8명에게 똑같이 나누어 주면 한 명에게 몇 개씩 줄 수 있나요?

(   )

3 나눗셈

13 □ 안에 알맞은 수를 구하세요.

$$72 \div \boxed{} = 40 \div 5$$

(   )

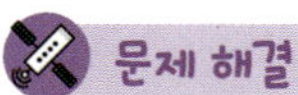 **정보처리**

14 4개의 수 중 3개를 골라 곱셈식과 나눗셈식을 2개씩 만들어 보세요.

28   4   35   7

곱셈식 $\boxed{} \times \boxed{} = \boxed{}$, $\boxed{} \times \boxed{} = \boxed{}$

나눗셈식 $\boxed{} \div \boxed{} = \boxed{}$, $\boxed{} \div \boxed{} = \boxed{}$

15 1부터 9까지의 수 중에서 □ 안에 들어갈 수 있는 수는 모두 몇 개인가요?

$$35 \div 7 > \boxed{}$$

(   )

 **문제 해결**

16 서진이네 농장에 있는 닭 3마리와 오리 몇 마리의 다리 수를 세어 보니 모두 14개였습니다. 이 농장에 있는 오리는 몇 마리인지 구하세요.

(   )

 **S 솔루션**

두 나눗셈의 몫이 같아요.

먼저 고른 두 수를 곱해서 나오는 수를 찾아봐요.

$35 \div 7$의 몫을 먼저 구해요.

닭과 오리의 다리는 각각 2개예요.

3

나눗셈

심화 1

바르게 계산한 값 구하기

어떤 수를 □라 하여 잘못 계산한 식을 만들어 어떤 수를 구하자!

◆ 어떤 수를 4로 나누어야 할 것을 잘못하여 6으로 나누었더니 몫이 6이 되었습니다. 바르게 계산하면 얼마인지 구하세요.

문제해결

1 어떤 수를 □라 하여 잘못 계산한 식을 만들어 보세요.

식 ____________________

2 어떤 수를 구하세요.

(   )

3 바르게 계산하면 얼마인지 구하세요.

(   )

🔗 쌍둥이

1-1 어떤 수를 6으로 나누어야 할 것을 잘못하여 3으로 나누었더니 몫이 8이 되었습니다. 바르게 계산하면 얼마인지 구하세요.

답 ____________________

💡 변형

1-2 어떤 수를 2로 나누어야 할 것을 잘못하여 2를 곱하였더니 12가 되었습니다. 바르게 계산하면 얼마인지 구하세요.

▶ 동영상

답 ____________________

심화 2

일정한 간격으로 놓는 물건의 수 구하기

(물건의 수)=(간격 수)+1임을 이용하자!

◆ 길이가 16 m인 길의 양쪽에 2 m 간격으로 나무를 심으려고 합니다. 그림과 같이 길의 처음과 끝에도 나무를 심는다면 필요한 나무는 모두 몇 그루인지 구하세요. (단, 나무의 두께는 생각하지 않습니다.)

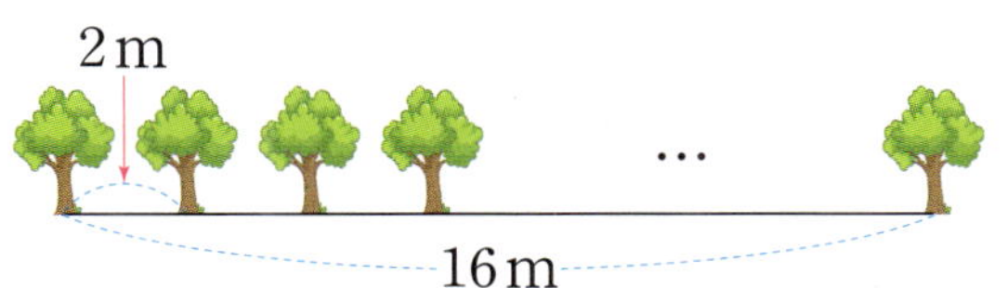

문제해결

1 나무와 나무 사이의 간격은 몇 군데인가요?

( )

2 길의 한쪽에 필요한 나무는 몇 그루인지 구하세요.

( )

3 필요한 나무는 모두 몇 그루인지 구하세요.

( )

쌍둥이

2-1 길이가 24 m인 길의 양쪽에 4 m 간격으로 가로등을 세우려고 합니다. 길의 처음과 끝에도 가로등을 세운다면 필요한 가로등은 모두 몇 개인지 구하세요. (단, 가로등의 두께는 생각하지 않습니다.)

 답 ________________

변형

2-2 길이가 63 m인 도로의 양쪽에 처음부터 끝까지 일정한 간격으로 깃발을 16개 꽂았습니다. 도로의 한쪽에 깃발을 몇 m 간격으로 꽂았는지 구하세요. (단, 깃발의 두께는 생각하지 않습니다.)

 답 ________________

3

나눗셈

심화 3

나눗셈의 나누어지는 수 구하기
곱셈식과 나눗셈식의 관계를 이용하여 모르는 수를 구하자!

◆ ■에 알맞은 수를 모두 구하세요. (단, ■와 ●는 1부터 9까지의 수입니다.)

$$3■ \div 4 = ●$$

문제해결

1 나눗셈식을 곱셈식으로 나타내 보세요.

$$3■ \div 4 = ● \ \rightarrow \ \boxed{} \times ● = 3■$$

2 4단 곱셈구구에서 곱의 십의 자리 숫자가 3인 것을 모두 구하세요.

$$4 \times 8 = \boxed{}, \ 4 \times \boxed{} = \boxed{}$$

3 ■에 알맞은 수를 모두 구하세요.

( )

쌍둥이

3-1 ■에 알맞은 수를 모두 구하세요. (단, ■와 ▲는 1부터 9까지의 수입니다.)

$$1■ \div 3 = ▲$$

답 ______________________

변형

3-2  두 자리 수 4■는 각각 5와 9로 똑같이 나누어집니다. 0부터 9까지의 수 중에서 ■에 알맞은 수를 구하세요.

$$4■ \div 5, \ 4■ \div 9$$

답 ______________________

3 나눗셈

심화 4

만들 수 있는 사각형의 수 구하기

직사각형의 긴 변과 짧은 변에는 정사각형을 각각 몇 개 만들 수 있는지 구하자!

◆ 그림과 같은 직사각형 모양의 도화지를 잘라 한 변의 길이가 3 cm인 정사각형을 모두 몇 개 만들 수 있는지 구하세요. (단, 정사각형을 만들고 남는 도화지는 없습니다.)

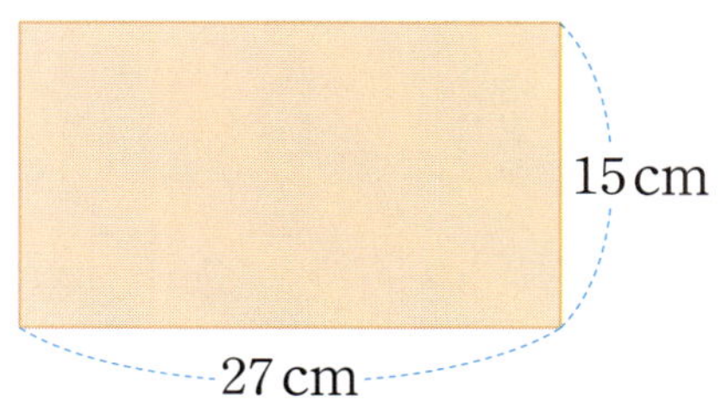

문제해결

1 직사각형의 긴 변을 3 cm씩 나누면 몇 개로 나누어지나요?

( )

2 직사각형의 짧은 변을 3 cm씩 나누면 몇 개로 나누어지나요?

( )

3 정사각형을 모두 몇 개 만들 수 있는지 구하세요.

( )

 쌍둥이

4-1 그림과 같은 직사각형 모양의 도화지를 잘라 한 변의 길이가 4 cm인 정사각형을 모두 몇 개 만들 수 있는지 구하세요. (단, 정사각형을 만들고 남는 도화지는 없습니다.)

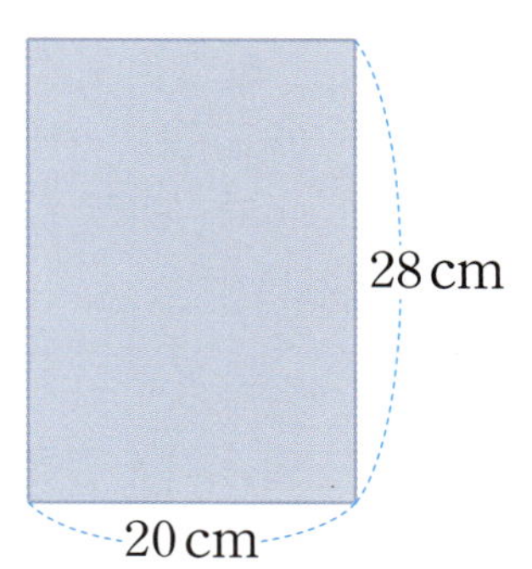

답 ______________________

 변형

4-2 그림과 같이 직사각형 모양의 도화지를 접어서 크기가 같은 정사각형 12개로 나누었습니다. 도화지의 네 변의 길이의 합은 몇 cm인지 구하세요.

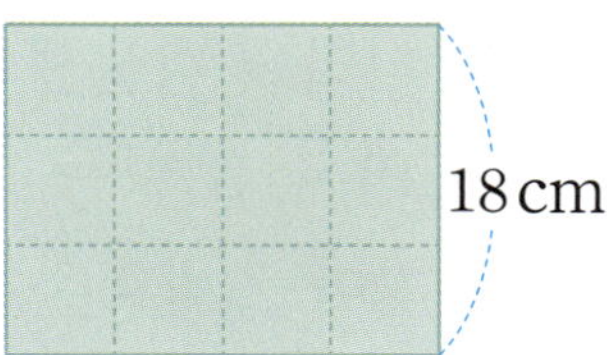

답 ______________________

3

나눗셈

심화 5

수 카드로 나눗셈식 만들기

나눗셈의 몫이 ■이면 ■단 곱셈구구를 이용하자!

◆ 4장의 수 카드 중에서 3장을 골라 한 번씩만 사용하여 (두 자리 수)÷(한 자리 수)의 나눗셈을 만들 때, 몫이 7이 되는 나눗셈식을 모두 쓰세요.

| 1 | 2 | 4 | 6 |

→ □□ ÷ □ = 7

문제해결

1 7과 수 카드의 수를 곱하여 곱셈식을 만들고 나눗셈식으로 나타내 보세요.

| 곱셈식 | 나눗셈식 |

$7 \times 1 = \boxed{}$ → $\boxed{} \div 1 = 7$

$7 \times 2 = \boxed{}$ → $\boxed{} \div 2 = 7$

$7 \times 4 = \boxed{}$ → $\boxed{} \div 4 = 7$

$7 \times 6 = \boxed{}$ → $\boxed{} \div 6 = 7$

2 위 **1**에서 나타낸 나눗셈식 중에서 주어진 수 카드의 수로 만들 수 있는 나눗셈식을 모두 찾아 쓰세요.

식 ________________________

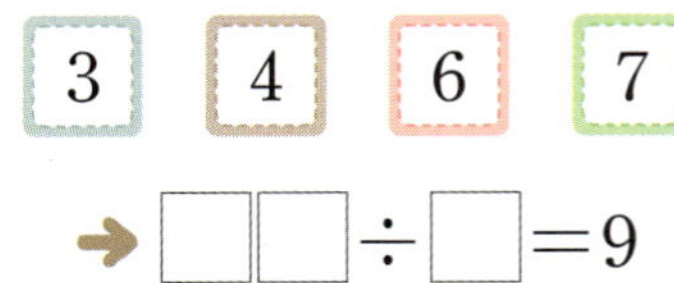

5-1 4장의 수 카드 중에서 3장을 골라 한 번씩만 사용하여 (두 자리 수)÷(한 자리 수)의 나눗셈을 만들 때, 몫이 9가 되는 나눗셈식을 모두 쓰세요.

| 3 | 4 | 6 | 7 |

→ □□ ÷ □ = 9

식 ________________________

5-2 수 카드 ⓪ , ④ , ⑥ 중에서 2장을 골라 한 번씩만 사용하여 두 자리 수를 만들었습니다. 만든 두 자리 수가 8로 똑같이 나누어질 때, 몫 중 가장 작은 수를 구하세요.

▶동영상

□□ ÷ 8

답 ________________________

심화 6

도형의 모든 변의 길이의 합 구하기

정사각형의 네 변의 길이가 모두 같음을 이용하여 직사각형의 한 변의 길이를 구하자!

◆ 네 변의 길이의 합이 48 cm인 직사각형을 다음과 같이 크기가 같은 정사각형 3개로 나누었습니다. 정사각형 한 개의 네 변의 길이의 합은 몇 cm인지 구하세요.

문제해결

1 □ 안에 알맞은 수를 써넣으세요.

> 정사각형 3개로 나눈 직사각형의 네 변의 길이의 합은 정사각형의 한 변의 길이를 □ 개 더한 것과 같습니다.

2 정사각형의 한 변의 길이는 몇 cm인지 구하세요.

( )

3 정사각형 한 개의 네 변의 길이의 합은 몇 cm인지 구하세요.

( )

 **쌍둥이**

6-1 네 변의 길이의 합이 72 cm인 정사각형을 다음과 같이 크기가 같은 정사각형 4개로 나누었습니다. 작은 정사각형 한 개의 네 변의 길이의 합은 몇 cm인지 구하세요.

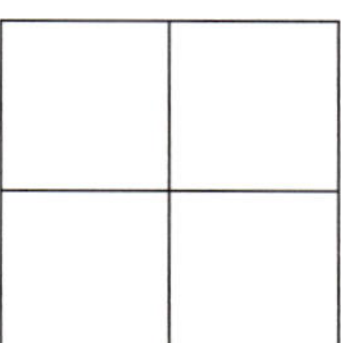

답 ______________________

 **변형**

6-2 세 변의 길이가 같은 삼각형을 만든 후 크기가 같은 삼각형 4개로 나누었습니다. 큰 삼각형의 세 변의 길이의 합이 30 cm라면 작은 삼각형 한 개의 세 변의 길이의 합은 몇 cm인지 구하세요.

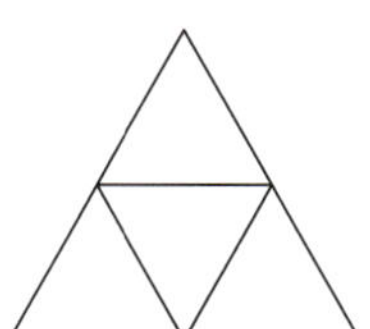

답 ______________________

3 ^{단계} 심화 ➕ 유형 완성

1 □ 안에 알맞은 수가 가장 큰 것을 찾아 기호를 쓰세요.

$$\bigcirc \ 32 \div \boxed{} = 8 \qquad \bigcirc \ \boxed{} \div 3 = 2 \qquad \bigcirc \ 45 \div 9 = \boxed{}$$

( )

3
나눗셈

2 색종이를 9장씩 3명에게 나누어 주려면 2장이 부족합니다. 이 색종이를 5명에게 똑같이 나누어 주면 한 명이 몇 장씩 가지게 되나요?

( )

문제 해결

3 다음과 같이 철사를 구부려 겹치는 부분 없이 직사각형을 한 개 만들었더니 남은 철사가 없었습니다. 이 철사를 다시 펴서 세 변의 길이가 모두 같은 가장 큰 삼각형을 한 개 만들었습니다. 새로 만든 삼각형의 한 변의 길이는 몇 cm인지 구하세요.

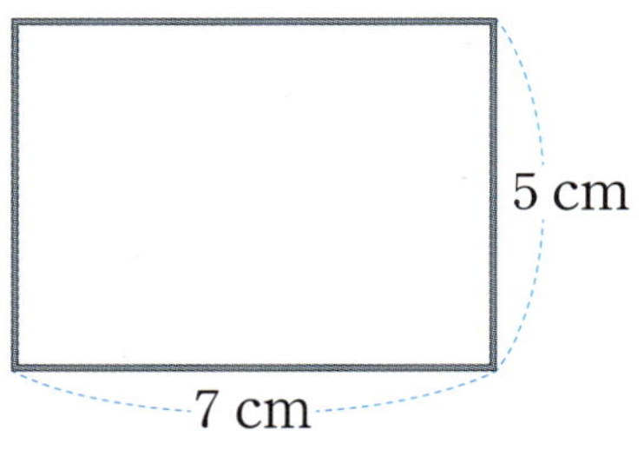

( )

4 같은 모양은 같은 수를 나타냅니다. ■와 ▲에 알맞은 수의 합을 구하세요.

$$■ \div 6 = ▲, \quad 3 \times ▲ = 24$$

( )

추론

5 조건을 모두 만족하는 서로 다른 두 수를 구하세요.

조건
- 두 수의 합은 30입니다.
- 큰 수를 작은 수로 나누면 몫이 9입니다.

( ), ( )

3

나눗셈

77

6 일정한 빠르기로 1분에 6 m를 가는 ㉮ 로봇과 1분에 9 m를 가는 ㉯ 로봇이 있습니다. ㉮와 ㉯ 로봇이 같은 곳에서 동시에 같은 방향으로 출발했다면 ㉮ 로봇이 42 m를 갔을 때 ㉮ 로봇과 ㉯ 로봇의 거리의 차는 몇 m인지 구하세요.

( )

BOOK❷ 10~13쪽에서 경시대회 문제 도전!

1 딸기 18개를 3명이 똑같이 나누어 가지려고 합니다. 한 명이 몇 개씩 가질 수 있나요?

$$\boxed{} \div 3 = \boxed{}$$

2 곱셈식을 이용하여 □ 안에 알맞은 수를 써넣으세요.

$$6 \times \boxed{} = 30 \;\rightarrow\; 30 \div 6 = \boxed{}$$

3 그림을 보고 곱셈식과 나눗셈식으로 나타내 보세요.

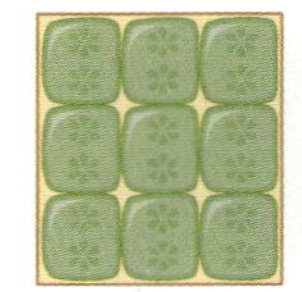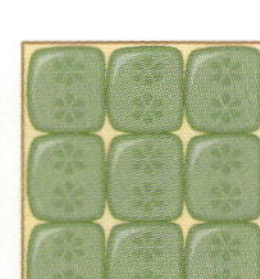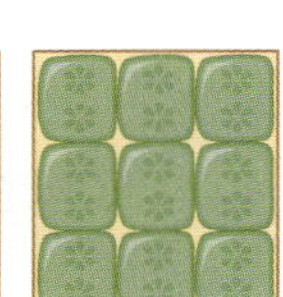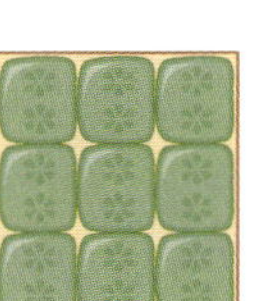

곱셈식 ___________________

나눗셈식 ___________________

4 나눗셈식의 몫을 곱셈구구를 이용하여 구할 때 곱셈구구의 단이 다른 하나를 찾아 기호를 쓰세요.

> ㉠ 16÷8   ㉡ 8÷4   ㉢ 24÷8

(   )

5 크기를 비교하여 ○ 안에 >, =, < 중 알맞은 것을 써넣으세요.

$$10 \div 2 \;\bigcirc\; 7$$

6 공책 18권을 한 명에게 2권씩 나누어 주려고 합니다. 몇 명에게 나누어 줄 수 있나요?

식 ___________________

답 ___________________

7 몫이 같은 나눗셈끼리 이어 보세요.

35÷5	•	•	12÷3
36÷9	•	•	42÷6
24÷4	•	•	30÷5

8 □ 안에 알맞은 수가 더 작은 것의 기호를 쓰세요.

> ㉠ 12÷□=6 ↔ 6×□=12
> ㉡ 27÷9=□ ↔ 9×□=27

(   )

9 무궁화의 꽃잎이 40장 있고, 코스모스의 꽃잎이 56장 있습니다. 무궁화와 코스모스 중에서 더 많이 있는 꽃의 이름을 쓰세요.

> • 무궁화 한 송이의 꽃잎 수: 5장
> • 코스모스 한 송이의 꽃잎 수: 8장

( )

10 4로 똑같이 나눌 수 있는 수는 모두 몇 개인가요?

| 22 | 16 | 35 | 28 | 37 |

( )

11 빈칸에 알맞은 수를 써넣으세요.

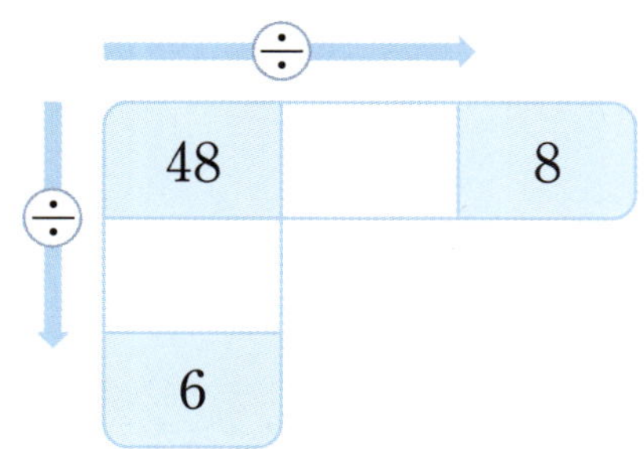

12 길이가 32 cm인 철사를 겹치지 않게 모두 사용하여 가장 큰 정사각형을 한 개 만들었습니다. 만든 정사각형의 한 변의 길이는 몇 cm인가요?

( )

13 사탕이 6개씩 4봉지 있습니다. 이 사탕을 한 명에게 8개씩 나누어 주면 몇 명에게 나누어 줄 수 있나요?

( )

서술형

14 길이가 56 m인 도로의 한쪽에 8 m 간격으로 나무를 심으려고 합니다. 도로의 처음과 끝에도 나무를 심는다면 필요한 나무는 모두 몇 그루인지 풀이 과정을 쓰고 답을 구하세요. (단, 나무의 두께는 생각하지 않습니다.)

풀이

답

서술형

15 어떤 수를 3으로 나누어야 할 것을 잘못하여 6으로 나누었더니 몫이 4가 되었습니다. 바르게 계산하면 얼마인지 풀이 과정을 쓰고 답을 구하세요.

풀이

답

4

곱셈

4단원의 대표 심화 유형

- 학습한 후에 이해가 부족한 유형에 체크하고 한 번 더 공부해 보세요.

01 도로의 길이 구하기 ………………… ✓

02 전체의 수 구하기 ………………… ✓

03 ●에 들어갈 수 있는 수 구하기 ………… ✓

04 이어 붙인 색 테이프 전체의 길이 구하기 ✓

05 같은 빠르기로 일한 양 구하기 ………… ✓

06 수 카드로 곱셈 만들기 ……………… ✓

 큐알 코드를 찍으면 개념 학습 영상과 문제 풀이 영상을 볼 수 있어요.

개념 1 (몇십)×(몇)

예 20 × 3의 계산

1. 생수 20병씩 3묶음의 수 구하기

➡ 생수는 모두 60병입니다.

2. 수 모형으로 알아보기

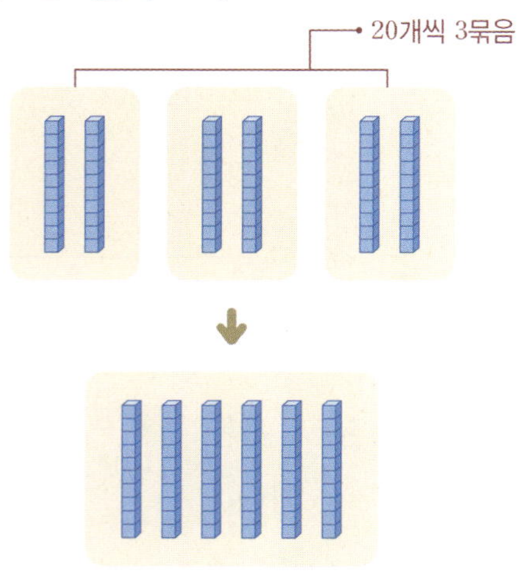

십 모형의 수: $2 \times 3 = 6$(개)

➡ 십 모형이 6개이므로 $20 \times 3 = 60$입니다.

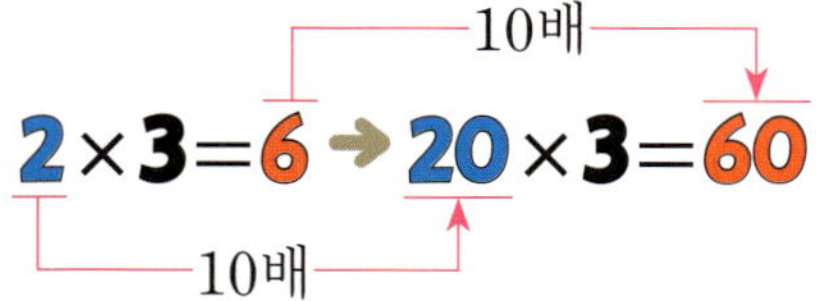

개념 2 올림이 없는 (몇십몇)×(몇)

예 12 × 4의 계산

1. 수 모형으로 알아보기

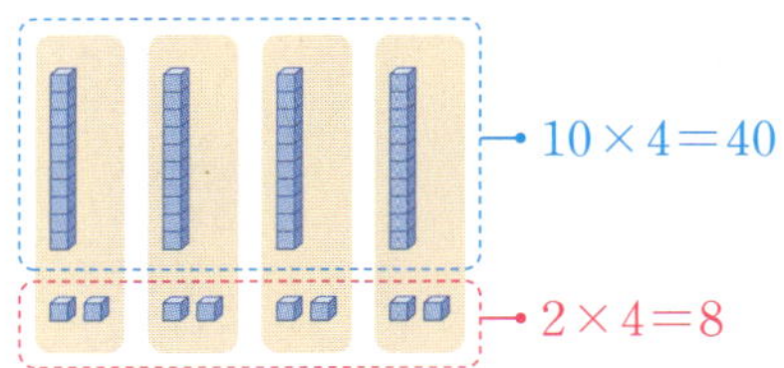

(1) 십 모형의 수: $1 \times 4 = 4$(개)
(2) 일 모형의 수: $2 \times 4 = 8$(개)
(3) 십 모형 4개는 40이고, 일 모형 8개는 8이므로 $40 + 8 = 48$입니다.

➡ $12 \times 4 = 40 + 8 = 48$

2. 계산 방법 알아보기

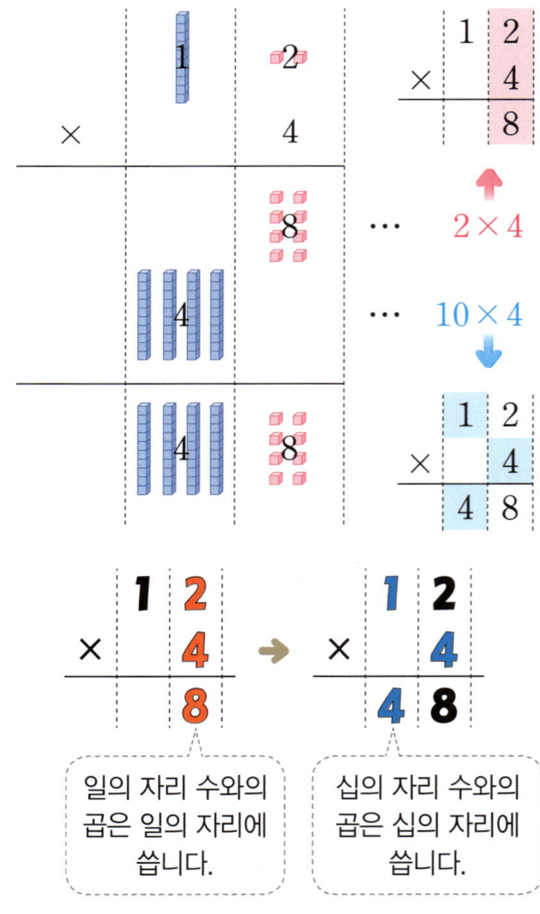

개념 3   십의 자리에서 올림이 있는 (몇십몇)×(몇)

(예) 43×3의 계산

1. 수 모형으로 알아보기

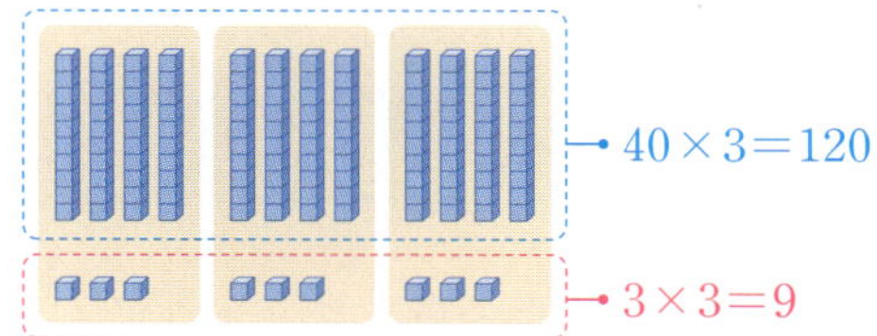

(1) 십 모형의 수: $4 \times 3 = 12$(개)

(2) 일 모형의 수: $3 \times 3 = 9$(개)

(3) 십 모형 12개는 120이고, 일 모형 9개는 9이므로 $120 + 9 = 129$입니다.

➡ $43 \times 3 = 120 + 9 = 129$

2. 계산 방법 알아보기

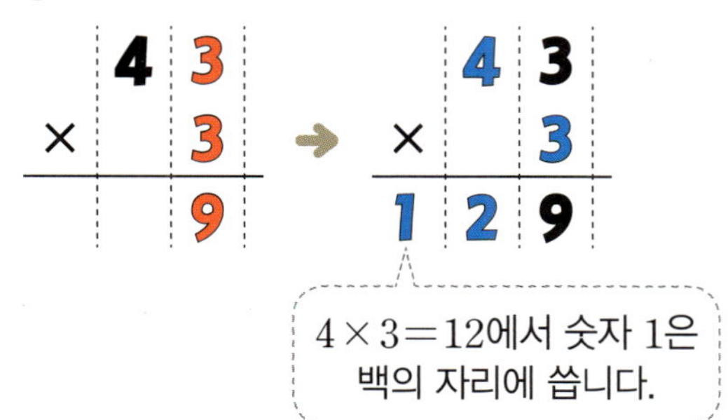

개념 4   일의 자리에서 올림이 있는 (몇십몇)×(몇)

(예) 16×2의 계산

1. 수 모형으로 알아보기

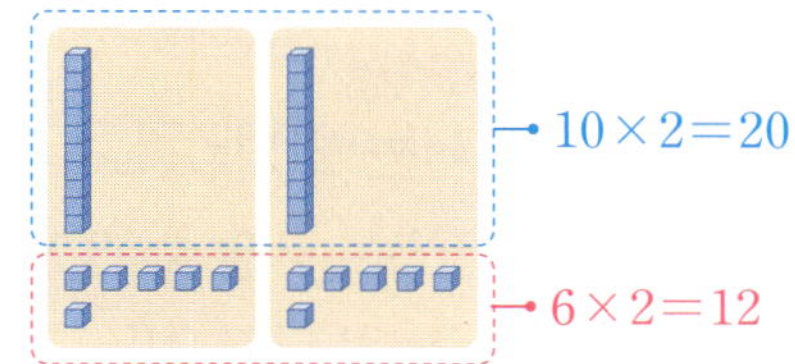

(1) 십 모형의 수: $1 \times 2 = 2$(개)

(2) 일 모형의 수: $6 \times 2 = 12$(개)

(3) 십 모형 2개는 20이고, 일 모형 12개는 12이므로 $20 + 12 = 32$입니다.

➡ $16 \times 2 = 20 + 12 = 32$

2. 계산 방법 알아보기

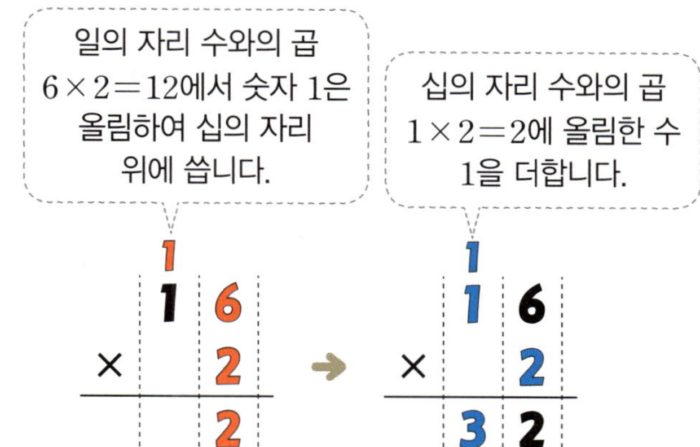

개념 5   십의 자리와 일의 자리에서 올림이 있는 (몇십몇)×(몇)

(예) 57×2의 계산

1. 수 모형으로 알아보기

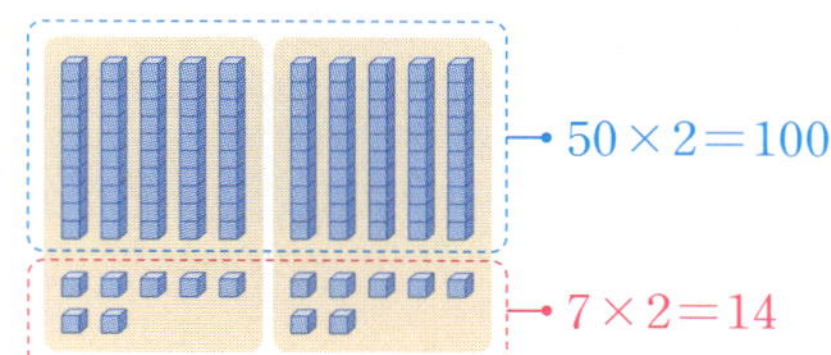

(1) 십 모형의 수: $5 \times 2 = 10$(개)

(2) 일 모형의 수: $7 \times 2 = 14$(개)

(3) 십 모형 10개는 100이고, 일 모형 14개는 14이므로 $100 + 14 = 114$입니다.

➡ $57 \times 2 = 100 + 14 = 114$

2. 계산 방법 알아보기

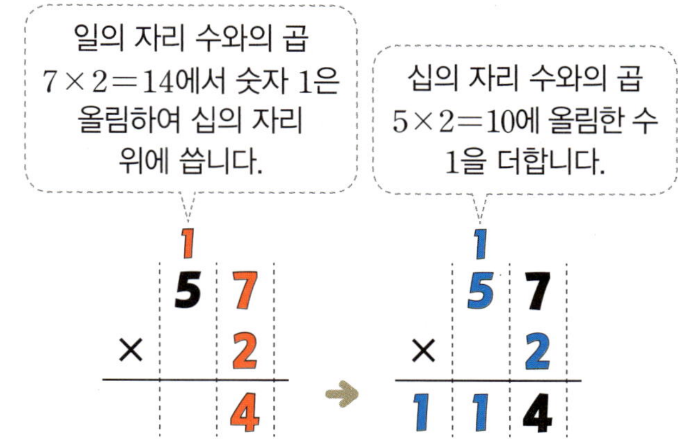

4
곱셈

1 **(몇십) × (몇)**

1 수 모형을 보고 □ 안에 알맞은 수를 써넣으세요.

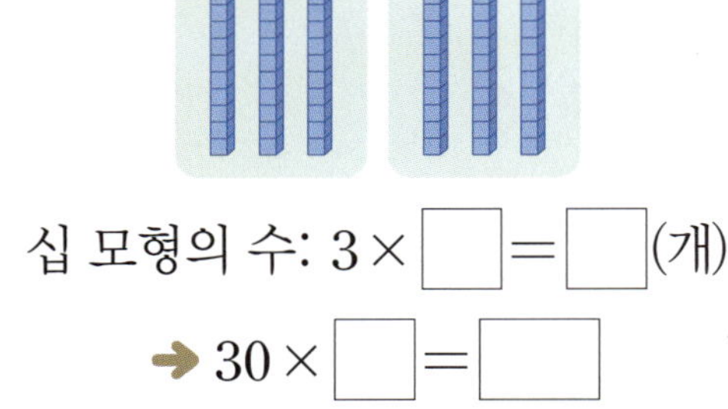

십 모형의 수: $3 \times \boxed{} = \boxed{}$ (개)

➡ $30 \times \boxed{} = \boxed{}$

2 빈칸에 알맞은 수를 써넣으세요.

$$20 \rightarrow \times 4 \rightarrow \boxed{}$$

3 두 수의 곱을 구하세요.

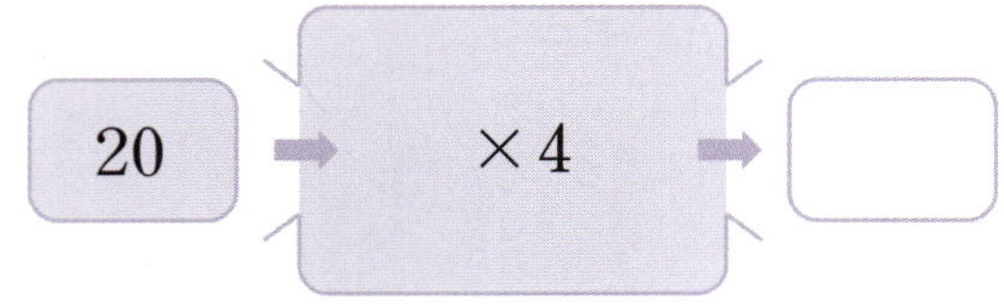

( )

4 크기를 비교하여 ○ 안에 >, =, < 중 알맞은 것을 써넣으세요.

$$40 \times 2 \bigcirc 60$$

5 계산 결과가 같은 것끼리 이어 보세요.

6 꽃이 한 다발에 10송이씩 5다발 있습니다. 꽃은 모두 몇 송이인가요?

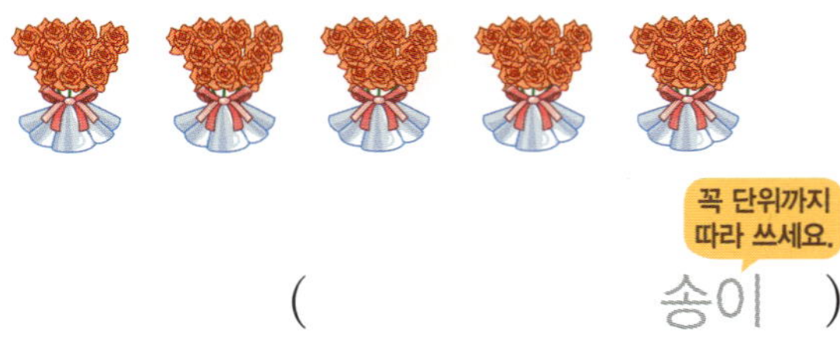

(송이)

문제 해결

7 구슬을 이서는 20개 가지고 있고, 지수는 이서가 가지고 있는 구슬 수의 3배만큼 가지고 있습니다. 지수가 가지고 있는 구슬은 몇 개인가요?

식 ____________________

답 ____________ 개

2 올림이 없는 (몇십몇) × (몇)

8 □ 안에 알맞은 수를 써넣으세요.

$$24 \times 2 \begin{cases} 20 \times 2 = \boxed{} \\ 4 \times 2 = \boxed{} \end{cases} \rightarrow \boxed{}$$

9 보기 와 같이 계산해 보세요.

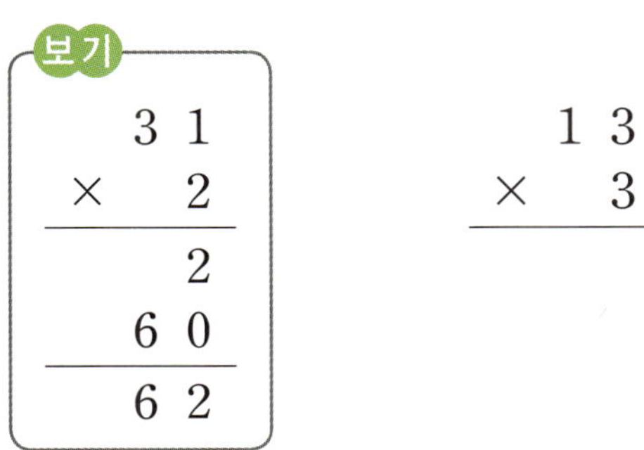

보기

$$\begin{array}{r} 3\ 1 \\ \times\quad 2 \\ \hline 2 \\ 6\ 0 \\ \hline 6\ 2 \end{array}$$

$$\begin{array}{r} 1\ 3 \\ \times\quad 3 \\ \hline \end{array}$$

10 두 수의 곱을 구하세요.

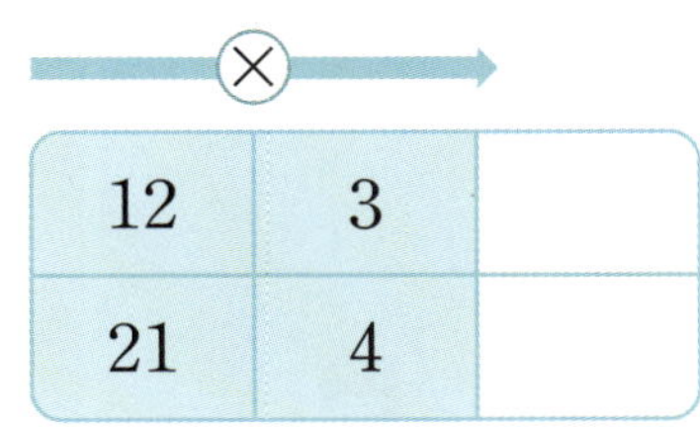

(   )

11 빈칸에 알맞은 수를 써넣으세요.

⊗		
12	3	
21	4	

12 바르게 계산한 사람의 이름을 쓰세요.

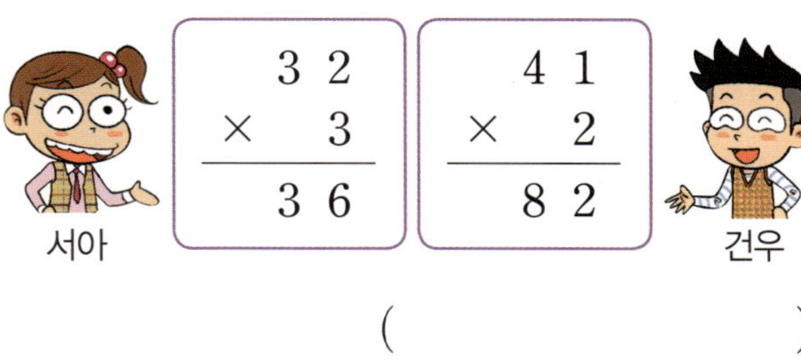

(   )

13 계산 결과가 50보다 작은 것의 기호를 쓰세요.

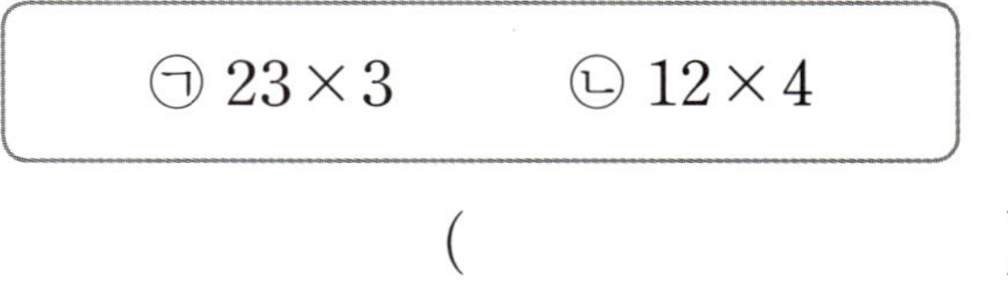

(   )

4

곱셈

85

14 현지의 나이는 올해 14살입니다. 현지 이모의 나이는 현지 나이의 2배일 때, 이모의 나이는 몇 살인가요?

식 ____________________

꼭 단위까지 따라 쓰세요.

답 ____________________ 살

15 철새가 한 줄에 11마리씩 5줄로 날아가고 있습니다. 날아가고 있는 철새는 모두 몇 마리인가요?

식 ____________________

답 ____________________ 마리

---

3 십의 자리에서 올림이 있는
(몇십몇)×(몇)

16 계산해 보세요.

(1) 　6 2
　　×　 2

(2) 　4 1
　　×　 5

17 다음이 나타내는 수를 구하세요.

72의 4배

(　　　　　　　)

18 빈칸에 알맞은 수를 써넣으세요.

×	61	83
3		

19 ㉠의 계산 결과와 ㉡의 합을 구하세요.

㉠ 84×2 　　　㉡ 110

(　　　　　　　)

---

20 계산 결과를 비교하여 ○ 안에 >, =, < 중 알맞은 것을 써넣으세요.

52×4 　○　 73×3

21 지안이가 산 사탕은 모두 몇 개인가요?

(　　　　　 개　)

22 혜주네 학교 3학년은 6개의 반이 있습니다. 각 반의 학생 수는 31명씩입니다. 혜주네 학교 3학년 학생은 모두 몇 명인가요?

식 ________________________

답 ________________ 명

23 도영이는 하루에 위인전을 42쪽씩 매일 읽었습니다. 도영이가 3일 동안 읽은 위인전은 모두 몇 쪽인가요?

식 ________________________

답 ________________ 쪽

곱셈

4 일의 자리에서 올림이 있는
(몇십몇) × (몇)

24 오른쪽 곱셈식에서 □ 안의 1 이 실제로 나타내는 수는 얼마인가요?

$$\begin{array}{r} \boxed{1} \\ 2\ 6 \\ \times \quad 3 \\ \hline 7\ 8 \end{array}$$

( )

25 계산해 보세요.

(1) $\begin{array}{r} 2\ 4 \\ \times \quad 4 \\ \hline \end{array}$ (2) $\begin{array}{r} 1\ 3 \\ \times \quad 7 \\ \hline \end{array}$

26 빈칸에 알맞은 수를 써넣으세요.

⊗		
29	3	
37	2	

27 더 큰 것의 기호를 쓰세요.

㉠ 71	㉡ 36 × 2

( )

28 계산 결과가 <u>다른</u> 하나에 ○표 하세요.

12 × 6	23 × 4	24 × 3

( ) ( ) ( )

29 상자 한 개를 포장하는 데 테이프가 17 cm 필요합니다. 상자 4개를 포장하려면 테이프는 모두 몇 cm 필요한가요?

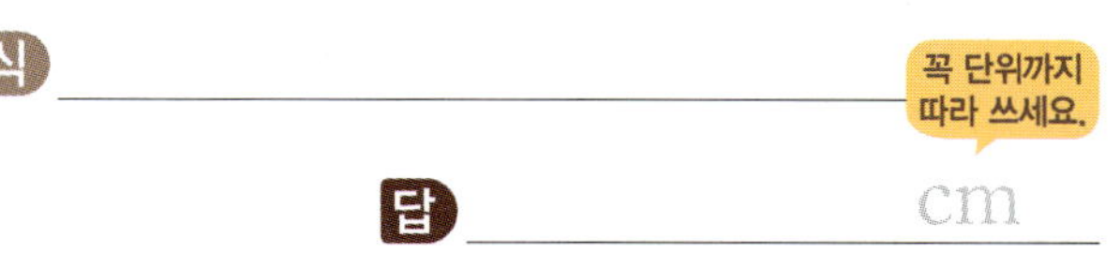

추론

30 한 대에 38명씩 탈 수 있는 버스가 있습니다. 이 버스 2대에는 모두 몇 명이 탈 수 있는지 알아보려고 할 때, 계산 결과에 더 가깝게 어림한 사람의 이름을 쓰세요.

> 수아: 버스 한 대에 38명이 탈 수 있으므로 30 × 2로 생각하여 60명으로 어림했어.
>
> 하준: 38은 40에 가까우므로 40 × 2로 생각하여 80명으로 어림했어.

( )

4
곱
셈

---

5 십의 자리와 일의 자리에서 올림이 있는 (몇십몇) × (몇)

31 보기와 같이 계산해 보세요.

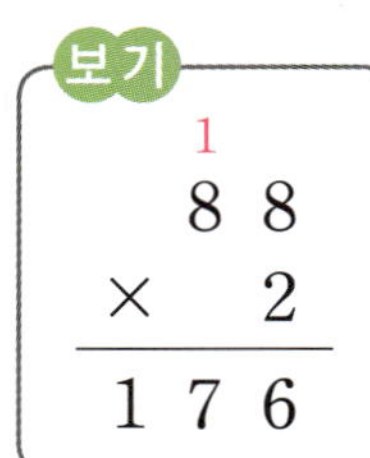

$$\begin{array}{r} 2\,5 \\ \times \quad 7 \\ \hline \end{array}$$

4

32 두 수의 곱을 빈 곳에 써넣으세요.

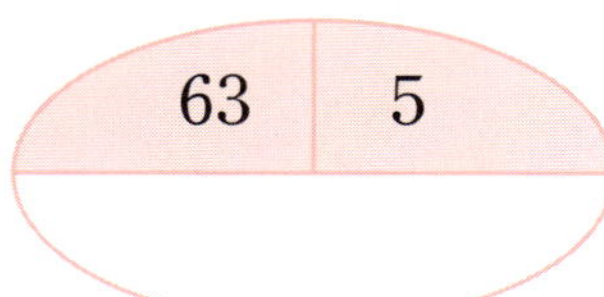

33 빈칸에 알맞은 수를 써넣으세요.

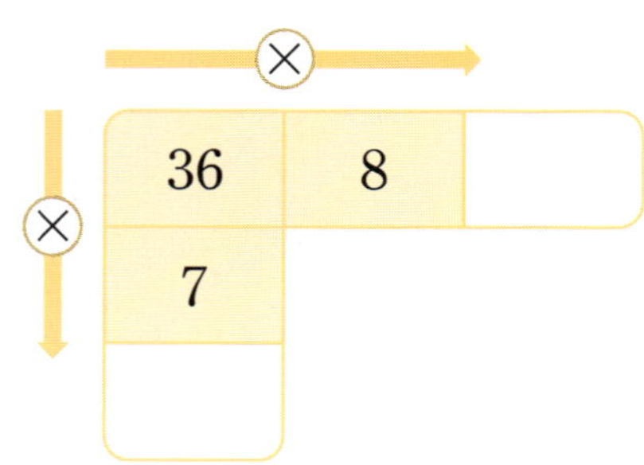

---

34 23 × 6의 계산에서 잘못된 곳을 찾아 바르게 계산해 보세요.

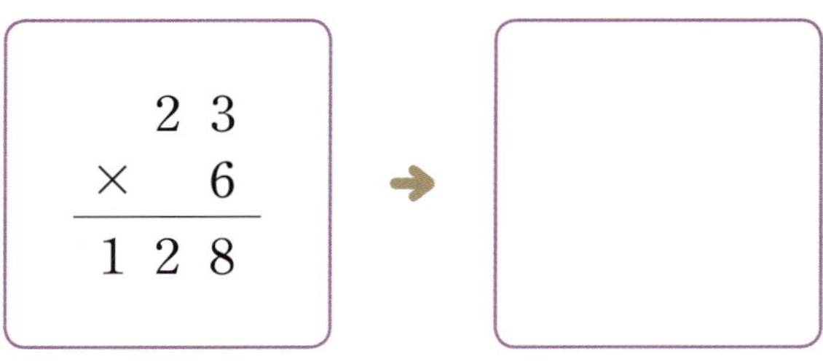

35 가장 큰 수와 가장 작은 수의 곱을 구하세요.

11	48	3	5

(   )

36 과일 가게에서 한 상자에 32개씩 들어 있는 사과를 5상자 팔았습니다. 판 사과는 모두 몇 개인가요?

식 ________________________
꼭 단위까지 따라 쓰세요.

답 ________________________ 개

37 효서는 하루에 줄넘기를 43번씩 매일 했습니다. 효서가 일주일 동안 한 줄넘기는 모두 몇 번인가요?

식 ________________________

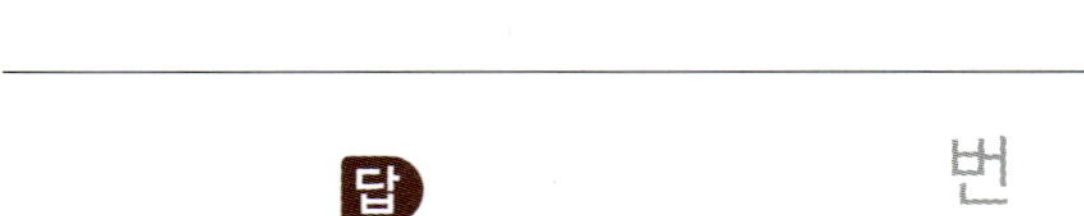

답 ________________________ 번

활용 1　굵은 선의 길이 구하기

❶ 굵은 선의 길이는 정사각형의 한 변의 길이의 몇 배인지 알아봅니다.
❷ 곱셈을 이용하여 굵은 선의 길이를 구합니다.

활용 2　남은 물건의 수 구하기

❶ 처음에 가지고 있던 물건의 수를 구합니다.
❷ 위 ❶에서 구한 값을 이용하여 남은 물건의 수를 구합니다.

1-1 그림은 한 변의 길이가 14 cm인 정사각형 2개를 변끼리 맞닿게 이어 붙여 만든 도형입니다. 굵은 선의 길이는 몇 cm인가요?

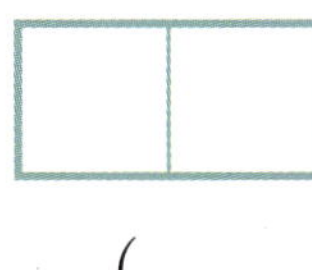

(　　　　　　　　　)

2-1 서영이는 한 봉지에 19개씩 들어 있는 과자를 5봉지 가지고 있었습니다. 그중에서 17개를 먹었다면 남은 과자는 몇 개인가요?

(　　　　　　　　　)

1-2 그림은 한 변의 길이가 13 cm인 정사각형 3개를 변끼리 맞닿게 이어 붙여 만든 도형입니다. 굵은 선의 길이는 몇 cm인가요?

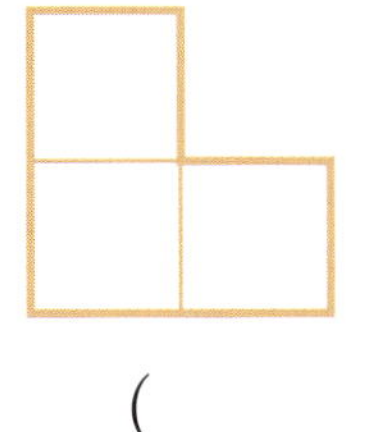

(　　　　　　　　　)

2-2 어머니가 한 상자에 31개씩 들어 있는 방울토마토를 3상자 사 오셨습니다. 그중에서 29개를 먹었다면 남은 방울토마토는 몇 개인가요?

(　　　　　　　　　)

1-3 그림은 세 변의 길이가 같은 삼각형 3개를 변끼리 맞닿게 이어 붙여 만든 도형입니다. 굵은 선의 길이는 몇 cm인가요?

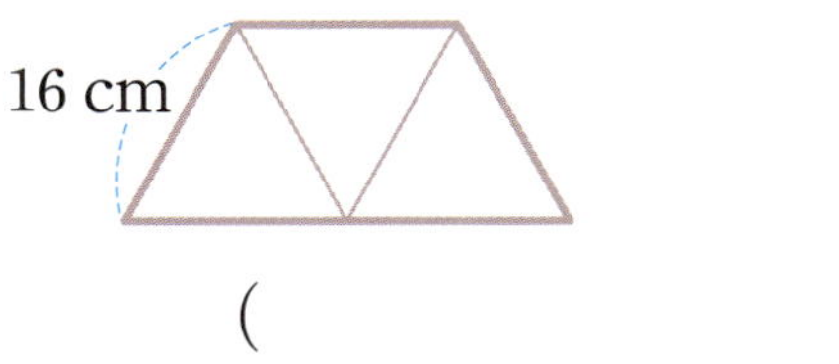

(　　　　　　　　　)

2-3 초콜릿이 한 상자에 12개씩 3상자와 낱개 6개가 있었습니다. 그중에서 10개를 먹었다면 남은 초콜릿은 몇 개인가요?

(　　　　　　　　　)

4
곱
셈

활용 3 규칙을 찾아 빈칸에 알맞은 수 구하기

○과 □에 적힌 수 사이의 규칙을 찾아 빈칸에 알맞은 수를 구합니다.

활용 4 ▲에 알맞은 수 구하기

$13 \times$ ▲$=52$에서 ▲를 구할 때에는 3단 곱셈구구에서 일의 자리 수가 2인 곱을 찾아봅니다.

3-1 규칙을 찾아 빈칸에 알맞은 수를 써넣으세요.

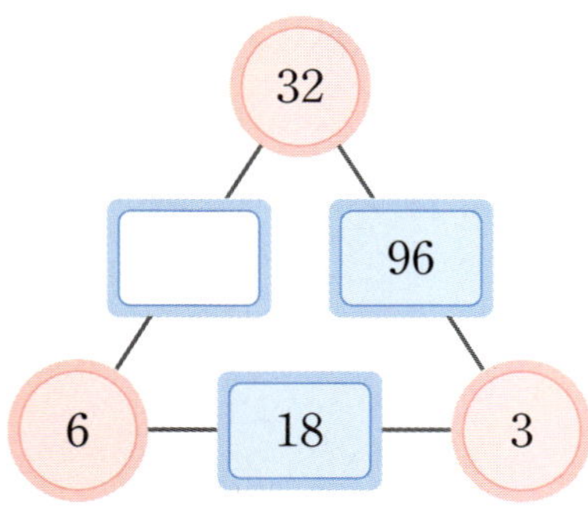

4-1 ▲에 알맞은 수를 구하세요.

$$17 \times \blacktriangle = 153$$

(   )

3-2 규칙을 찾아 빈칸에 알맞은 수를 써넣으세요.

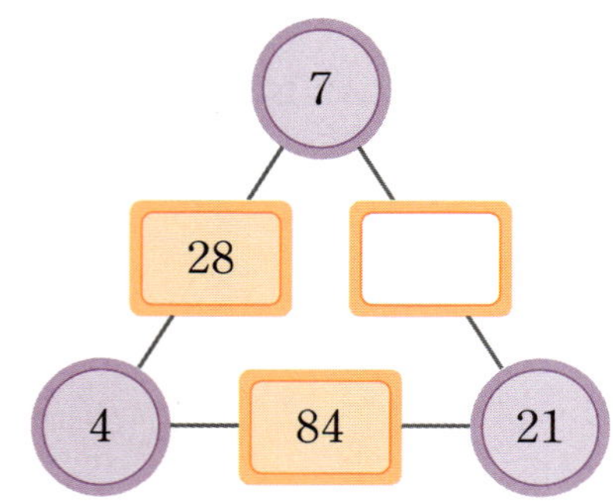

4-2 ▲에 알맞은 수를 구하세요.

$$34 \times \blacktriangle = 204$$

(   )

3-3 규칙을 찾아 빈칸에 알맞은 수를 써넣으세요.

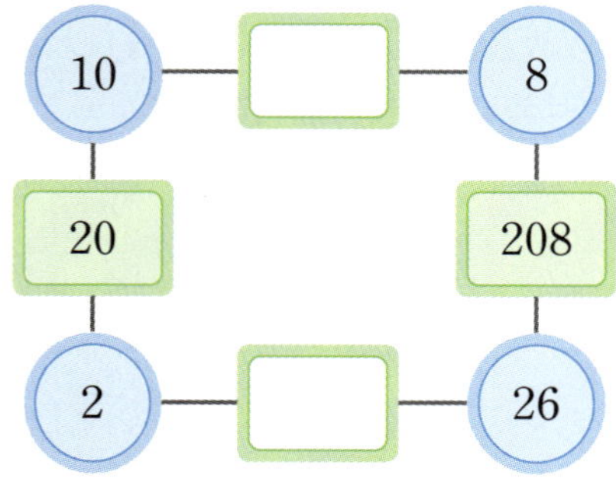

4-3 ▲에 알맞은 수를 구하세요.

$$42 \times \blacktriangle = 21 \times 8$$

(   )

2단계 실력 유형 연습

1 그림을 보고 달걀은 모두 몇 개인지 ☐ 안에 알맞은 수를 써넣으세요.

☐ × ☐ = ☐ (개)

2 빈칸에 알맞은 수를 써넣으세요.

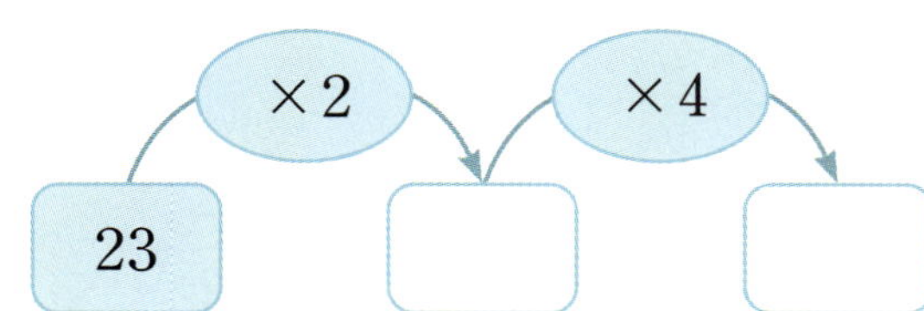

3 색종이가 한 묶음에 13장씩 2묶음 있습니다. 색종이는 모두 몇 장인가요?

( )

4 수아는 3월 한 달 동안 하루에 4시간씩 매일 영어 공부를 했습니다. 수아가 3월 한 달 동안 영어 공부를 한 시간은 모두 몇 시간인가요?

( )

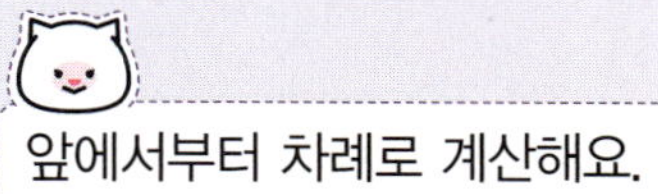

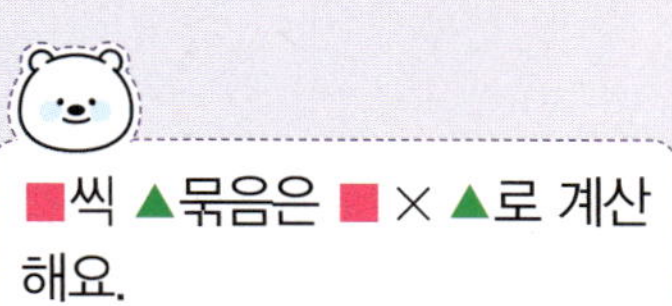

5 계산 결과가 큰 것부터 차례로 기호를 쓰세요.

> ㉠ 10×8　　　㉡ 28×3　　　㉢ 45×2

(　　　　　　　)

추론

6 계산 결과가 250에 더 가까운 것의 기호를 쓰세요.

> ㉠ 49×5　　　㉡ 41×7

(　　　　　　　)

7 소윤이와 유찬이가 말한 곱셈의 계산 결과가 같습니다. ●에 알맞은 수를 구하세요.

(　　　　　　　)

연결

8 양파 모종의 수는 가지 모종의 수의 2배입니다. 이와 같이 한 모종의 수가 다른 한 모종의 수의 2배가 되는 경우가 한 가지 더 있습니다. 두 모종을 찾아 쓰세요.

모종	가지	양파	토마토	배추	고추
수(개)	12	24	13	18	36

(　　　　　　)와 (　　　　　　)

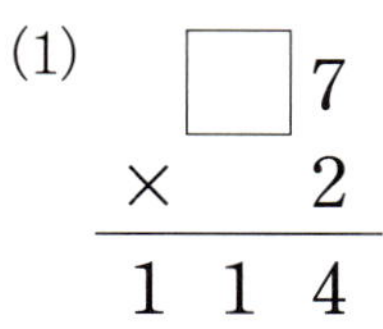

9 1부터 9까지의 수 중에서 □ 안에 들어갈 수 있는 수를 모두 쓰세요.

$$250 > 56 \times \boxed{}$$

(   )

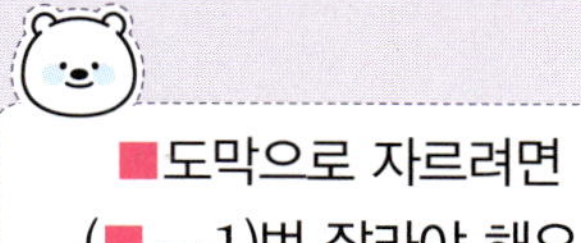

10 □ 안에 알맞은 수를 써넣으세요.

(1)
$$\begin{array}{r} \boxed{}\,7 \\ \times\quad 2 \\ \hline 1\ 1\ 4 \end{array}$$

(2)
$$\begin{array}{r} 7\ 4 \\ \times\quad \boxed{} \\ \hline 2\ 2\ 2 \end{array}$$

11 굵기가 일정한 나무막대를 한 번 자르는 데 12분이 걸린다고 합니다. 이 나무막대를 쉬지 않고 5도막으로 자르는 데 걸리는 시간은 몇 분인지 구하세요.

(   )

12 연아네 학교 2학년은 한 반에 30명씩 4개 반이 있고, 3학년은 한 반에 38명씩 3개 반이 있습니다. 연아네 학교는 2학년과 3학년 중 어느 학년의 학생 수가 더 많은지 구하세요.

(   )

4 곱셈

93

| 심화 1 | 도로의 길이 구하기
먼저 가로등 사이의 간격의 수를 구하자! |

◆ 도로의 한쪽에 처음부터 끝까지 가로등을 26 m 간격으로 8개 세웠습니다. 이 도로의 길이는 몇 m인지 구하세요. (단, 가로등의 두께는 생각하지 않습니다.)

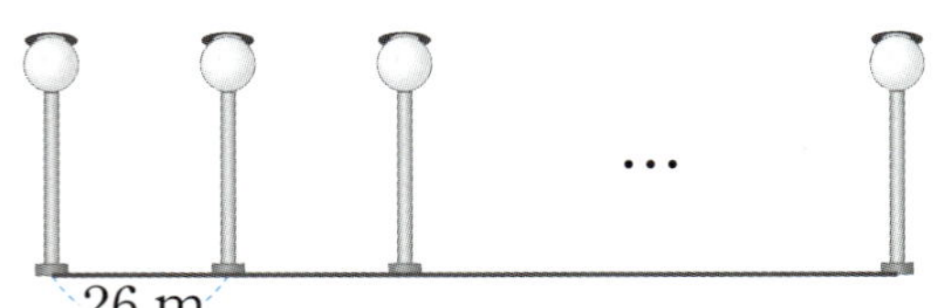

문제해결

1 가로등 사이의 간격은 몇 군데인지 구하세요.

(   )

2 도로의 길이는 몇 m인지 구하세요.

(   )

쌍둥이

1-1 도로의 한쪽에 처음부터 끝까지 가로등을 14 m 간격으로 9개 세웠습니다. 이 도로의 길이는 몇 m인지 구하세요. (단, 가로등의 두께는 생각하지 않습니다.)

 답 _______________

변형

1-2 도로의 양쪽에 처음부터 끝까지 나무를 12 m 간격으로 모두 16그루 심었습니다. 이 도로의 길이는 몇 m인지 구하세요. (단, 나무의 두께는 생각하지 않습니다.)

 답 _______________

심화 2 전체의 수 구하기

오리의 다리 수와 토끼의 다리 수를 각각 구하자!

◆ 농장에 오리가 16마리, 토끼가 14마리 있습니다. 농장에 있는 오리와 토끼의 다리는 모두 몇 개인가요?

문제해결

1 농장에 있는 오리의 다리는 모두 몇 개인가요?

( )

2 농장에 있는 토끼의 다리는 모두 몇 개인가요?

( )

3 농장에 있는 오리와 토끼의 다리는 모두 몇 개인가요?

( )

쌍둥이

2-1 자전거 보관대에 두발자전거 35대와 세발자전거 22대가 있습니다. 자전거 보관대에 있는 자전거 바퀴는 모두 몇 개인가요?

답 ______________

변형

2-2 페트병과 종이 팩을 넣으면 한 개당 15점이 적립되는 재활용품 수거함이 있습니다. 지난주에는 페트병 5개와 종이 팩 3개를, 이번 주에는 페트병 6개를 수거함에 넣었다면 지난주와 이번 주에 적립된 점수는 모두 몇 점인가요?

답 ______________

4 곱셈

95

심화 3

●에 들어갈 수 있는 수 구하기
●가 없는 곱셈을 먼저 계산하자!

◆ 1부터 9까지의 수 중에서 ●에 들어갈 수 있는 수는 모두 몇 개인지 구하세요.

$$24 \times 4 > 16 \times ●$$

문제해결

1 24×4를 구하세요.

( )

2 ●에 들어갈 수 있는 수를 모두 구하세요.

( )

3 ●에 들어갈 수 있는 수는 모두 몇 개인 지 구하세요.

( )

쌍둥이

3-1 1부터 9까지의 수 중에서 ●에 들어갈 수 있는 수는 모두 몇 개인지 구하세요.

$$46 \times 2 > 23 \times ●$$

답 _______________

변형

3-2  1부터 9까지의 수 중에서 ●에 들어갈 수 있는 수는 모두 몇 개인지 구하세요.

$$17 \times ● > 26 \times 4$$

답 _______________

심화 4

이어 붙인 색 테이프 전체의 길이 구하기

색 테이프가 겹친 부분은 색 테이프의 수보다 1 작다.

◆ 길이가 32 cm인 색 테이프 3장을 한 줄로 이어 붙였습니다. 색 테이프를 3 cm씩 겹치게 이어 붙였다면 이어 붙인 색 테이프 전체의 길이는 몇 cm인가요?

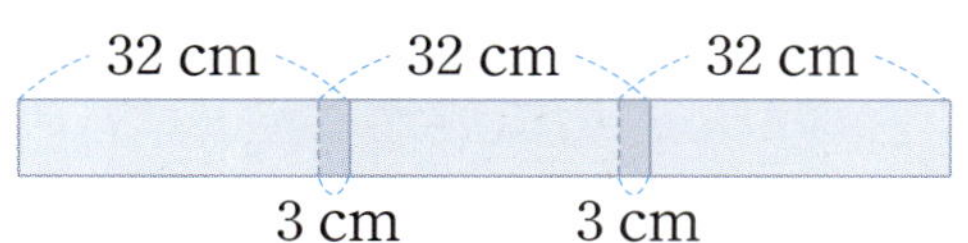

문제해결

1 색 테이프 3장의 길이의 합은 몇 cm인가요?

( )

2 겹친 부분의 길이의 합은 몇 cm인가요?

( )

3 이어 붙인 색 테이프 전체의 길이는 몇 cm인가요?

( )

 **쌍둥이**

4-1 길이가 25 cm인 색 테이프 3장을 한 줄로 이어 붙였습니다. 색 테이프를 2 cm씩 겹치게 이어 붙였다면 이어 붙인 색 테이프 전체의 길이는 몇 cm인가요?

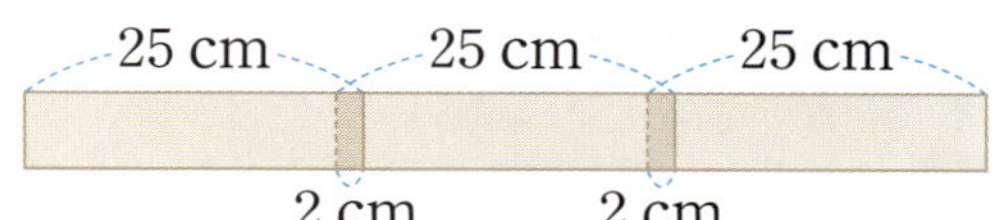

답 ____________________

변형

4-2 ▶동영상 길이가 51 cm인 색 테이프 4장을 일정한 길이만큼씩 겹치게 한 줄로 이어 붙였더니 전체 길이가 186 cm가 되었습니다. 색 테이프를 몇 cm씩 겹치게 이어 붙였는지 구하세요.

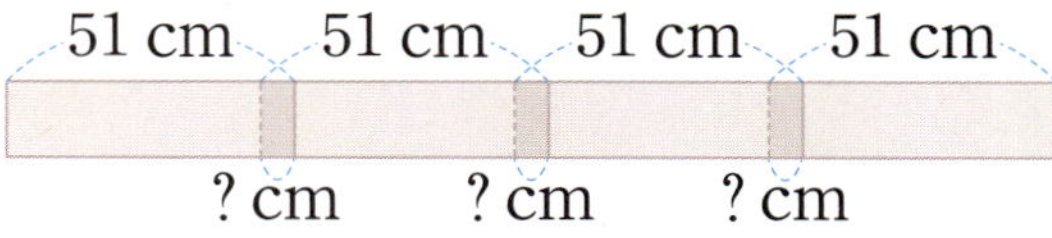

답 ____________________

4

곱셈

| 심화 5 | 같은 빠르기로 일한 양 구하기
1시간 ➡ 하루 ➡ ●일 동안 할 수 있는 일의 양을 차례로 구하자! |

◆ 어느 기계가 30분에 인형을 6개씩 만든다고 합니다. 같은 빠르기로 하루에 8시간씩 3일 동안 만들 수 있는 인형은 모두 몇 개인지 구하세요.

문제해결

1 기계가 한 시간 동안 만들 수 있는 인형은 몇 개인지 구하세요.

( )

2 기계가 하루에 만들 수 있는 인형은 몇 개인지 구하세요.

( )

3 기계가 3일 동안 만들 수 있는 인형은 모두 몇 개인지 구하세요.

( )

5-1 어느 공장에서 15분에 가방을 4개씩 만든다고 합니다. 같은 빠르기로 하루에 6시간씩 5일 동안 만들 수 있는 가방은 모두 몇 개인지 구하세요.

답 _______________

5-2  A 기계는 한 시간에 의자를 7개씩 만들고 B 기계는 한 시간에 의자를 6개씩 만든다고 합니다. 같은 빠르기로 두 기계가 하루에 5시간씩 일주일 동안 만들 수 있는 의자는 모두 몇 개인지 구하세요.

답 _______________

심화 6

수 카드로 곱셈 만들기

■ > ▲ > ●일 때 곱이 가장 큰 (몇십몇)×(몇)은 ▲● × ■이다.

◆ 수 카드 4 , 8 , 3 을 한 번씩만 사용하여 다음 곱셈의 곱이 가장 크게 되도록 만들려고 합니다. 만든 곱셈의 곱은 얼마인지 구하세요.

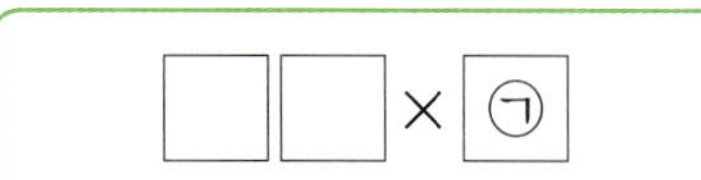

문제해결

1 곱이 가장 크게 되려면 ㉠에 놓아야 할 수 카드의 수는 무엇인가요?

( )

2 곱이 가장 크게 되도록 곱셈을 만들어 보세요.

3 위 **2**에서 만든 곱셈의 곱은 얼마인지 구하세요.

( )

쌍둥이

6-1 수 카드 8 , 6 , 9 를 한 번씩만 사용하여 다음 곱셈의 곱이 가장 크게 되도록 만들려고 합니다. 만든 곱셈의 곱은 얼마인지 구하세요.

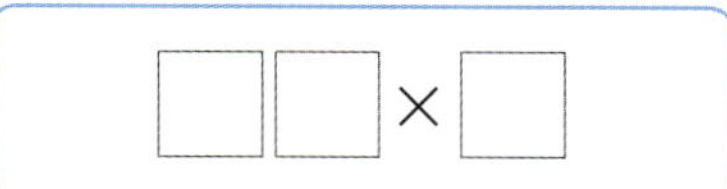

답 ______________________

변형

6-2 수 카드 3 , 2 , 9 를 한 번씩만 사용하여 다음 곱셈의 곱이 가장 작게 되도록 만들려고 합니다. 만든 곱셈의 곱은 얼마인지 구하세요.

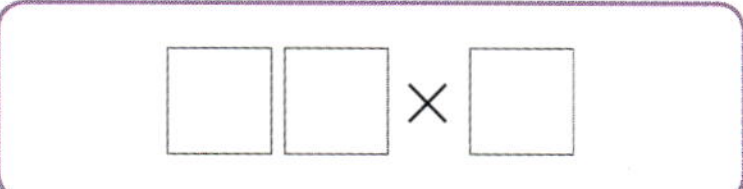

답 ______________________

1 나타내는 수가 큰 것부터 차례로 기호를 쓰세요.

> ㉠ 12의 9배
> ㉡ 27씩 5묶음
> ㉢ 43+43+43

(   )

4

곱셈

2 어느 농장에서 기르는 염소와 닭의 다리 수를 세어 보니 모두 78개였습니다. 이 농장에서 기르는 염소가 15마리라면 닭은 몇 마리인지 구하세요.

(   )

추론

3 오른쪽 곱셈식에서 ㉠은 한 자리 수로 모두 같습니다. ㉠에 알맞은 수를 구하세요.

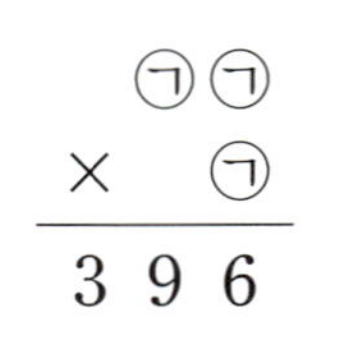

$$\begin{array}{r} ㉠\,㉠ \\ \times\quad ㉠ \\ \hline 3\;9\;6 \end{array}$$

(   )

4 길이가 같은 색 테이프 7장을 11 cm씩 겹치게 이어 붙였더니 전체 길이가 221 cm
가 되었습니다. 색 테이프 한 장의 길이는 몇 cm인지 구하세요.

▶ 동영상

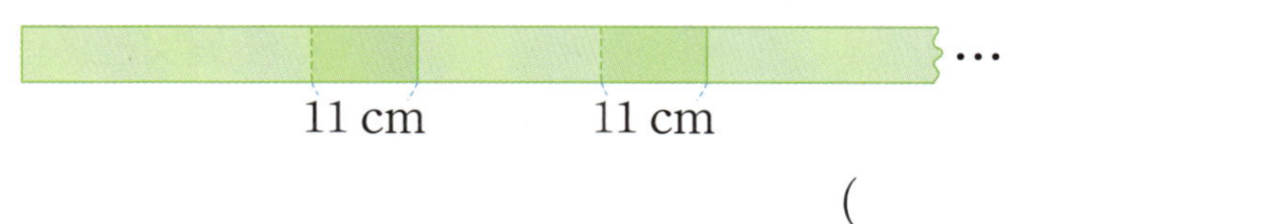

(   )

5 톱니 수가 56개인 톱니바퀴 ㉮와 톱니 수가 35개인 톱니바퀴 ㉯가 맞물려 돌아가
고 있습니다. 톱니바퀴 ㉮가 5바퀴 도는 동안 톱니바퀴 ㉯는 몇 바퀴 도는지 구하
세요.

▶ 동영상

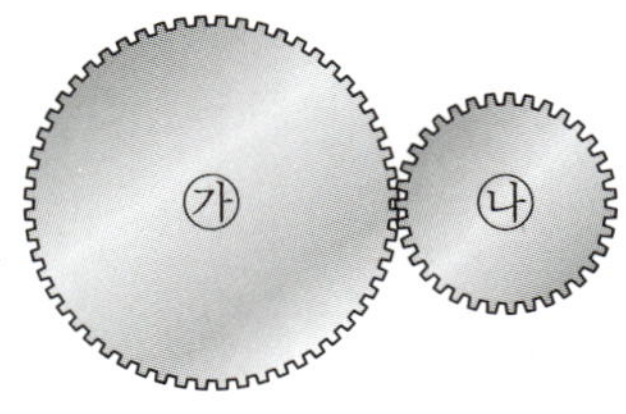

(   )

🖊 **문제 해결**

6 조건 을 모두 만족하는 두 수를 구하세요.

▶ 동영상

> 조건
> • 두 수의 합은 135입니다.
> • 큰 수를 작은 수로 나누면 몫이 8입니다.

(   )

BOOK❷ 14~17쪽에서 경시대회 문제 도전!

맞힌 문제 수

개/14개

1 계산해 보세요.

$$31 \times 2$$

(   )

2 계산이 <u>잘못된</u> 곳을 찾아 바르게 계산해 보세요.

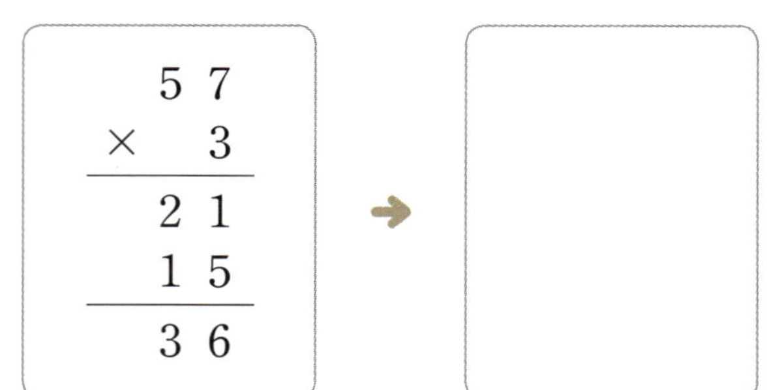

3 가장 큰 수와 가장 작은 수의 곱을 구하세요.

| 3 | 46 | 5 | 7 |

(   )

4 빈칸에 알맞은 수를 써넣으세요.

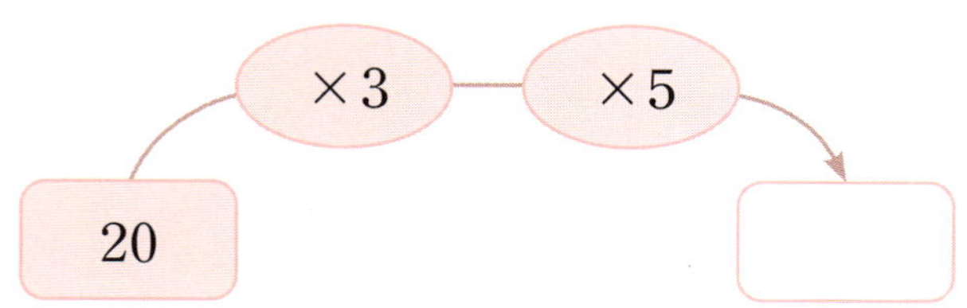

5 계산 결과를 비교하여 ○ 안에 >, =, < 중 알맞은 것을 써넣으세요.

$$31 \times 5 \bigcirc 42 \times 3$$

6 당근을 한 봉지에 13개씩 담았더니 3봉지가 되었습니다. 봉지에 담은 당근은 모두 몇 개인가요?

(   )

7 다음이 나타내는 수를 8배 한 수보다 111만큼 더 큰 수를 구하세요.

10이 3개, 1이 6개인 수

(   )

8 한 변의 길이가 82 cm인 정사각형의 네 변의 길이의 합은 몇 cm인가요?

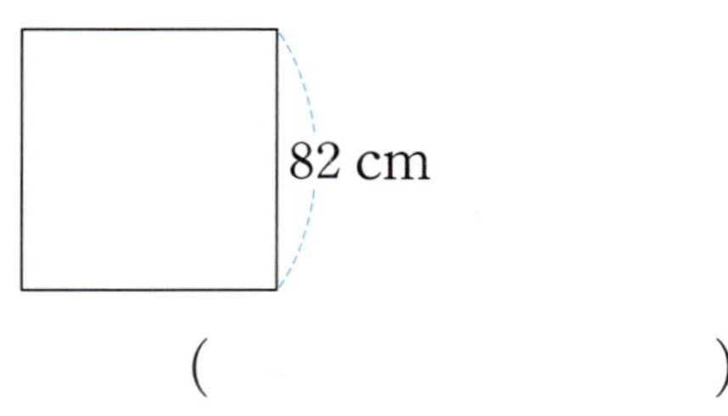

(   )

곱
셈

4

9 시우네 학교 3학년은 한 반에 26명씩 7개의 반이 있습니다. 3학년 학생 중 안경을 쓴 학생이 14명이라면 안경을 쓰지 않은 학생은 몇 명인지 구하세요.

(   )

🖍 **서술형**

10 꽃집에 빨간 장미가 한 다발에 21송이씩 4다발, 노란 장미가 한 다발에 33송이씩 3다발 있습니다. 빨간 장미와 노란 장미는 모두 몇 송이인지 풀이 과정을 쓰고 답을 구하세요.

풀이

답

11 **보기** 에서 규칙을 찾아 빈 곳에 알맞은 수를 써넣으세요.

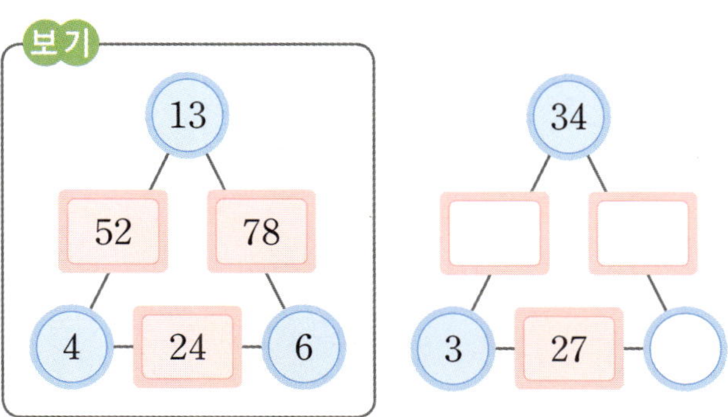

12 □ 안에 알맞은 수를 써넣으세요.

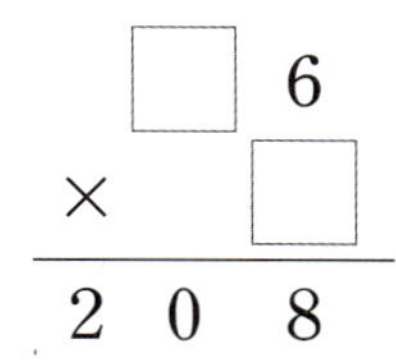

13 수 카드 6, 4, 7 을 한 번씩만 사용하여 다음 곱셈의 곱이 가장 작게 되도록 만들려고 합니다. 만든 곱셈의 곱은 얼마인지 구하세요.

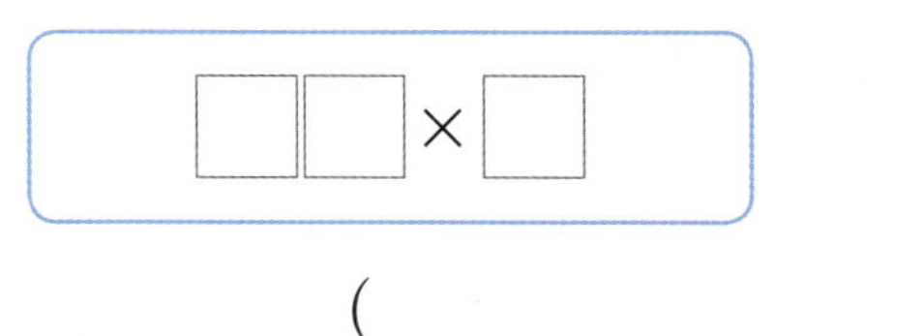

(   )

🖍 **서술형**

14 어느 기계가 20분에 필통을 5개씩 만든다고 합니다. 같은 빠르기로 하루에 4시간씩 6일 동안 만들 수 있는 필통은 모두 몇 개인지 풀이 과정을 쓰고 답을 구하세요.

풀이

답

4

곱
셈

103

5.

길이와 시간

이전에 배운 내용 ____ 2-2

❖ 길이 재기
  • 1 cm보다 큰 단위 / 길이의 합과 차

❖ 시각과 시간
  • 몇 시 몇 분 / 1시간 / 걸린 시간 /
    하루의 시간 / 달력

5단원의 대표 심화 유형

● 학습한 후에 이해가 부족한 유형에 체크하고 한 번 더
  공부해 보세요.

01 단위가 다른 길이 비교하기 ················· ◯

02 끝나는 시각 구하기 ················· ◯

03 낮과 밤의 길이의 차 구하기 ················· ◯

04 적어도 얼마만큼 가야 하는지 거리 구하기 ◯

05 고장난 시계의 시각 구하기 ················· ◯

06 출발 시각 구하기 ················· ◯

큐알 코드를 찍으면 개념 학습 영상과 문제
풀이 영상을 볼 수 있어요.

이번에 배울 내용 ____ 3-1

❖ 길이와 시간
  • 1 cm보다 작은 단위
  • 1 m보다 큰 단위
  • 길이와 거리를 어림하고 재어 보기
  • 1분보다 작은 단위
  • 시간의 덧셈과 뺄셈

이후에 배울 내용 ____ 5-1

❖ 다각형의 둘레와 넓이
  • 정다각형의 둘레
  • 사각형의 둘레

5 길이와 시간

106

개념 1   1 cm보다 작은 단위

1. 1 mm 알아보기

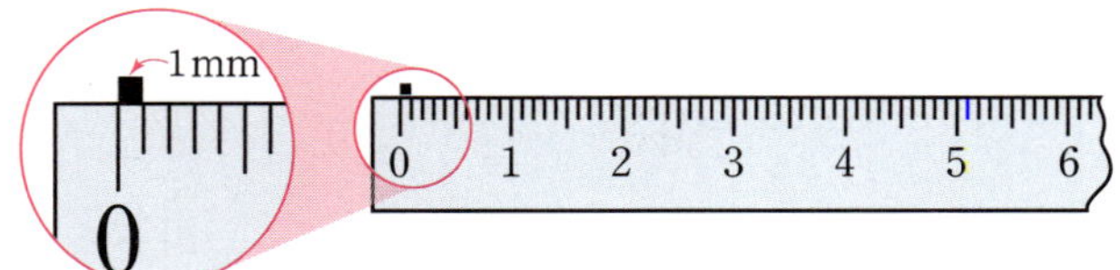

1 mm : 1 cm(⬚)를 10칸으로 똑같이 나누었을 때(⬚) 작은 눈금 한 칸의 길이(■)

(쓰기) **1 mm**   (읽기) **1 밀리미터**

$$1\ cm = 10\ mm$$

2. 몇 cm 몇 mm와 몇 mm로 나타내기

(예) 연필의 길이

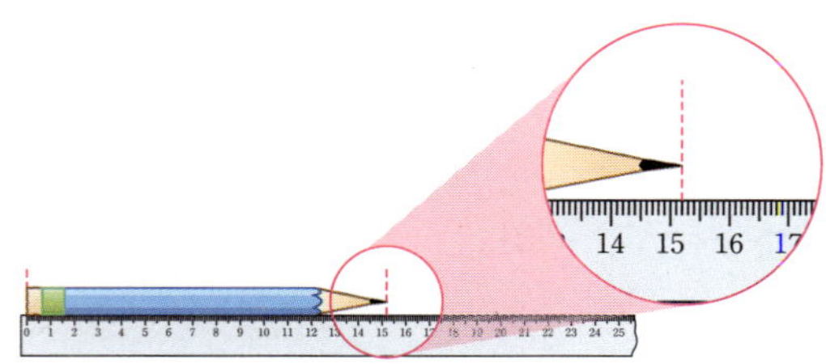

→ 15 cm보다 2 mm 더 긴 것

(쓰기) **15 cm 2 mm**

(읽기) **15 센티미터 2 밀리미터**

$$15\ cm\ 2\ mm = 152\ mm$$

(참고) 길이 단위를 바꿔 나타내기

15 cm 2 mm	152 mm
= 15 cm + 2 mm	= 150 mm + 2 mm
= 150 mm + 2 mm	= 15 cm + 2 mm
= 152 mm	= 15 cm 2 mm

개념 2   1 m보다 큰 단위

1. 1 km 알아보기

1 km : 1000 m의 길이

(쓰기) **1 km**   (읽기) **1 킬로미터**

$$1\ km = 1000\ m$$

2. 몇 km 몇 m와 몇 m로 나타내기

(예) 2 km보다 150 m 더 긴 것

(쓰기) **2 km 150 m**

(읽기) **2 킬로미터 150 미터**

$$2\ km\ 150\ m = 2150\ m$$

(참고) 길이 단위를 바꿔 나타내기

2 km 150 m	2150 m
= 2 km + 150 m	= 2000 m + 150 m
= 2000 m + 150 m	= 2 km + 150 m
= 2150 m	= 2 km 150 m

3. 길이 단위 사이의 관계

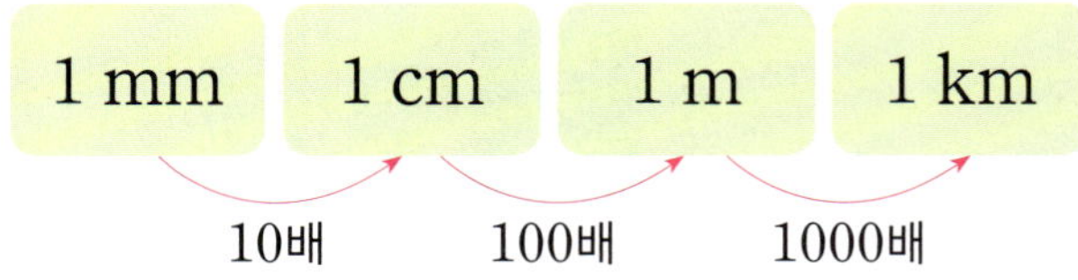

- 10 mm = 1 cm
- 100 cm = 1 m
- 1000 m = 1 km

개념 3 길이와 거리를 어림하고 재어 보기

1. 물건의 길이를 어림하고 재어 보기

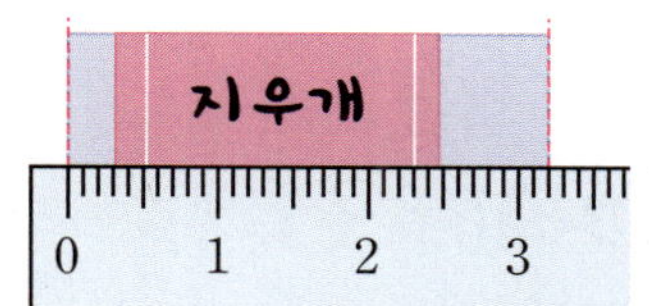

지우개의 길이를 약 3 cm로 어림했는데 자로 잰 길이는 3 cm 2 mm입니다.

2. 알맞은 단위 선택하기

등산로의 길이
➡ 약 8 (km, m)

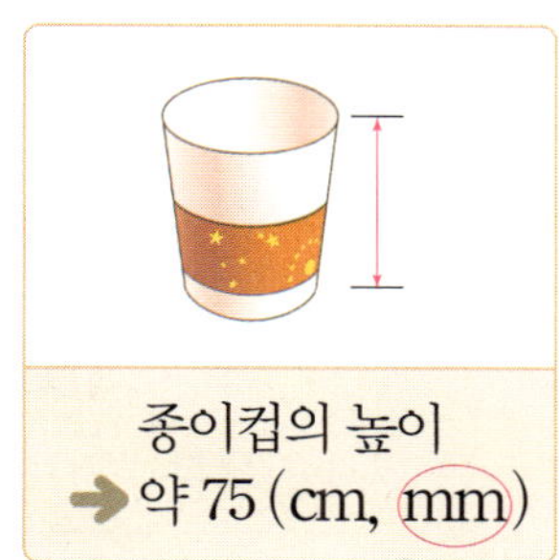

종이컵의 높이
➡ 약 75 (cm, mm)

개념 4 길이의 덧셈과 뺄셈

1. 길이의 덧셈
같은 단위끼리 더하고 받아올림합니다.

예

$$\begin{array}{r} 1 \\ 2\ \text{cm}\ 6\ \text{mm} \\ +5\ \text{cm}\ 8\ \text{mm} \\ \hline 8\ \text{cm}\ 4\ \text{mm} \end{array} \qquad \begin{array}{r} 1 \\ 1\ \text{km}\ 900\ \text{m} \\ +7\ \text{km}\ 500\ \text{m} \\ \hline 9\ \text{km}\ 400\ \text{m} \end{array}$$

6 mm+8 mm =14 mm이므로 10 mm를 1 cm로 받아올림하여 계산

900 m+500 m =1400 m이므로 1000 m를 1 km로 받아올림하여 계산

2. 길이의 뺄셈
같은 단위끼리 뺄 수 없으면 받아내림합니다.

예

$$\begin{array}{r} 8\ \ 10 \\ \not{9}\ \text{cm}\ 2\ \text{mm} \\ -4\ \text{cm}\ 7\ \text{mm} \\ \hline 4\ \text{cm}\ 5\ \text{mm} \end{array} \qquad \begin{array}{r} 7\ \ 1000 \\ \not{8}\ \text{km}\ 300\ \text{m} \\ -6\ \text{km}\ 900\ \text{m} \\ \hline 1\ \text{km}\ 400\ \text{m} \end{array}$$

1 cm를 10 mm로 받아내림하여 계산

1 km를 1000 m로 받아내림하여 계산

개념 5 1분보다 작은 단위

1. 1초 단위 알아보기

(1) **1초**: 초바늘이 작은 눈금 한 칸을 가는 동안 걸리는 시간

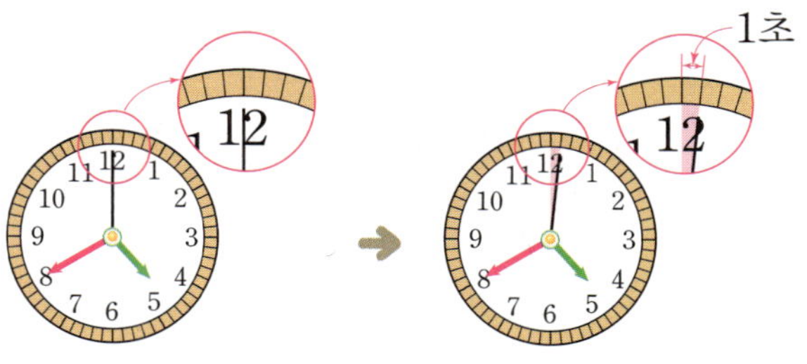

작은 눈금 한 칸=1초

(2) **60초**: 초바늘이 시계를 한 바퀴 도는 데 걸리는 시간

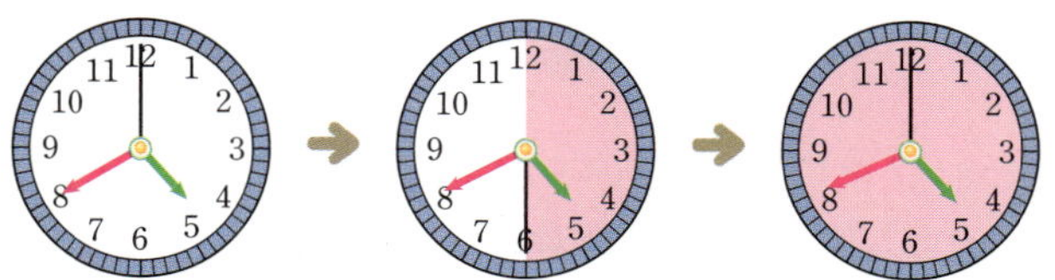

60초=1분

초바늘이 한 바퀴를 도는 동안 분을 나타내는 긴바늘은 작은 눈금 한 칸을 움직여.

2. 초 단위 시각 읽기

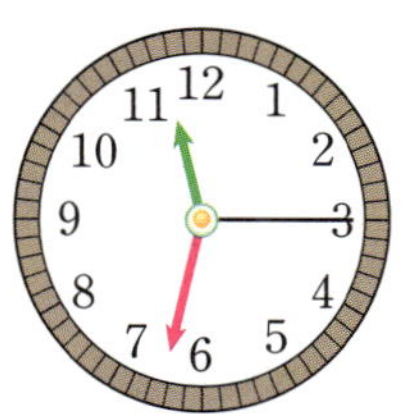

짧은바늘: 11과 12 사이 → 11시
긴바늘: 6에서 작은 눈금 2칸 더 간 곳 → 32분
초바늘: 3 → 15초

➡ 11시 32분 15초

3. 몇 분 몇 초와 몇 초로 나타내기
· 1분 23초=60초+23초=83초
· 90초=60초+30초=1분 30초

60초=1분임을 이용해.

개념 6　시간의 덧셈

> 시는 시끼리, 분은 분끼리, 초는 초끼리 더합니다.

1. 받아올림이 없는 시간의 덧셈

> 예

$$
\begin{array}{rrr}
 & 2\text{시간} & 2\text{분} & 20\text{초} \\
+ & & 1\text{분} & 30\text{초} \\
\hline
 & 2\text{시간} & 3\text{분} & 50\text{초}
\end{array}
$$
→ (시간)＋(시간)＝(시간)

2. 받아올림이 있는 시간의 덧셈

> 예

$$
\begin{array}{rrr}
 & & \overset{1}{} & \\
 & 4\text{분} & 50\text{초} \\
+ & 3\text{분} & 30\text{초} \\
\hline
 & 8\text{분} & 20\text{초}
\end{array}
$$

초 단위끼리의 합이 60초이거나 60초보다 크면 60초를 1분으로 받아올림합니다.

$$
\begin{array}{rrr}
 & \overset{1}{} & \\
 & 5\text{시} & 40\text{분} \\
+ & 1\text{시간} & 55\text{분} \\
\hline
 & 7\text{시} & 35\text{분}
\end{array}
$$

분 단위끼리의 합이 60분이거나 60분보다 크면 60분을 1시간으로 받아올림합니다.

→ (시각)＋(시간)＝(시각)

3. 2시 30분 50초에서 1시간 45분 20초 후의 시각 구하기

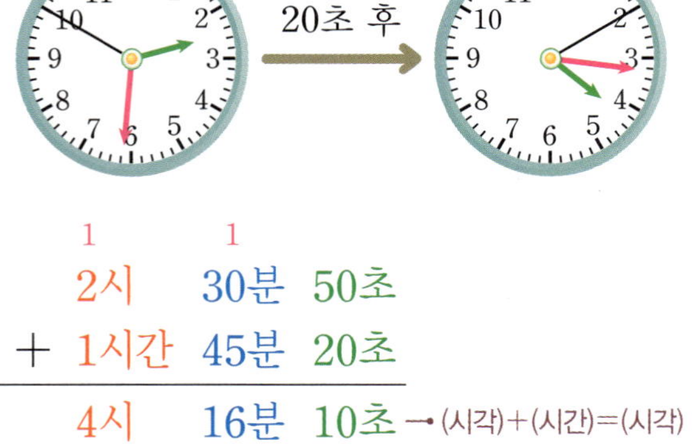

$$
\begin{array}{rrr}
 & \overset{1}{} & \overset{1}{} & \\
 & 2\text{시} & 30\text{분} & 50\text{초} \\
+ & 1\text{시간} & 45\text{분} & 20\text{초} \\
\hline
 & 4\text{시} & 16\text{분} & 10\text{초}
\end{array}
$$
→ (시각)＋(시간)＝(시각)

> 참고
> - (시간)＋(시간)＝(시간)
> - (시각)＋(시간)＝(시각)

개념 7　시간의 뺄셈

> 시는 시끼리, 분은 분끼리, 초는 초끼리 뺍니다.

1. 받아내림이 없는 시간의 뺄셈

> 예

$$
\begin{array}{rrr}
 & 3\text{시} & 30\text{분} & 40\text{초} \\
- & 1\text{시} & 20\text{분} & 10\text{초} \\
\hline
 & 2\text{시간} & 10\text{분} & 30\text{초}
\end{array}
$$
→ (시각)－(시각)＝(시간)

2. 받아내림이 있는 시간의 뺄셈

> 예

$$
\begin{array}{rrr}
 & \overset{5}{} & \overset{60}{} & \\
 & 6\text{분} & 15\text{초} \\
- & 2\text{분} & 30\text{초} \\
\hline
 & 3\text{분} & 45\text{초}
\end{array}
$$

초 단위끼리 뺄 수 없을 때에는 1분을 60초로 받아내림합니다.

→ (시간)－(시간)＝(시간)

$$
\begin{array}{rrr}
 & \overset{6}{} & \overset{60}{} & \\
 & 7\text{시} & 20\text{분} \\
- & 3\text{시간} & 45\text{분} \\
\hline
 & 3\text{시} & 35\text{분}
\end{array}
$$

분 단위끼리 뺄 수 없을 때에는 1시간을 60분으로 받아내림합니다.

→ (시각)－(시간)＝(시각)

3. 5시 20분 45초에서 1시간 30분 50초 전의 시각 구하기

$$
\begin{array}{rrr}
 & \overset{4}{} & \overset{19}{} & \overset{60}{} \\
 & 5\text{시} & 20\text{분} & 45\text{초} \\
- & 1\text{시간} & 30\text{분} & 50\text{초} \\
\hline
 & 3\text{시} & 49\text{분} & 55\text{초}
\end{array}
$$
→ (시각)－(시간)＝(시각)

> 참고
> - (시각)－(시각)＝(시간)
> - (시각)－(시간)＝(시간)
> - (시각)－(시간)＝(시각)

1단계 기본 유형 연습

1 · 1 cm보다 작은 단위

1 색연필의 길이는 몇 cm 몇 mm인지 쓰고 읽어 보세요.

쓰기 ☐ cm ☐ mm

읽기 ________________________________

2 자를 사용하여 주어진 길이만큼 선을 그어 보세요.

4 cm 2 mm

|--

3 ☐ 안에 알맞은 수를 써넣으세요.

(1) 7 cm 5 mm = ☐ mm

(2) 10 cm 4 mm = ☐ mm

(3) 94 mm = ☐ cm ☐ mm

(4) 281 mm = ☐ cm ☐ mm

4 mm로 잘못 나타낸 것을 찾아 기호를 쓰고, 바르게 고쳐 보세요.

> ㉠ 6 cm = 60 mm
> ㉡ 4 cm 9 mm = 409 mm
> ㉢ 15 cm = 150 mm

( )

꼭 단위까지 따라 쓰세요.

바르게 고친 것 (mm)

5 길이를 비교하여 ○ 안에 >, =, < 중 알맞은 것을 써넣으세요.

45 mm ◯ 3 cm 9 mm

6 못의 길이를 자로 재어 보면 몇 mm인가요?

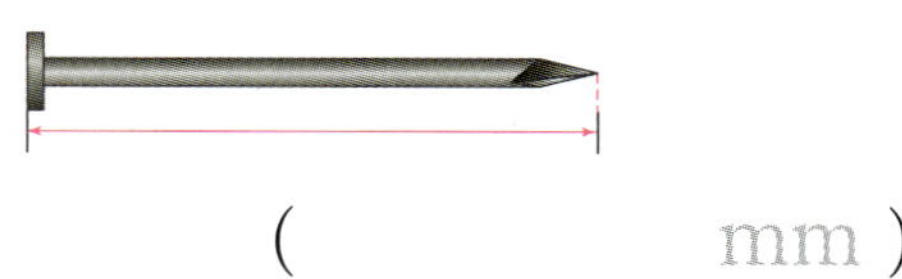

(mm)

연결

7 필통의 긴 쪽의 길이를 재었더니 208 mm였습니다. 이 필통의 긴 쪽의 길이는 몇 cm 몇 mm인가요?

(cm mm)

2 1 m보다 큰 단위

8 다음이 나타내는 길이를 바르게 말한 사람은 누구인가요?

> 6 km보다 240 m 더 긴 길이

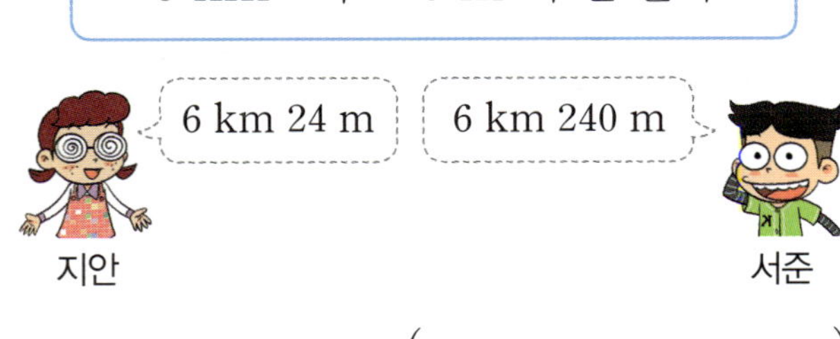

( )

9 □ 안에 알맞은 수를 써넣으세요.

(1) 9 km = ◻ m

(2) 3 km 200 m = ◻ m

(3) 7250 m = ◻ km ◻ m

(4) 4026 m = ◻ km ◻ m

10 길이가 같은 것끼리 이어 보세요.

5 km 8 m	·	·	5 km 800 m
5800 m	·	·	5008 m
5 km 80 m	·	·	5080 m

11 다리의 길이를 나타내 보세요.

이순신대교	서해대교
2 km 260 m	7310 m
= ◻ m	= ◻ km ◻ m

⚡ 추론

12 수직선을 보고 □ 안에 알맞은 수를 써넣으세요.

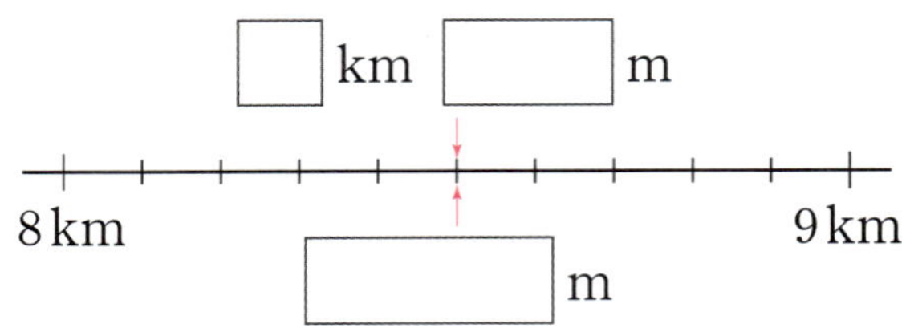

13 집에서부터 학교와 가게까지의 거리를 각각 나타낸 것입니다. 집에서 더 가까운 곳에 ◯표 하세요.

학교: 1 km 400 m	가게: 1095 m

( ) ( )

14 산 입구에서 정상까지의 거리는 9 km보다 730 m 더 멉니다. 산 입구에서 정상까지의 거리는 몇 m인가요?

꼭 단위까지 따라 쓰세요.

(m)

3 길이와 거리를 어림하고 재어 보기

15 사탕의 길이는 몇 cm인지 어림하고, 자로 재어 몇 cm 몇 mm인지 쓰세요.

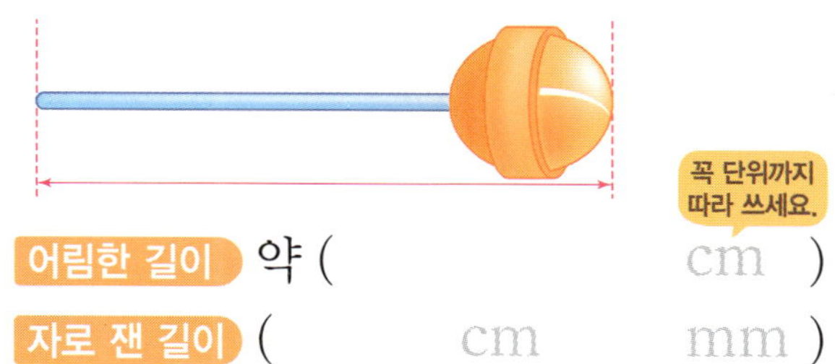

꼭 단위까지 따라 쓰세요.

어림한 길이 약 (cm)

자로 잰 길이 (cm   mm)

16 □ 안에 cm와 mm 중 알맞은 단위를 써넣으세요.

(1) 
서아

서아의 키는 약 128 □ 입니다.

(2) 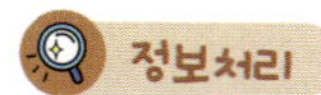

공책의 긴 쪽의 길이는 약 250 □ 입니다.

17 단위를 바르게 사용했으면 ○표, 잘못 사용했으면 × 표 하세요.

· 방문의 높이는 약 2 km입니다.
.... (   )

· 내 필통의 긴 쪽의 길이는 약 27 cm입니다. .... (   )

18 길이가 1 km보다 긴 것을 찾아 기호를 쓰세요.

> ㉠ 방에서 화장실까지의 거리
> ㉡ 서울에서 대전까지의 거리
> ㉢ 정수가 10초 동안 달린 거리

(   )

19 보기 에서 알맞은 길이를 찾아 □ 안에 써넣으세요.

보기
> 2 km   1 m 30 cm   210 mm

(1) 하준이의 발의 길이는
약 □ 입니다.

(2) 학교에서 도서관까지의 거리는
약 □ 입니다.

정보처리

20 은서는 다음과 같은 공원을 걷고 있습니다. 공원 입구에서 약 1 km 떨어진 곳을 찾아 기호를 쓰세요.

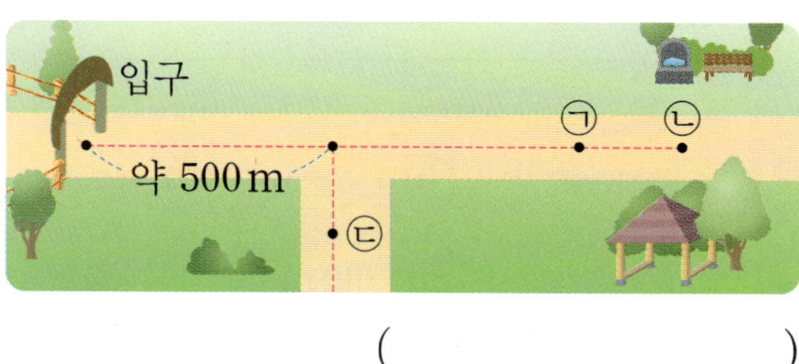

(   )

서술형

21 보기 에서 길이를 하나 골라 건우처럼 문장을 만들어 보세요.

보기
> 5 mm   5 m   5 km

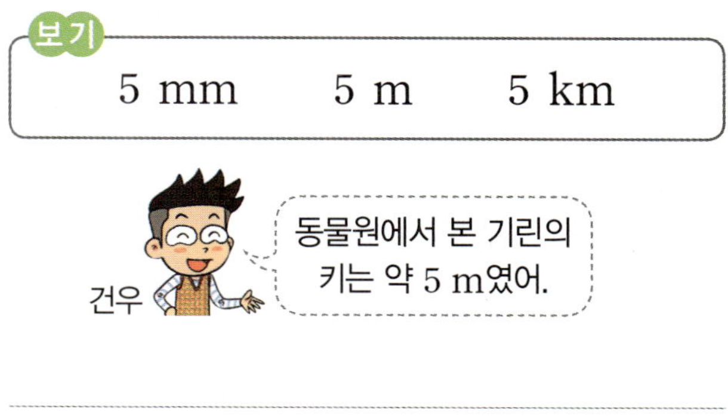

____

____

4 길이의 덧셈과 뺄셈

22 □ 안에 알맞은 수를 써넣으세요.

(1)
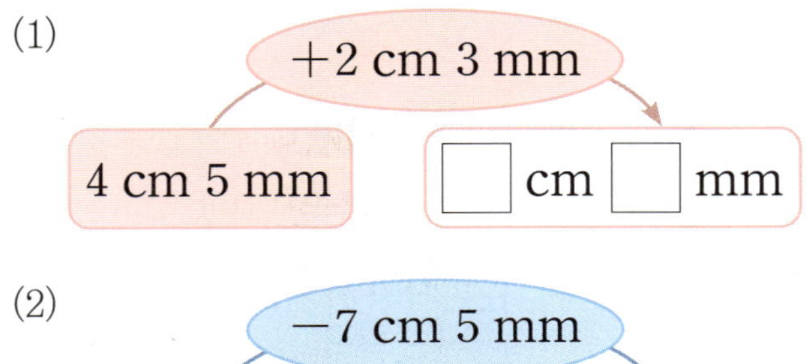

(2)
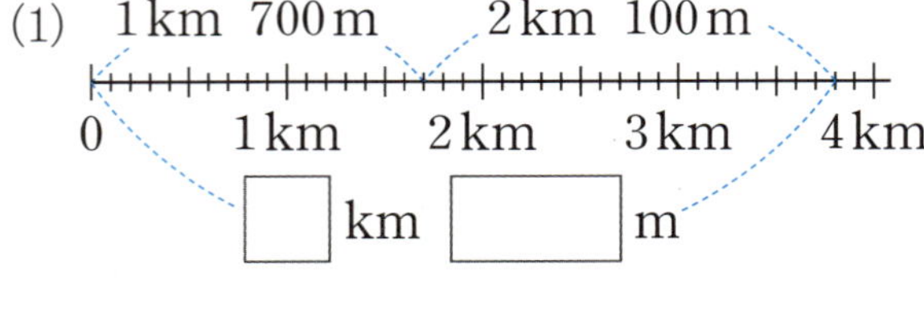

23 □ 안에 알맞은 수를 써넣으세요.

(1)
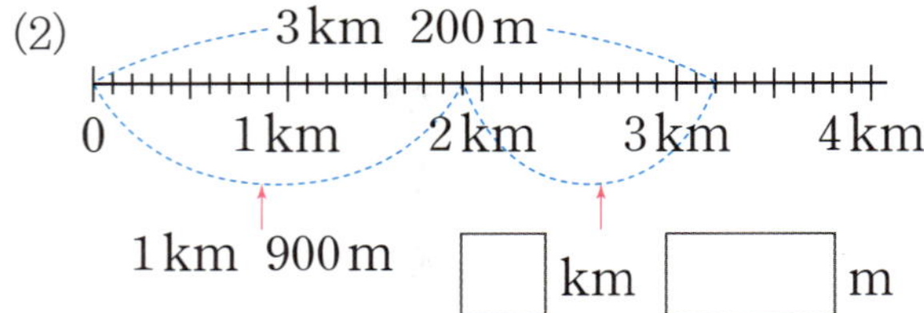

(2)

24 두 길이의 합과 차를 구하세요.

합 (km   m   )

차 (km   m   )

25 길이가 더 긴 것의 기호를 쓰세요.

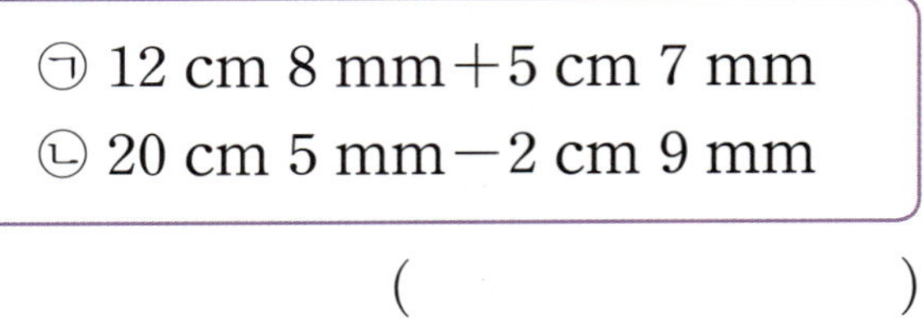

(   )

26 연두색 리본은 노란색 리본보다 몇 cm 몇 mm 더 짧은가요?

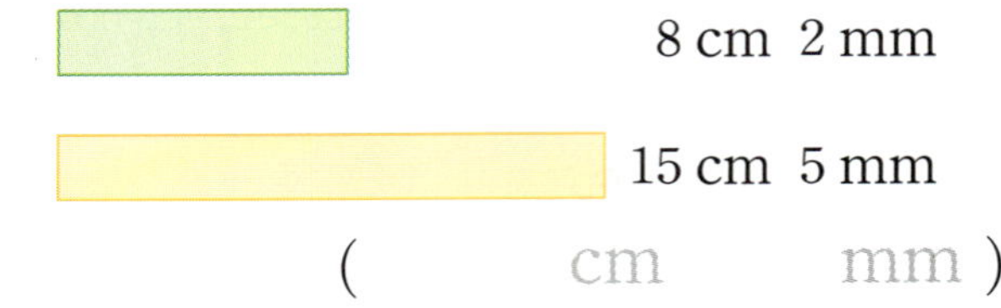

(cm   mm   )

27 문구점에서 도서관을 거쳐 소방서까지 가는 거리는 몇 km 몇 m인지 구하세요.

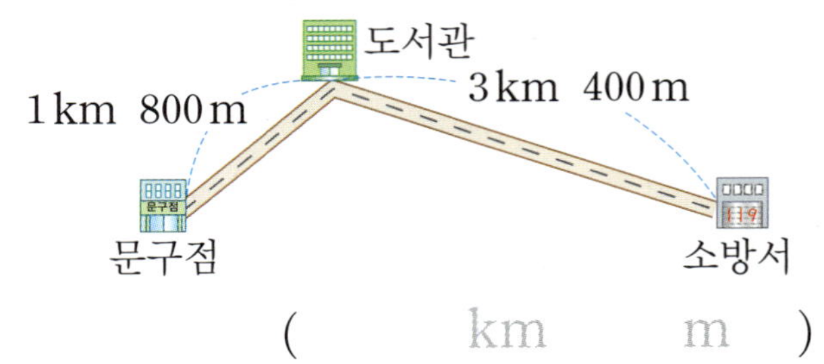

(km   m   )

문제 해결

28 재형이는 집에서 11 km 떨어져 있는 할머니 댁에 가려고 합니다. 집에서 출발하여 3 km 600 m를 갔다면 할머니 댁까지 남은 거리는 몇 km 몇 m인가요?

(km   m   )

| **5** | **1분보다 작은 단위** |

29 시각을 읽어 보세요.

(1)
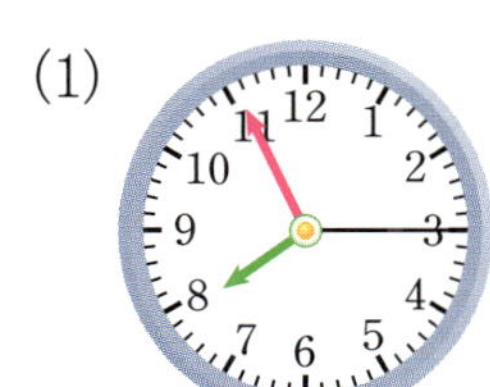

꼭 단위까지 따라 쓰세요.

(　시　　분　　초)

(2)

(　시　　분　　초)

30 □ 안에 알맞은 수를 써넣으세요.

(1) 5분 = □ 초

(2) 3분 15초 = □ 초

(3) 80초 = □ 분 □ 초

(4) 250초 = □ 분 □ 초

31 1초 동안 할 수 있는 일을 찾아 기호를 쓰세요.

> ㉠ 100 m 달리기
> ㉡ 눈 한 번 깜박이기
> ㉢ 연극 관람하기

(　　　　　　)

32 같은 시간끼리 이어 보세요.

2분 43초	•	•	253초
1분 38초	•	•	98초
4분 13초	•	•	163초

33 시간의 단위를 바르게 사용하여 말한 사람의 이름을 쓰세요.

(　　　　　　)

34 모래시계를 뒤집어 모래가 모두 떨어지는 데 220초가 걸렸습니다. 모래가 모두 떨어지는 데 걸린 시간은 몇 분 몇 초인가요?

(　　분　　초)

⚡ 추론

35 서아와 지호가 각각 양치질을 한 시간입니다. 양치질을 더 오래 한 사람의 이름을 쓰세요.

> 서아: 175초　　　지호: 3분 10초

(　　　　　　)

6 시간의 덧셈

36 □ 안에 알맞은 수를 써넣으세요.

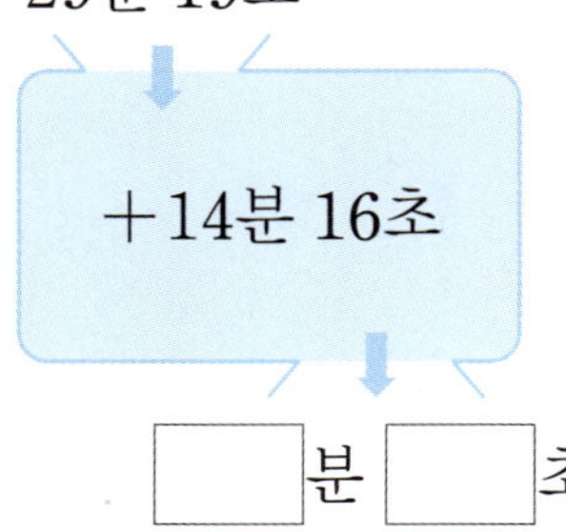

29분 19초

↓

+14분 16초

↓

□분 □초

37 주어진 시간의 합을 구하세요.

3시간 40분 35초　　53분 14초

□시간 □분 □초

38 시간을 비교하여 ○ 안에 >, =, < 중 알맞은 것을 써넣으세요.

10시간 29분+32분 ○ 11시간

39 시계가 나타내는 시각에서 1시간 30분 후의 시각은 몇 시 몇 분 몇 초인지 구하세요.

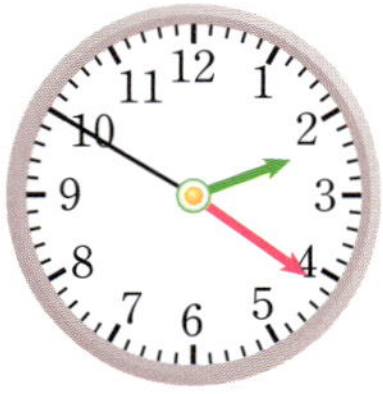

꼭 단위까지 따라 쓰세요.

(　시　분　초　)

40 5시 20분+3분 15초를 잘못 계산한 것입니다. 바르게 계산해 보세요.

5시	20분
+ 3분	15초
8시	35분

→ □

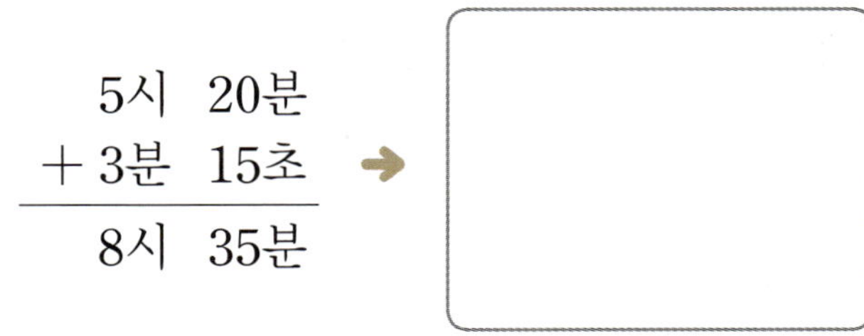

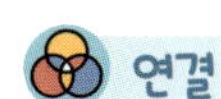

연결

41 4시 10분 20초에 동요를 듣기 시작했을 때 동요 듣기가 끝난 시각은 몇 시 몇 분 몇 초인가요?

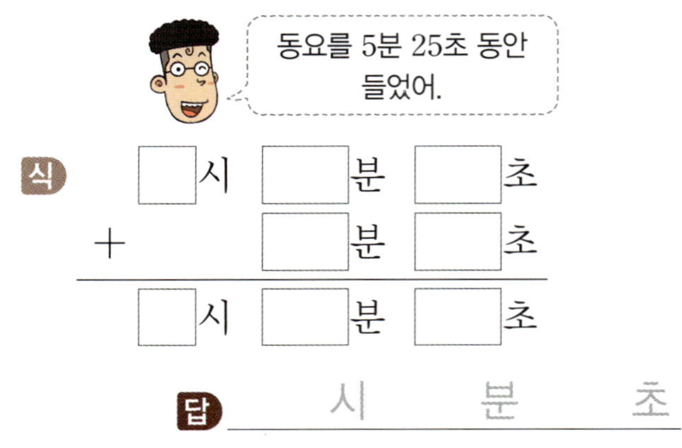

식
	□시	□분	□초
+		□분	□초
	□시	□분	□초

답 　시　분　초

42 어느 고속버스가 8시 35분에 출발하여 2시간 40분 동안 달려 목적지에 도착하였습니다. 고속버스가 목적지에 도착한 시각은 몇 시 몇 분인지 구하세요.

(　시　분　)

5 길이와 시간

7 시간의 뺄셈

43 □ 안에 알맞은 수를 써넣으세요.

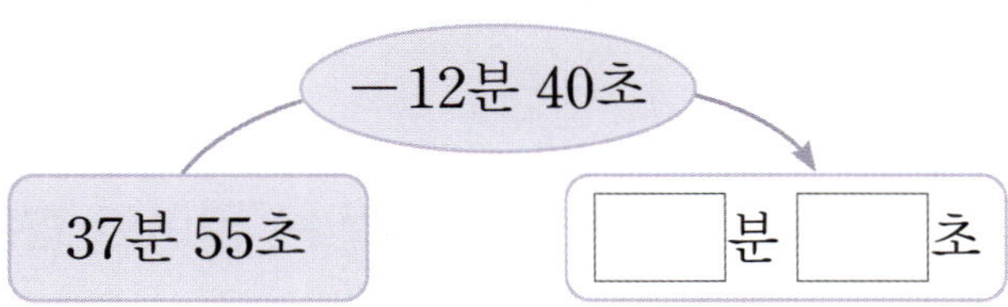

44 주어진 시간의 차를 구하세요.

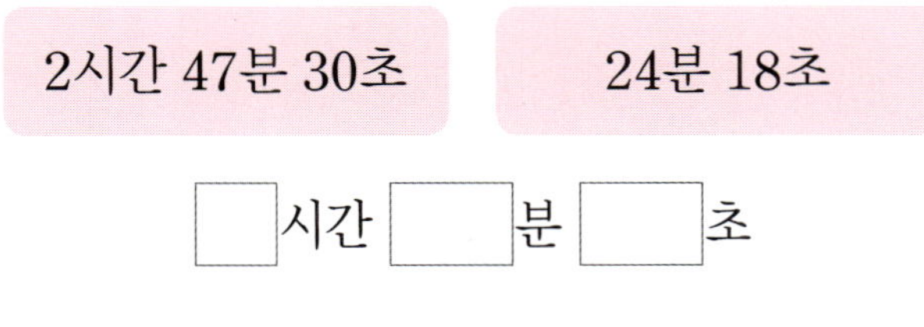

45 시간이 더 긴 것의 기호를 쓰세요.

㉠ 40분 21초−20분 15초
㉡ 56분 10초−28분 40초

(   )

46 시계가 나타내는 시각에서 2시간 24분 50초 전의 시각은 몇 시 몇 분 몇 초인지 구하세요.

(시   분   초   )

---

47 43분 15초−20분 22초를 잘못 계산한 것입니다. 바르게 계산해 보세요.

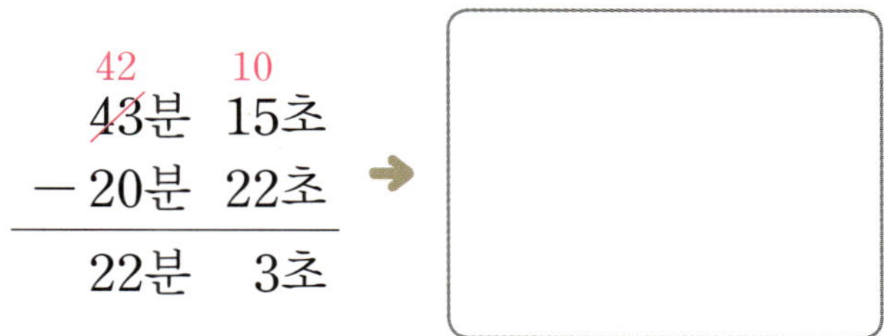

48 지수가 운동을 9시 36분에 시작하여 11시 50분에 끝냈습니다. 지수가 운동을 한 시간은 몇 시 몇 분인지 구하세요.

식

답 ________ 시간   분

문제 해결

49 고은이네 집에서 도서관까지 32분 45초가 걸립니다. 고은이가 도서관에 3시 20분에 도착했다면 집에서 출발한 시각은 몇 시 몇 분 몇 초인지 구하세요.

(시   분   초   )

1 단계 기본 ➕ 유형 완성

활용 1 부러진 자로 물건 길이 재기

1 cm가 몇 번이고 몇 mm 더 긴지 살펴봅니다.

예) 1 cm가 ●번이고 ■ mm 더 긴 길이
→ ● cm ■ mm

1-1 물감의 길이는 몇 cm 몇 mm인가요?

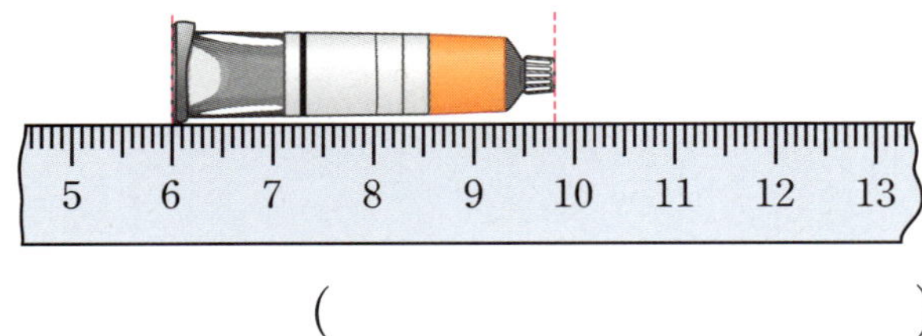

(   )

1-2 비누의 길이는 몇 cm 몇 mm인가요?

(   )

1-3 색 테이프 가와 나의 길이의 차는 몇 cm 몇 mm인지 구하세요.

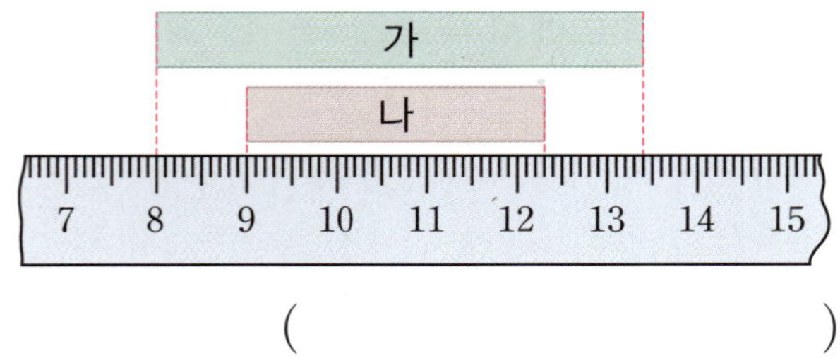

(   )

활용 2 가장 긴 길이와 가장 짧은 길이의 계산

길이 단위 사이의 관계를 이용하여 길이를 같은 단위로 나타내 계산해 봅니다.

2-1 가장 긴 길이와 가장 짧은 길이의 합은 몇 cm인가요?

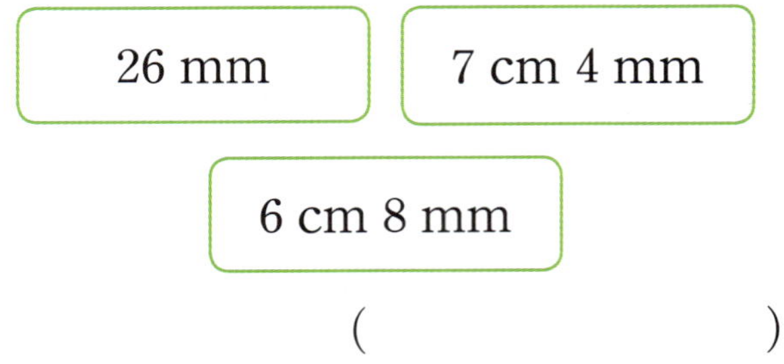

(   )

2-2 가장 긴 길이와 가장 짧은 길이의 차는 몇 cm인가요?

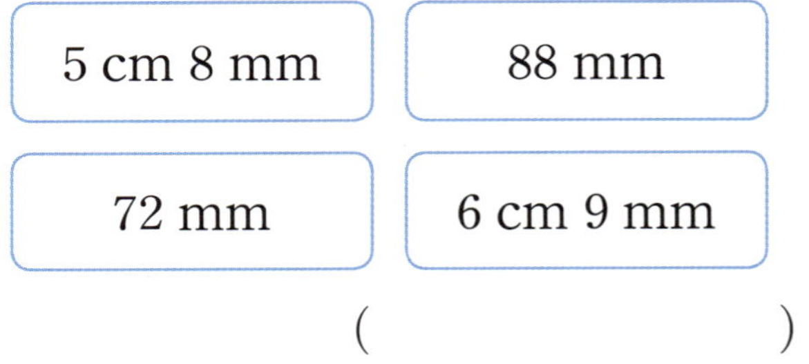

(   )

2-3 가장 긴 길이와 가장 짧은 길이의 합과 차는 각각 몇 km 몇 m인가요?

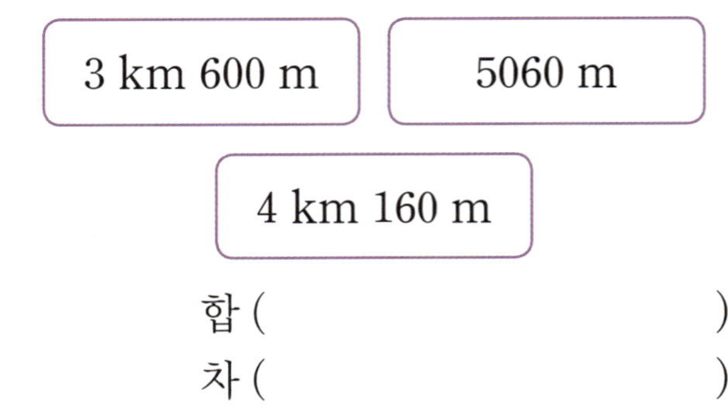

합 (   )

차 (   )

활용 3 낮의 길이 알아보기

- 하루는 24시간입니다.
- (낮의 길이)=24시간−(밤의 길이)

3-1 어느 날 밤의 길이는 11시간 35분이었습니다. 이날 낮의 길이는 몇 시간 몇 분인가요?

(   )

3-2 어느 날 밤의 길이는 10시간 48분 54초였습니다. 이날 낮의 길이는 몇 시간 몇 분 몇 초인가요?

(   )

3-3 어느 해의 설날과 추석의 밤의 길이와 낮의 길이를 나타낸 것입니다. 빈칸에 알맞은 시간을 써넣으세요.

	밤의 길이	낮의 길이
설날	13시간 48분	
추석		12시간 4분

활용 4 초바늘이 몇 바퀴 돈 후의 시각 구하기

- (초바늘이 1바퀴 도는 데 걸리는 시간)
  =60초=1분
- (초바늘이 ■바퀴 도는 데 걸리는 시간)
  =■분

4-1 지금 시각은 10시 34분 5초입니다. 초바늘이 35바퀴 돈 후의 시각은 몇 시 몇 분 몇 초인지 구하세요.

(   )

4-2 지금 시각은 5시 25분 25초입니다. 초바늘이 40바퀴 돈 후의 시각은 몇 시 몇 분 몇 초인지 구하세요.

(   )

4-3 지금 시각은 4시 18분 42초입니다. 초바늘이 2바퀴를 돌고 작은 눈금 3칸을 더 간 후의 시각은 몇 시 몇 분 몇 초인지 구하세요.

(   )

5

길이와 시간

1 승민이와 준석이의 달리기 기록을 두 가지 방법으로 나타낸 것입니다. 빈칸에 알맞게 써넣으세요.

이름	기록(■초)	기록(●분 ▲초)
승민	98초	
준석		2분 43초

2 긴쪽의 길이가 12 cm인 필통이 있습니다. 형광펜과 색연필 중 이 필통에 똑바로 넣을 수 <u>없는</u> 것은 무엇인지 쓰세요.

> 형광펜의 길이: 11 cm 7 mm
> 색연필의 길이: 132 mm

(   )

3 시간의 단위를 바르게 사용하여 말한 사람의 이름을 쓰세요.

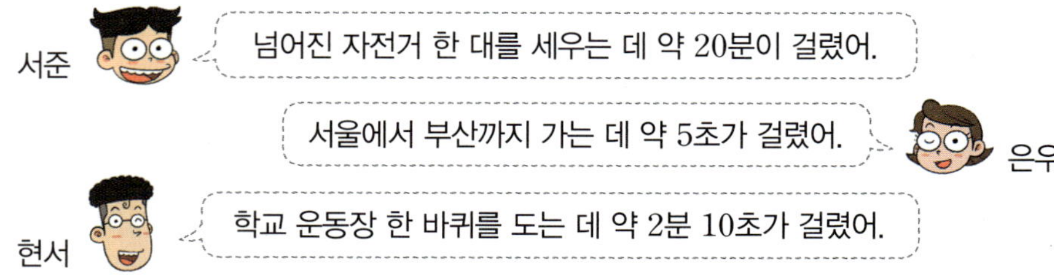

(   )

4 세훈이네 집에서 도서관에 갔다가 다시 집으로 돌아오는 데 이동한 거리는 모두 몇 km 몇 m인가요?

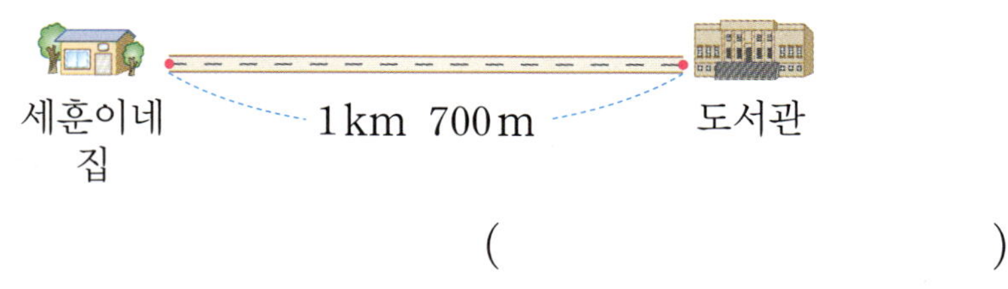

(   )

---

5 길이를 바르게 나타낸 것을 모두 찾아 기호를 쓰세요.

> ㉠ 2 km 8 m＝208 m 　㉡ 35 mm＝3 cm 5 mm
> ㉢ 60 cm 9 mm＝69 mm ㉣ 3200 m＝3 km 200 m

(　　　　　　　　　　　)

6 기차 승차권을 보고 기차를 타고 서울에서 춘천까지 가는 데 걸리는 시간은 몇 시간 몇 분인지 구하세요.

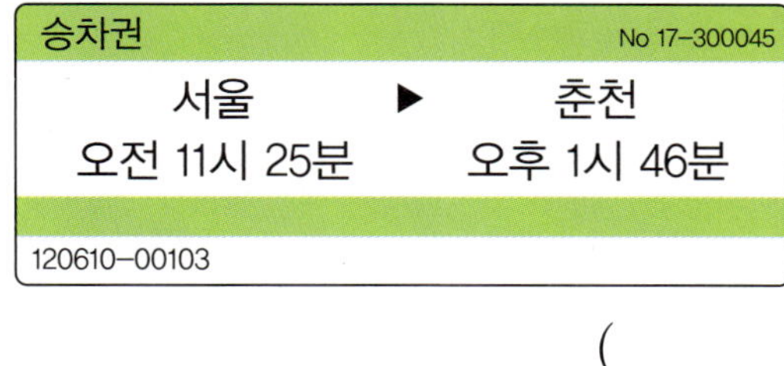

(　　　　　　　　　　　)

7 길이 단위를 잘못 바꿔 나타낸 사람을 찾아 이름을 쓰고 바르게 고쳐 보세요.

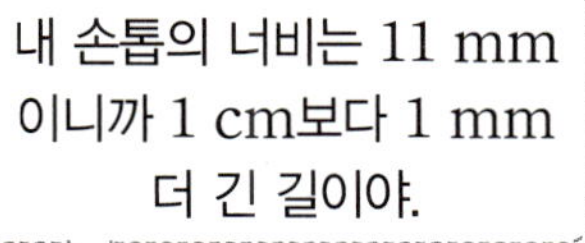

이름	바르게 고치기

8 음식을 전자레인지에 조리하는 데 걸리는 시간입니다. 조리하는 데 걸리는 시간이 가장 짧은 음식은 무엇인지 구하세요.

음식	핫도그	만두	냉동 김밥
조리 시간	2분	4분 30초	250초

(   )

S 솔루션

'몇 분 몇 초' 또는 '몇 초'로 시간의 단위를 같게 한 다음 비교해요.

9 머리핀의 길이를 각각 자로 재어 보고 노란색 머리핀은 빨간색 머리핀보다 몇 cm 몇 mm 더 긴지 구하세요.

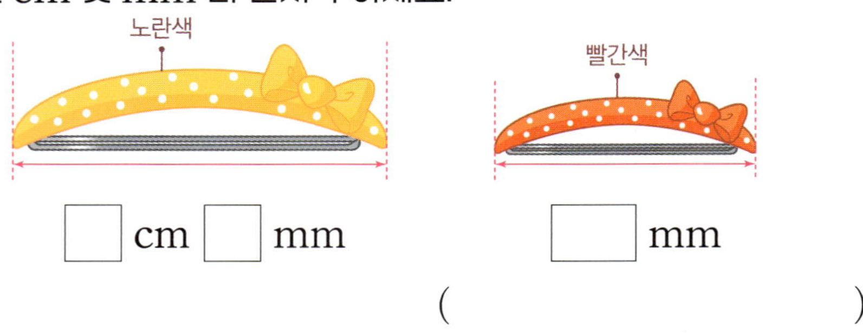

☐ cm ☐ mm   ☐ mm

(   )

자로 잰 길이를 같은 단위로 나타낸 다음 계산해요.

10 수직선에서 ㉠이 가리키는 곳은 몇 km 몇 m인지 구하세요.

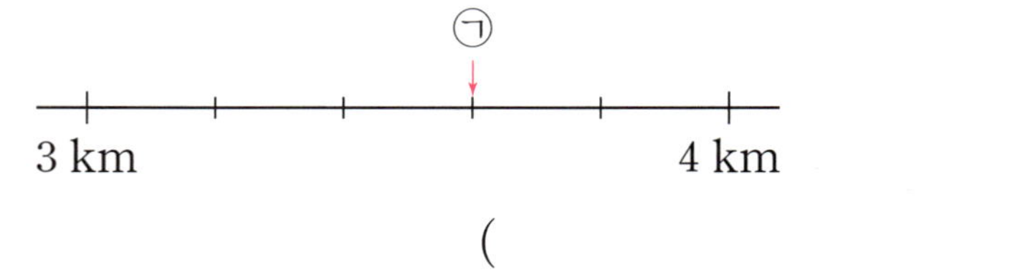

(   )

1 km를 5칸으로 똑같이 나누면 눈금 한 칸은 몇 m인지 알아봐요.

11 연극의 공연 시간을 나타낸 것입니다. 연주가 본 연극은 2시 57분 40초에 시작하여 3시 24분 20초에 끝났습니다. 연주가 본 연극은 무엇인가요?

연극 제목	고양이들	개구쟁이 톰	책 읽는 호랑이
공연 시간	23분 10초	19분 50초	26분 40초

(   )

시간의 뺄셈을 이용하여 연주가 본 연극의 공연 시간을 알아봐요.

12 지은이의 한 걸음은 약 50 cm입니다. 1 km 떨어진 병원까지 가려면 약 몇 걸음을 걸어야 하는지 구하세요.

약 (   )

13 영미가 숙제를 시작한 시각과 끝낸 시각을 나타낸 시계입니다. 영미가 중간에 20분을 쉬었다면 영미가 숙제를 한 시간은 몇 시간 몇 분 몇 초인지 구하세요.

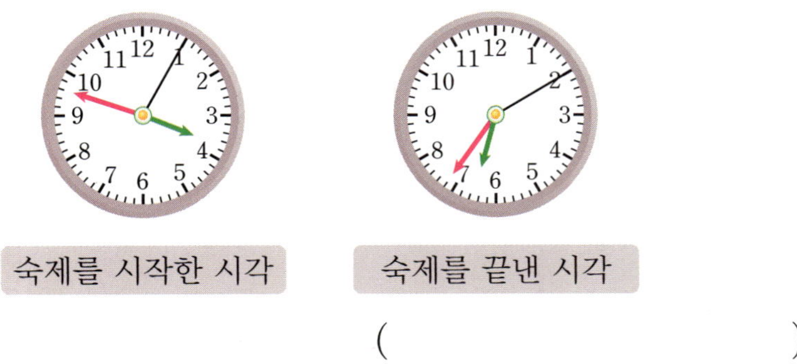

숙제를 시작한 시각   숙제를 끝낸 시각

(   )

14 두 명이 한 모둠이 되어 이어달리기 경주를 한 기록입니다. 어느 모둠이 경주에서 이겼는지 구하세요.

모둠	이름	달리기 기록
가 모둠	호준	2분 13초
	수지	1분 58초
나 모둠	도윤	2분 47초
	아영	1분 20초

(   )

1 km는 1 m를 1000개 모은 길이와 같아요.

숙제를 한 시간에는 중간에 쉰 시간이 포함되지 않아요.

5

길이와 시간

121

이어달리기 기록의 시간이 짧은 모둠이 경주에서 이기는 것에 주의해요.

3단계 심화 유형 연습

심화 1

단위가 다른 길이 비교하기

단위가 다를 때에는 단위를 같게 하여 길이를 비교하자!

◆ 기차역에서 가까운 순서대로 건물의 이름을 쓰세요.

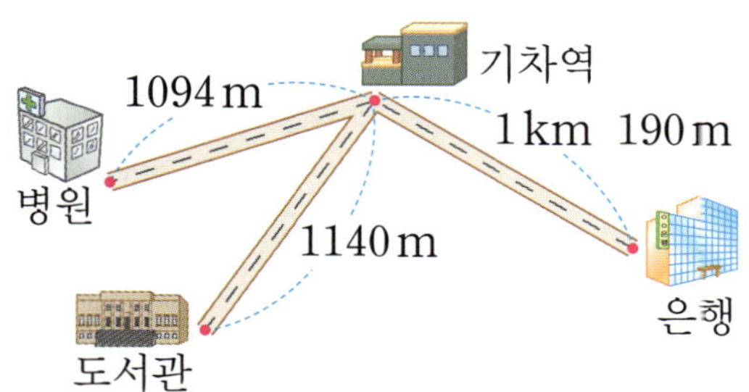

문제해결

1 기차역에서 은행까지의 거리는 몇 m인가요?

( )

2 기차역에서 가까운 순서대로 건물의 이름을 쓰세요.

( )

1-1 집에서 먼 순서대로 장소의 이름을 쓰세요.

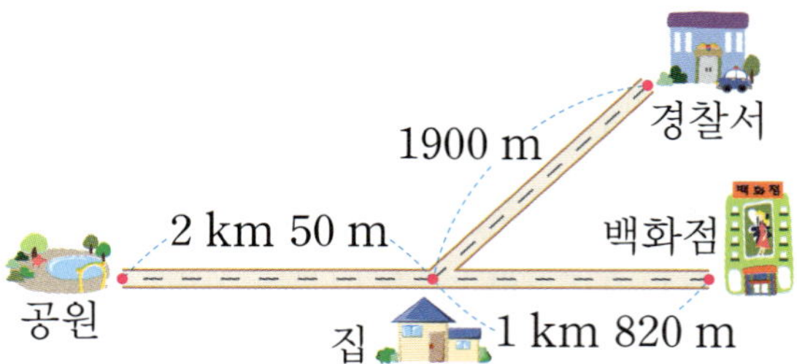

답 ______________________

1-2 가지고 있는 끈의 길이가 긴 사람부터 순서대로 이름을 쓰세요.

> 영미: 내 끈의 길이는 784 mm야.
> 주영: 나는 80 cm보다 2 mm만큼 더 길어.
> 효준: 그래? 나는 79 cm 6 mm인데.
> 민재: 나는 810 mm야.

답 ______________________

심화 2

끝나는 시각 구하기

전체 걸린 시간을 구해 끝나는 시각을 알아봐!

◆ 영하네 학교에서는 40분 동안 수업을 하고 10분씩 쉽니다. 1교시를 9시 20분에 시작하였다면 2교시 수업이 끝나는 시각은 몇 시 몇 분인가요?

문제해결

1 □ 안에 알맞은 수를 써넣으세요.

> 1교시 수업을 시작하여 2교시 수업이 끝날 때까지 수업 시간은 □번, 쉬는 시간은 □번 있습니다.

2 2교시 수업이 끝날 때까지 걸린 시간은 몇 시간 몇 분인가요?

( )

3 2교시 수업이 끝나는 시각은 몇 시 몇 분인가요?

( )

 쌍둥이

2-1 은지네 학교에서는 40분 동안 수업을 하고 10분씩 쉽니다. 1교시를 9시 30분에 시작하였다면 3교시 수업을 시작하는 시각은 몇 시 몇 분인가요?

답 ___________________

 변형

2-2 지윤이네 가족이 뮤지컬을 보기 위해 극장에 도착하여 45분을 기다렸습니다. 뮤지컬을 본 시간은 2시간 50분이고, 중간에 20분 쉬는 시간이 있었습니다. 극장에 도착한 시각이 2시 30분일 때 뮤지컬이 끝나는 시각은 몇 시 몇 분인가요?

답 ___________________

심화 3 낮과 밤의 길이의 차 구하기
하루의 시간을 이용하여 낮의 길이 또는 밤의 길이를 구해 보자!

◆ 동지는 1년 중에 밤이 가장 길고 낮이 가장 짧은 날입니다. 어느 해 동지의 낮의 길이가 9시간 35분이었을 때 이날 밤의 길이는 낮의 길이보다 몇 시간 몇 분 더 긴가요?

문제해결

1 하루는 몇 시간인가요?

(   )

2 동지의 밤의 길이는 몇 시간 몇 분인가요?

(   )

3 동지의 밤의 길이는 낮의 길이보다 몇 시간 몇 분 더 긴가요?

(   )

쌍둥이

3-1 하지는 1년 중 낮이 가장 길고 밤이 가장 짧은 날입니다. 어느 해 하지의 낮의 길이가 14시간 10분이었을 때 이날 밤의 길이는 낮의 길이보다 몇 시간 몇 분 더 짧은가요?

답 _______________

변형

3-2  어느 날 해가 뜬 시각과 해가 진 시각을 나타낸 표입니다. 이날 낮의 길이는 밤의 길이보다 몇 시간 몇 분 몇 초 더 긴가요?

해가 뜬 시각	오전 5시 28분 35초
해가 진 시각	오후 7시 43분 15초

답 _______________

5 길이와 시간

심화 4

적어도 얼마만큼 가야 하는지 거리 구하기

두 지점 사이의 가장 짧은 길을 찾아보자!

◆ 윤우가 집에서 출발하여 놀이터까지 길을 따라가려고 합니다. 적어도 몇 km 몇 m를 가야 놀이터에 도착할 수 있는지 구하세요.

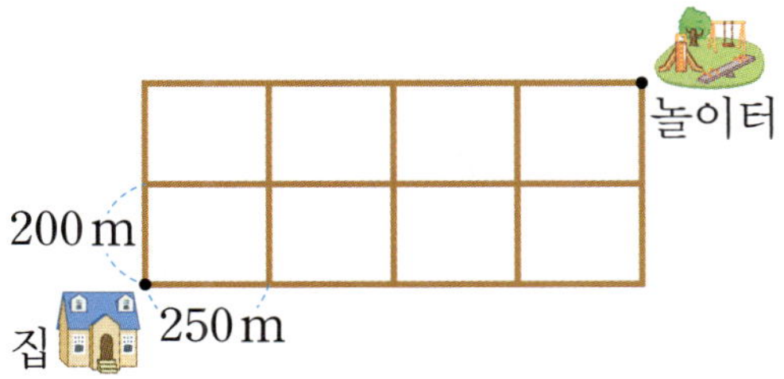

문제해결

1 □ 안에 알맞은 수를 써넣으세요.

> 집에서 놀이터까지 가려면 적어도 가로로 □칸, 세로로 □칸을 가야 합니다.

2 집에서 출발하여 적어도 몇 km 몇 m를 가야 놀이터에 도착할 수 있는지 구하세요.

( )

4-1 이서가 집에서 출발하여 학교까지 길을 따라가려고 합니다. 적어도 몇 km 몇 m를 가야 학교에 도착할 수 있는지 구하세요.

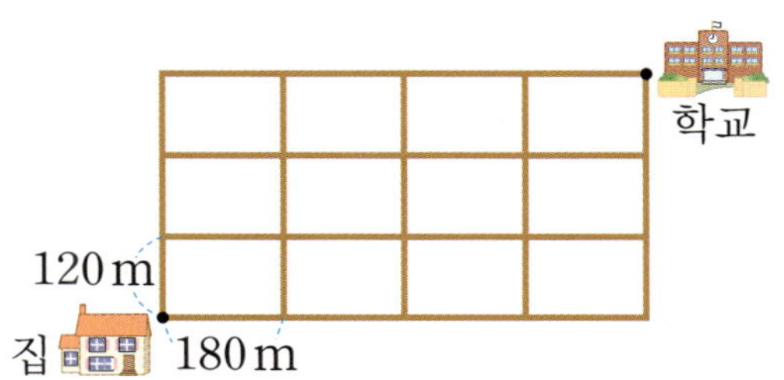

답 _______________

4-2 선우가 마을 지도에 길을 표시하려고 합니다. 집에서 출발하여 정류장을 거쳐 병원까지 가는 길을 따라 선을 그을 때 적어도 몇 mm를 그어야 하는지 구하세요.

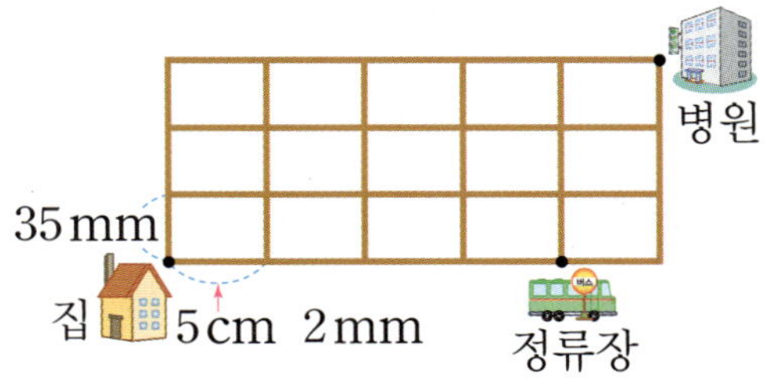

답 _______________

심화 5

고장난 시계의 시각 구하기

정확한 시각에 빨라진 시간만큼 더하고, 느려진 시간만큼 빼자!

◆ 하루에 9초씩 빨라지는 시계를 오늘 오전 7시에 정확히 맞추어 놓았습니다. 일주일 후 오전 7시에 이 시계가 가리키는 시각은 오전 몇 시 몇 분 몇 초인가요?

문제해결

1 일주일은 며칠인가요?

(   )

2 일주일 동안 이 시계가 빨라지는 시간은 몇 분 몇 초인가요?

(   )

3 일주일 후 오전 7시에 이 시계가 가리키는 시각은 오전 몇 시 몇 분 몇 초인가요?

(   )

5-1 하루에 10초씩 느려지는 시계를 오늘 오전 10시에 정확히 맞추어 놓았습니다. 일주일 후 오전 10시에 이 시계가 가리키는 시각은 오전 몇 시 몇 분 몇 초인가요?

답 _______________

5-2 ▶동영상 한 시간에 7초씩 느려지는 시계가 있습니다. 이 시계를 오늘 오전 9시에 정확하게 맞추어 놓았다면 다음 날 오후 9시에 이 시계가 가리키는 시각은 오후 몇 시 몇 분 몇 초인가요?

답 _______________

심화 6

출발 시각 구하기

출발 시각은 약속한 시각에서 걸리는 시간을 빼서 구해!

◆ 연주는 11시 30분에 친구를 만나기로 했습니다. 약속 장소까지 35분이 걸릴 때 연주가 약속한 시각에 정확히 도착하려면 지금 시각에서 몇 분 몇 초 후에 출발해야 하나요?

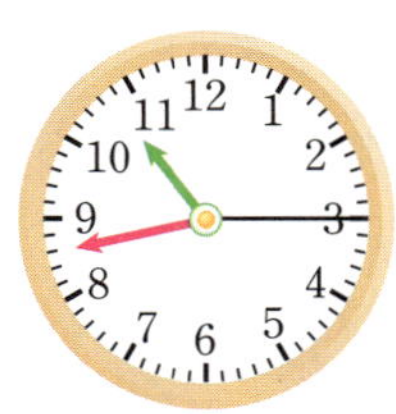
지금 시각

문제해결

1 지금 시각은 몇 시 몇 분 몇 초인가요?

( )

2 약속한 시각에 정확히 도착하려면 몇 시 몇 분에 출발해야 하나요?

( )

3 약속한 시각에 정확히 도착하려면 지금 시각에서 몇 분 몇 초 후에 출발해야 하나요?

( )

 쌍둥이

6-1 성호는 2시 25분에 친구를 만나기로 했습니다. 약속 장소까지 50분이 걸릴 때 성호가 약속한 시각에 정확히 도착하려면 지금 시각에서 몇 분 몇 초 후에 출발해야 하나요?

지금 시각

답 _______________

 변형

6-2 지금 시각은 7시 27분 32초입니다. 수정이는 집에서 출발하여 공원을 지나 약속 장소에 가려고 합니다. 수정이네 집에서 공원까지 25분이 걸리고, 공원에서 약속 장소까지 30분이 걸릴 때 약속 장소에서 만나기로 한 시각에 정확히 도착하려면 지금 시각에서 몇 분 몇 초 후에 출발해야 하나요?

약속 장소에서
만나기로 한 시각

답 _______________

1 산의 높이를 나타낸 것입니다. 높은 산부터 순서대로 이름을 쓰세요.

설악산	속리산	덕유산	함백산
1 km 708 m	1058 m	1 km 614 m	1573 m

(   )

2 ㉠에서 ㉢까지의 거리는 몇 km 몇 m인지 구하세요.

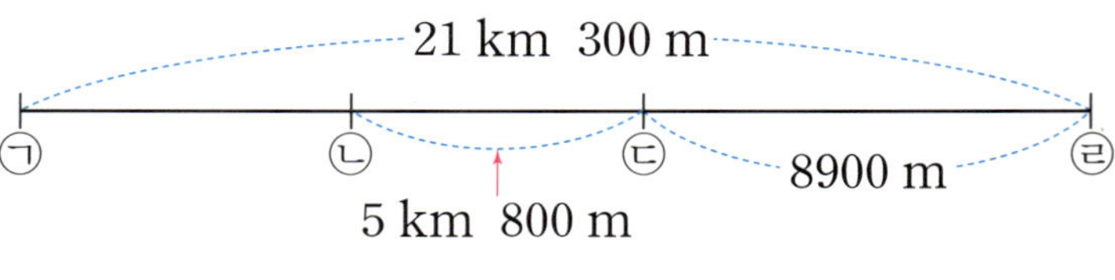

(   )

3 어떤 양초에 불을 붙이고 8분 후에 길이를 재어 보니 21 cm 5 mm였습니다. 이 양초가 1분에 8 mm씩 일정하게 탄다면 처음 양초의 길이는 몇 cm 몇 mm인지 구하세요.

(   )

4 오른쪽 시계는 민우가 피아노 연습을 끝낸 시각을 나타낸 것입니다. 민우가 피아노 연습을 115분 35초 동안 했다면 피아노 연습을 시작한 시각은 몇 시 몇 분 몇 초인지 구하세요.

(   )

5 현서가 줄넘기와 달리기 연습을 시작한 시각과 끝낸 시각을 각각 나타낸 표입니다. 현서가 달리기 연습을 한 시간은 줄넘기 연습을 한 시간보다 몇 분 더 긴지 구하세요.

	줄넘기 연습	달리기 연습
시작한 시각	오전 9시 10분	오후 3시 45분
끝낸 시각	오전 10시 25분	오후 5시 15분

(   )

6 민속촌에서 체험할 수 있는 놀이의 체험 시간을 나타낸 것입니다. 은아가 한 시간 안에 3가지 체험을 하려고 할 때 선택할 수 있는 경우는 모두 몇 가지인지 구하세요.

제기차기	투호놀이	팽이치기	윷놀이	구슬치기
20분 30초	15분 50초	18분 40초	35분	25분 20초

(   )

BOOK ❷ 18~23쪽에서 경시대회 문제 도전!

1 과자의 길이는 몇 mm인가요?

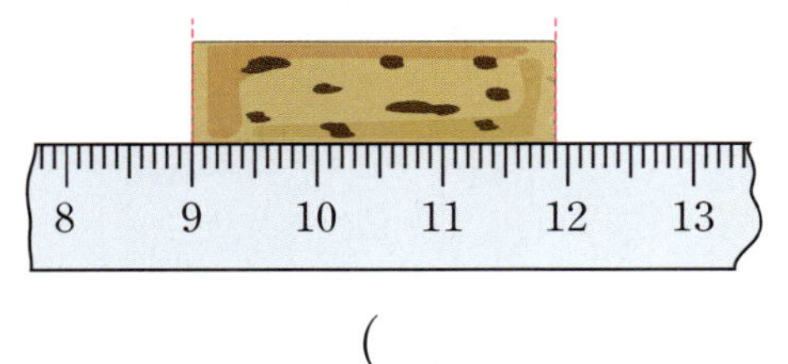

(   )

2 단위 사이의 관계를 <u>잘못</u> 나타낸 것은 어느 것인가요? (   )

① 4 cm 5 mm＝45 mm
② 61 mm＝6 cm 1 mm
③ 9 km＝9000 m
④ 1 km 170 m＝1170 m
⑤ 2030 m＝2 km 300 m

3 보기 에서 알맞은 단위를 찾아 □ 안에 써넣으세요.

보기

| km | m | cm | mm |

(1) 서울에서 부산까지의 거리는 약 330 □ 입니다.

(2) 동화책의 두께는 약 7 □ 입니다.

(3) 칫솔의 길이는 약 14 □ 입니다.

4 민수는 집에서 출발하여 1 km 3 m를 걸어서 생선 가게에 도착했습니다. 민수네 집에서 생선 가게까지의 거리는 몇 m인가요?

(   )

5 시간의 단위를 바르게 사용하여 말한 사람의 이름을 쓰세요.

> 효원: 박수를 한 번 치는 데 1분이 걸렸어.
> 민재: 동화책을 읽는 데 1시간이 걸렸어.

(   )

6 시간이 긴 것부터 순서대로 기호를 쓰세요.

> ㉠ 165초   ㉡ 2분 13초
> ㉢ 186초   ㉣ 3분

(   )

7 시계가 나타내는 시각에서 2시간 24분 40초 후의 시각은 몇 시 몇 분 몇 초인지 구하세요.

(   )

8 4시 45분＋3분 12초를 잘못 계산한 것입니다. 바르게 계산해 보세요.

$$
\begin{array}{r}
4\text{시} \quad 45\text{분} \\
+ \ 3\text{분} \quad 12\text{초} \\
\hline
7\text{시} \quad 57\text{분}
\end{array}
$$
→ □

9 어느 지역에 월요일부터 목요일까지 내린 비의 양을 조사한 것입니다. 비가 가장 많이 내린 날은 무슨 요일인지 쓰세요.

월요일	화요일	수요일	목요일
비	비	비	비
71 mm	7 cm 5 mm	58 mm	6 cm 9 mm

(   )

10 조명이 6시 24분에 켜져서 18시 8분에 꺼졌습니다. 조명이 켜져 있던 시간은 몇 시간 몇 분인가요?

(   )

🖊 서술형

11 버스 정류장에서 가까운 순서대로 장소의 이름을 쓰려고 합니다. 풀이 과정을 쓰고 답을 구하세요.

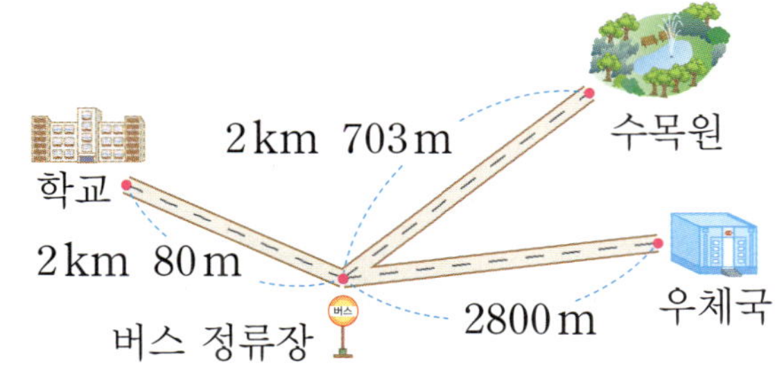

풀이

답 ___________________

12 가장 긴 길이와 가장 짧은 길이의 차는 몇 cm 몇 mm인가요?

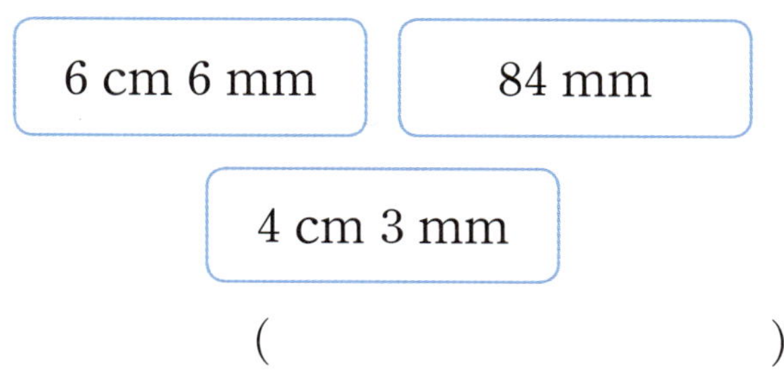

(   )

13 슬기는 집안일을 도우려고 합니다. 집안일을 하는 데 걸리는 시간이 한 시간이 넘지 않도록 2가지를 선택해 쓰세요.

방 청소하기	빨래하기	설거지하기
35분	28분 10초	25분 30초

(   )

🖊 서술형

14 어느 날 해가 뜬 시각은 오전 6시 54분 30초였고, 해가 진 시각은 오후 7시 10분 8초였습니다. 이날 밤의 길이는 몇 시간 몇 분 몇 초인지 풀이 과정을 쓰고 답을 구하세요.

풀이

답 ___________________

6

분수와
소수

6단원의 대표 심화 유형

- 학습한 후에 이해가 부족한 유형에 체크하고 한 번 더 공부해 보세요.

01 색칠한 부분을 분수와 소수로 나타내기 … ✓

02 남은 부분을 소수로 나타내기 ………… ✓

03 □ 안에 공통으로 들어갈 수 있는 수 구하기 ✓

04 남은 날수 구하기 ……………………… ✓

05 수 카드로 소수 만들기 ………………… ✓

06 조건을 만족하는 소수 구하기 …………… ✓

큐알 코드를 찍으면 개념 학습 영상과 문제 풀이 영상을 볼 수 있어요.

개념 1 똑같이 나누기

1. 똑같이 나누기

(예) 똑같이 넷으로 나누기

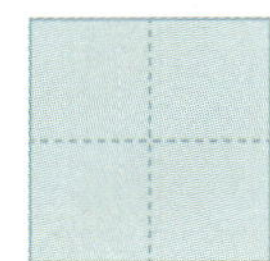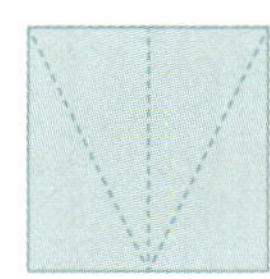

나누어진 조각의 **모양과 크기가 같습니다**.

2. 똑같이 나누어진 도형 찾기

가 나 다

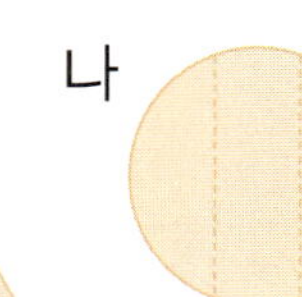

똑같이 나누어진 도형	똑같이 나누어지지 않은 도형
가, 다	나

개념 2 분수

1. 색칠한 부분은 전체의 얼마인지 알아보기

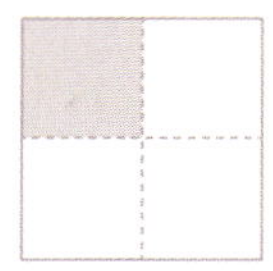 색칠한 부분은 전체를 똑같이 4로 나눈 것 중의 1입니다.

2. 분수 알아보기

(예) 전체를 똑같이 **4**로 나눈 것 중의 **3**

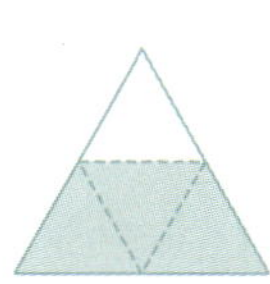

쓰기 ▶ $\dfrac{3}{4}$ ← 분자 ─ 가로선 위의 수
         ← 분모 ─ 가로선 아래의 수

읽기 ▶ **4**분의 **3**

$\dfrac{1}{2},\ \dfrac{2}{3},\ \dfrac{3}{4}$ 과 같은 수를 **분수**라고 합니다.

3. 색칠한 부분과 색칠하지 않은 부분을 분수로 나타내기

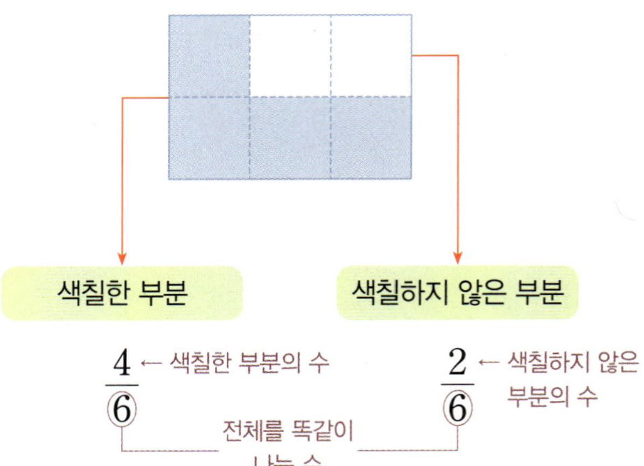

색칠한 부분   색칠하지 않은 부분

$\dfrac{4}{6}$ ← 색칠한 부분의 수 $\dfrac{2}{6}$ ← 색칠하지 않은 부분의 수

└ 전체를 똑같이 나눈 수 ┘

4. 남은 부분과 먹은 부분을 분수로 나타내기

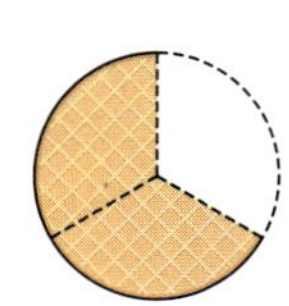

남은 부분: 전체의 $\dfrac{2}{3}$

먹은 부분: 전체의 $\dfrac{1}{3}$

5. 부분을 보고 전체 알아보기

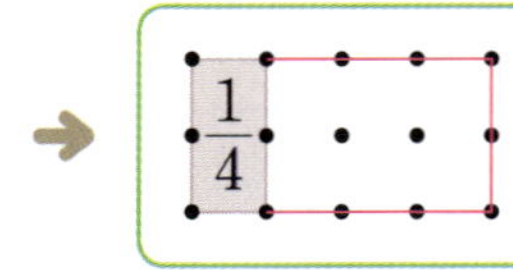

개념 3 단위분수의 크기 비교하기

- **단위분수**: 분수 중에서 $\frac{1}{2}$, $\frac{1}{3}$, $\frac{1}{4}$, $\frac{1}{5}$과 같이 **분자가 1인 분수**

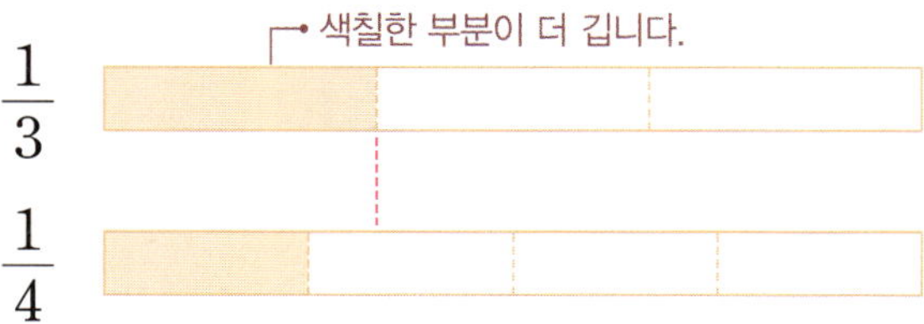

예 $\frac{1}{3}$과 $\frac{1}{4}$의 크기 비교

색칠한 부분이 더 깁니다.

$\frac{1}{3}$

$\frac{1}{4}$

→ 색칠한 부분을 비교하면 $\frac{1}{3} > \frac{1}{4}$입니다.

$3 < 4$

단위분수는 분모가 작을수록 더 큽니다.

개념 4 분모가 같은 분수의 크기 비교하기

예 $\frac{4}{6}$와 $\frac{3}{6}$의 크기 비교

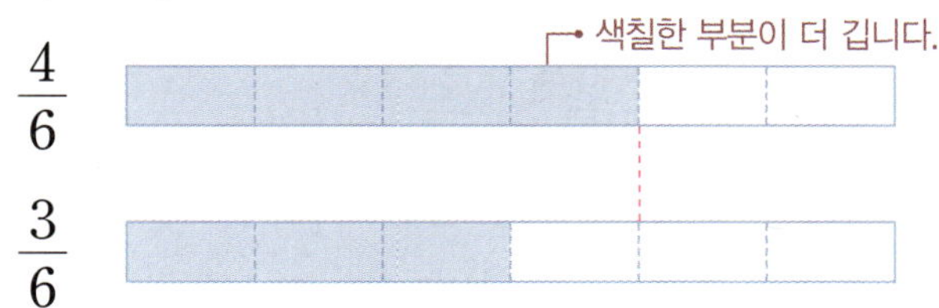

색칠한 부분이 더 깁니다.

$\frac{4}{6}$

$\frac{3}{6}$

$\frac{4}{6}$는 $\frac{1}{6}$이 4개이고, $\frac{3}{6}$은 $\frac{1}{6}$이 3개입니다.

→ $4 > 3$이므로 $\frac{4}{6} > \frac{3}{6}$입니다.

분모가 같은 분수는 분자가 클수록 더 큽니다.

개념 5 1보다 작은 소수

1. 0.1 알아보기

전체를 똑같이 10으로 나눈 것 중의 1은 $\frac{1}{10}$이고 0.1이라 씁니다.

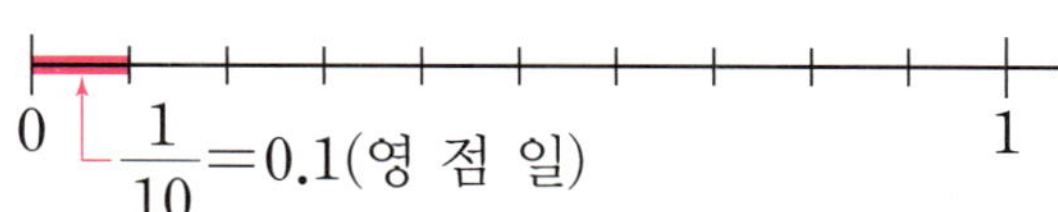

0　$\frac{1}{10} = 0.1$(영 점 일)　1

2. 소수 알아보기

- **소수**: **0.1, 0.2, 0.3**과 같은 수
- **소수점**: **0.1, 0.2, 0.3**에서 '**·**'

분수	소수	분수	소수	분수	소수
$\frac{1}{10}$	0.1 영 점 일	$\frac{2}{10}$	0.2 영 점 이	$\frac{3}{10}$	0.3 영 점 삼
$\frac{4}{10}$	0.4 영 점 사	$\frac{5}{10}$	0.5 영 점 오	$\frac{6}{10}$	0.6 영 점 육
$\frac{7}{10}$	0.7 영 점 칠	$\frac{8}{10}$	0.8 영 점 팔	$\frac{9}{10}$	0.9 영 점 구

3. 수직선에 분수와 소수 나타내기

0　$\frac{1}{10}$　$\frac{2}{10}$　$\frac{3}{10}$　$\frac{4}{10}$　$\frac{5}{10}$　$\frac{6}{10}$　$\frac{7}{10}$　$\frac{8}{10}$　$\frac{9}{10}$　1

0　0.1　0.2　0.3　0.4　0.5　0.6　0.7　0.8　0.9　1

참고 0.1이 10개이면 전체가 되므로 1로 나타냅니다.

개념 6 　1보다 큰 소수

1. 막대의 길이를 소수로 나타내기

(1) 막대의 길이는 **4 cm**보다 **9 mm** 더 깁니다.

(2) 1 mm＝0.1 cm입니다.

　➔ **9 mm＝0.9 cm**

(3) **4 cm**와 **0.9 cm**이므로 막대의 길이는 **4.9 cm**입니다.

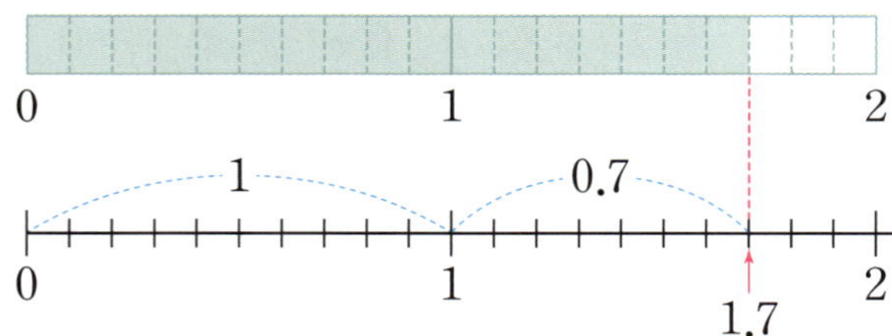

2. 색칠한 부분을 소수로 나타내기

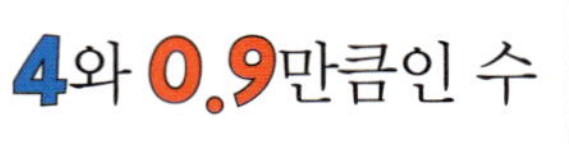

(1) 1과 0.7만큼이므로 1.7입니다.

(2) 0.1이 17개이므로 1.7입니다.

참고 ➔ 0.1이 10개이면 1로 바꾸어 소수점의 왼쪽에 쓰고 1보다 작은 부분은 소수점의 오른쪽에 씁니다.

개념 7 　소수의 크기 비교하기

1. 소수점 왼쪽의 수가 같은 소수의 크기 비교

예 0.2와 0.4의 크기 비교

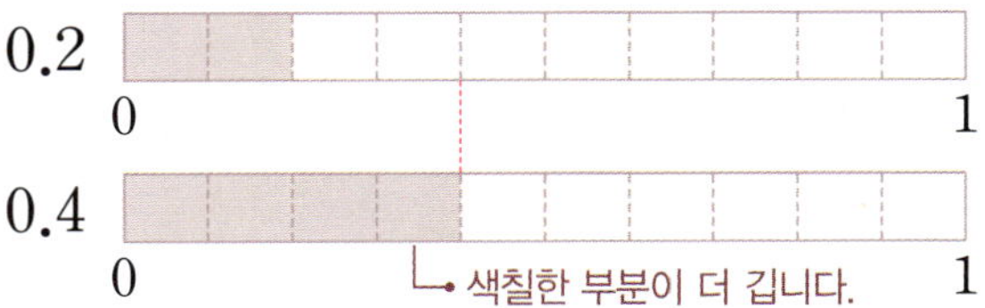

┌ 0.2는 0.1이 2개입니다.
└ 0.4는 0.1이 4개입니다.

➔ 2＜4이므로 0.2＜0.4입니다.

2. 소수점 왼쪽의 수가 다른 소수의 크기 비교

예 1.8과 2.3의 크기 비교

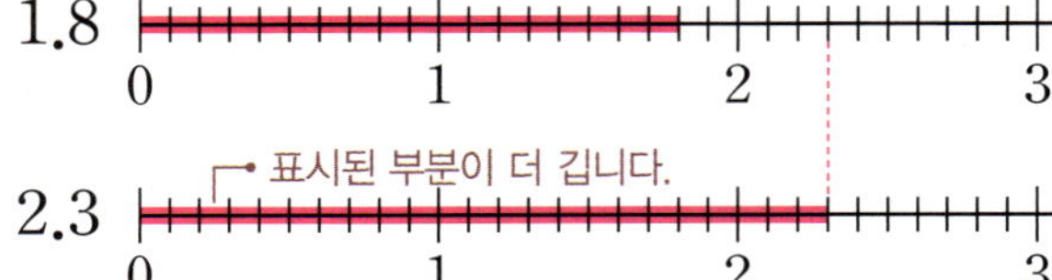

┌ 1.8은 0.1이 18개입니다.
└ 2.3은 0.1이 23개입니다.

➔ 18＜23이므로 1.8＜2.3입니다.

• 소수의 크기를 비교하는 방법

① 소수점을 기준으로 왼쪽에 있는 수가 클수록 더 큽니다.

　예 $4.1 > 3.2$
　　　└ $4 > 3$ ┘

② 소수점을 기준으로 왼쪽에 있는 수가 같으면 오른쪽에 있는 수가 클수록 더 큽니다.

　예 $2.5 < 2.7$
　　　└ $5 < 7$ ┘

6
분수와 소수

1^{단계} 기본 유형 연습

1 똑같이 나누기

1 똑같이 나누어진 피자를 모두 찾아 ○표 하세요.

( ) ( ) ( )

2 똑같이 몇 조각으로 나누었나요?

(1)
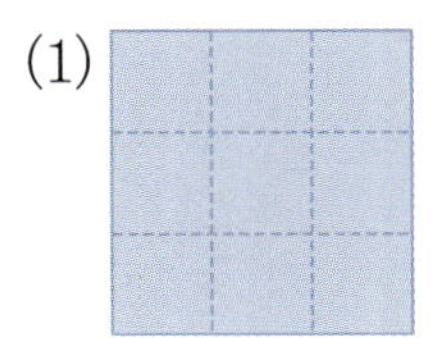

꼭 단위까지 따라 쓰세요.

(조각)

(2)
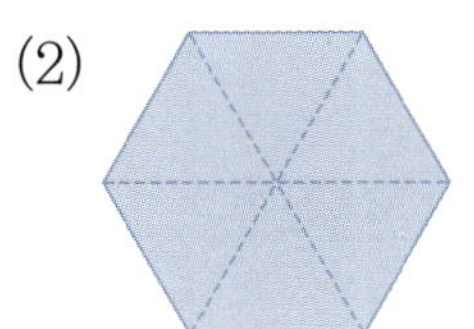

(조각)

3 똑같이 셋으로 나누어진 도형을 모두 고르세요. ( )

① 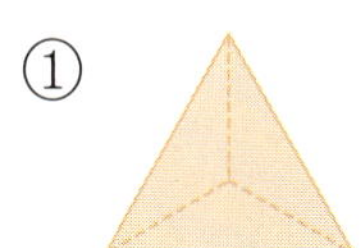 ② 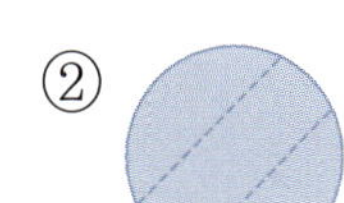 ③ 

④  ⑤ 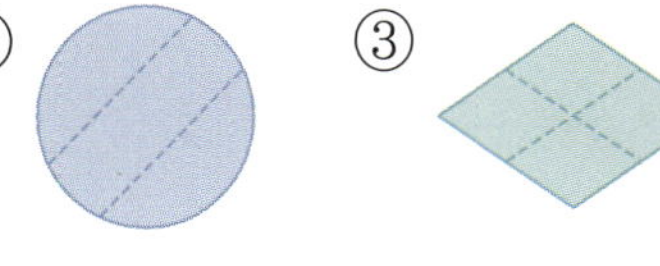

4 똑같이 나누어진 도형을 모두 찾아 기호를 쓰세요.

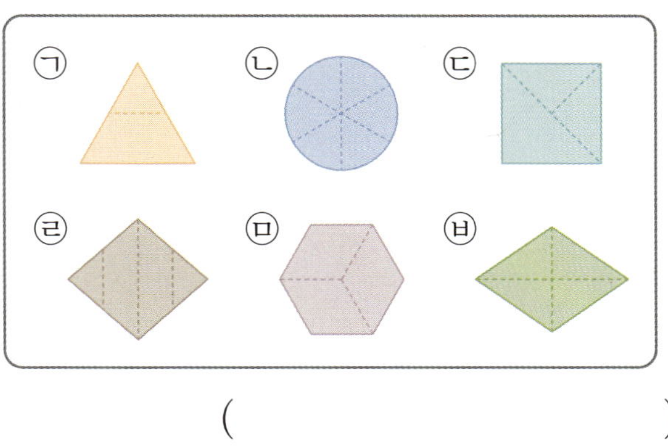

( )

[5~6] 점을 이용하여 도형을 주어진 수만큼 똑같이 나누어 보세요.

5
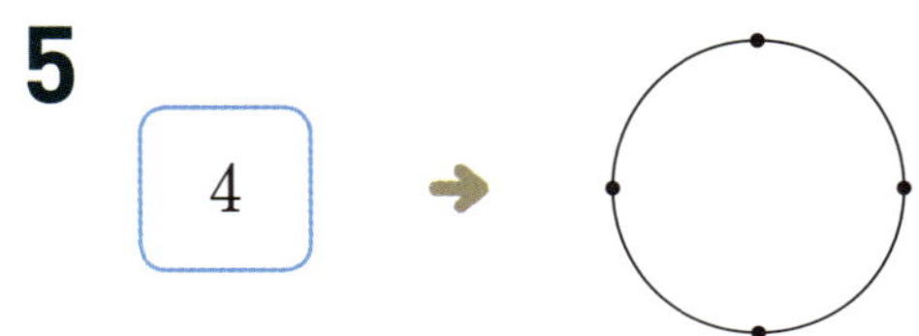
4 →

6
5 →

서술형

7 대화를 읽고 민재가 그렇게 생각한 까닭을 쓰세요.

까닭 ________________________

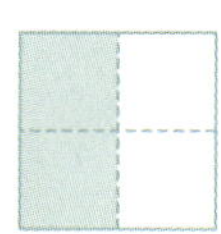 기본 유형 연습

2　분수

8　그림을 보고 □ 안에 알맞은 수를 써넣으세요.

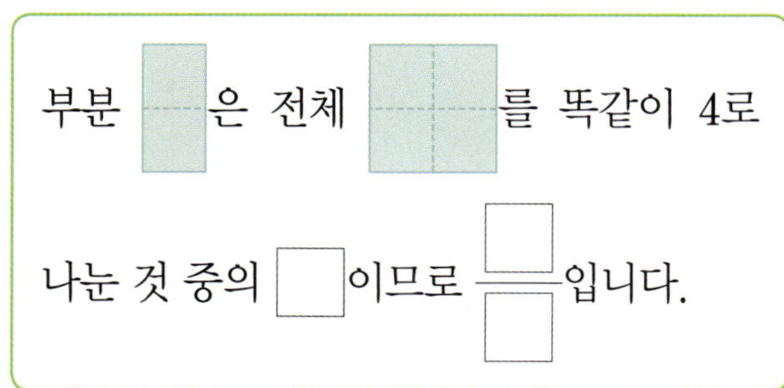

부분 ▯ 은 전체 ▥ 를 똑같이 4로

나눈 것 중의 □ 이므로 □/□ 입니다.

9　색칠한 부분은 전체의 얼마인지 분수로 쓰고 읽어 보세요.

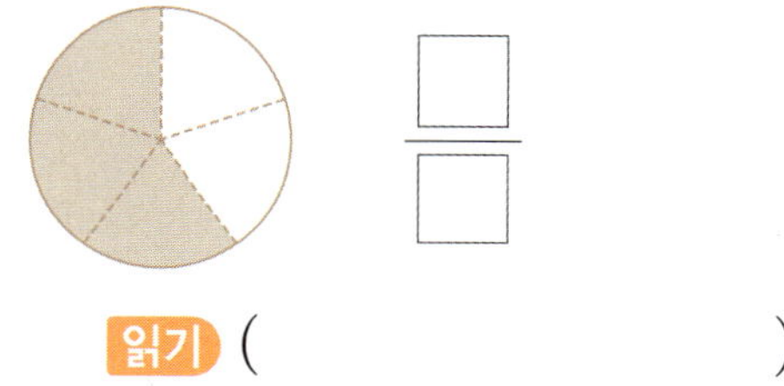

읽기 (　　　　　　　　)

10　관계있는 것끼리 이어 보세요.

$\dfrac{4}{5}$　　$\dfrac{3}{8}$　　$\dfrac{2}{6}$

・　　・　　・

・　　・　　・

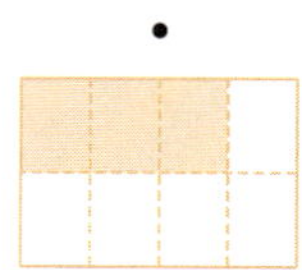　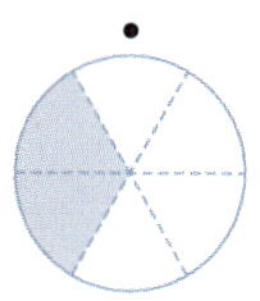　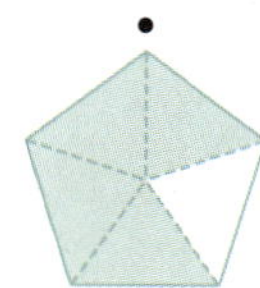

11　주어진 분수만큼 색칠하고, 색칠하지 않은 부분을 분수로 나타내 보세요.

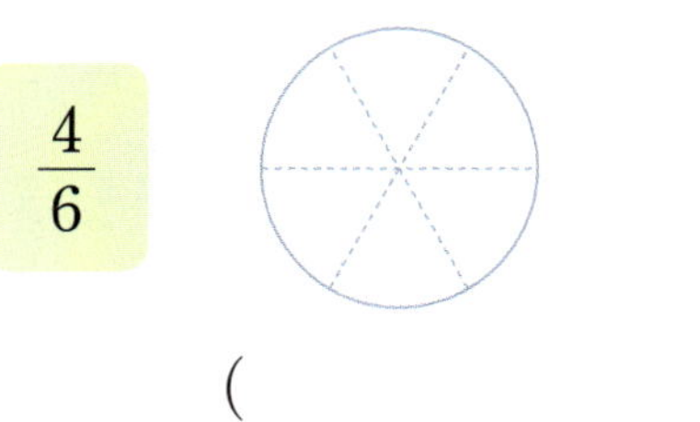

$\dfrac{4}{6}$

(　　　　　　　　)

🔵 연결

12　이탈리아 국기에서 흰색 부분은 전체의 얼마인지 분수로 쓰고 읽어 보세요.

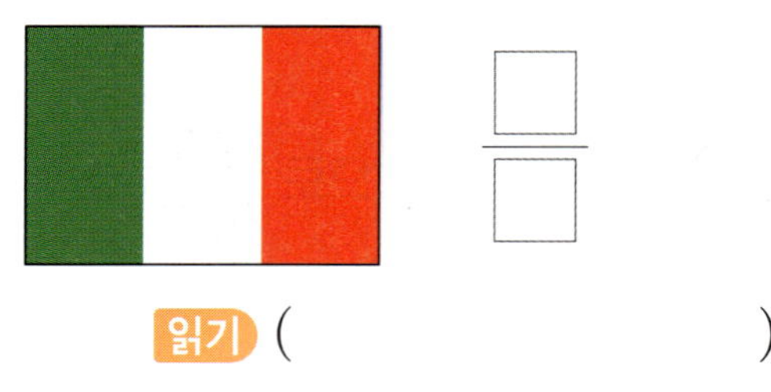

읽기 (　　　　　　　　)

13　$\dfrac{3}{4}$ 만큼 색칠한 것을 모두 고르세요.

(　　　　　　　　)

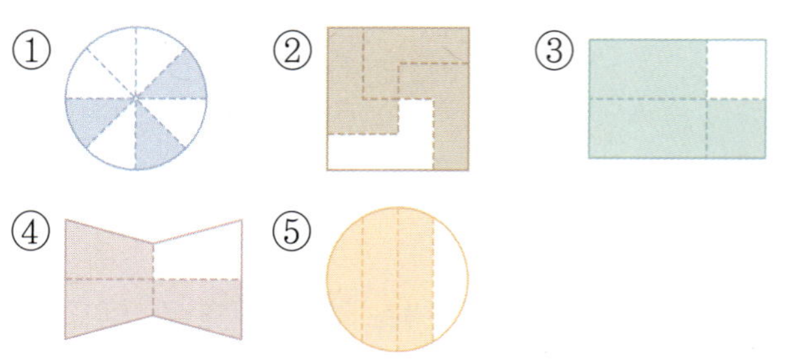

① 　② 　③ 　④ 　⑤

14　연지가 떡을 똑같이 7조각으로 나눈 것 중에서 3조각을 먹었습니다. 연지가 먹은 떡의 양은 전체의 얼마인지 분수로 나타내 보세요.

(　　　　　　　　)

3 단위분수의 크기 비교하기

15 $\dfrac{1}{6}$과 $\dfrac{1}{8}$을 수직선에 ━로 나타내고, 알맞은 말에 ○표 하세요.

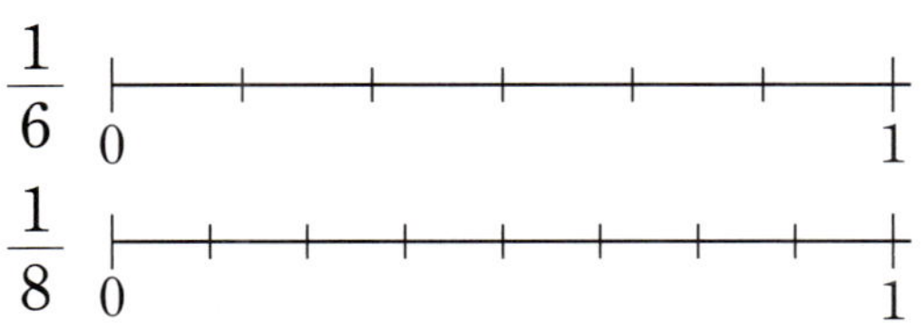

$\dfrac{1}{6}$은 $\dfrac{1}{8}$보다 더 (큽니다 , 작습니다).

16 주어진 분수만큼 색칠하고, ○ 안에 $>$, $=$, $<$ 중 알맞은 것을 써넣으세요.

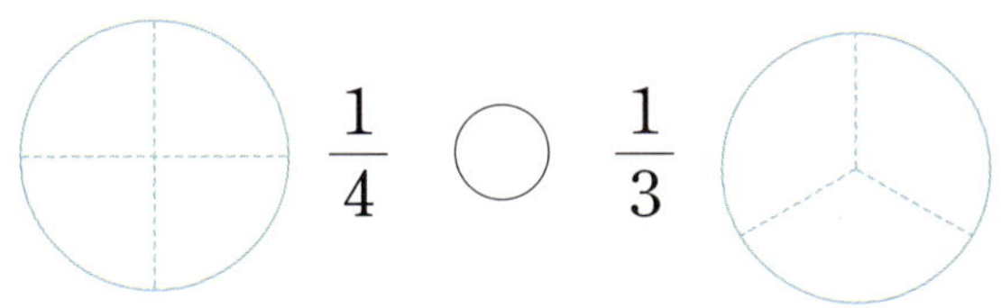

$\dfrac{1}{4}$ ○ $\dfrac{1}{3}$

17 빈칸에 더 작은 분수를 써넣으세요.

$\dfrac{1}{13}$	$\dfrac{1}{9}$

18 분수의 크기를 바르게 비교한 것의 기호를 쓰세요.

ⓐ $\dfrac{1}{2} < \dfrac{1}{3}$ ⓑ $\dfrac{1}{10} > \dfrac{1}{12}$

(   )

19 $\dfrac{1}{11}$보다 큰 분수를 말한 사람의 이름을 쓰세요.

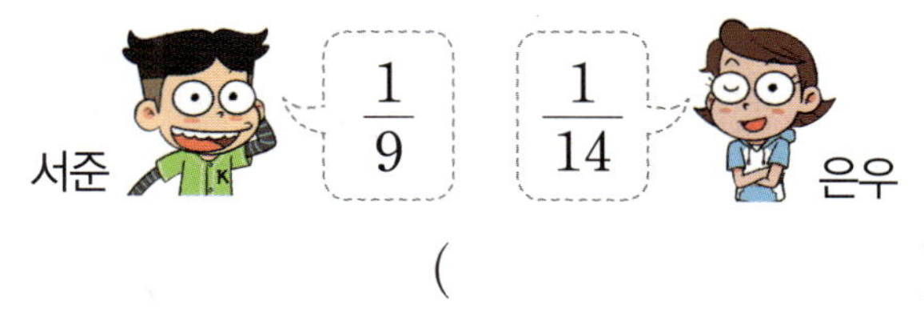

(   )

20 가장 작은 분수에 △표 하세요.

$\dfrac{1}{4}$ $\dfrac{1}{7}$ $\dfrac{1}{2}$ $\dfrac{1}{8}$

21 리본을 정현이는 $\dfrac{1}{15}$ m, 민수는 $\dfrac{1}{12}$ m 가지고 있습니다. 더 긴 리본을 가지고 있는 사람은 누구인가요?

(   )

문제 해결

22 1부터 9까지의 수 중에서 □ 안에 들어갈 수 있는 수를 모두 쓰세요.

$\dfrac{1}{5} > \dfrac{1}{\square} > \dfrac{1}{9}$

(   )

6

분수와 소수

139

4 분모가 같은 분수의 크기 비교하기

23 □ 안에 알맞은 수를 써넣고, 알맞은 말에 ○표 하세요.

$\dfrac{4}{5}$는 $\dfrac{1}{5}$이 □개입니다.

$\dfrac{3}{5}$은 $\dfrac{1}{5}$이 □개입니다.

➡ $\dfrac{4}{5}$는 $\dfrac{3}{5}$보다 더 (큽니다 , 작습니다).

24 주어진 분수만큼 색칠하고, ○ 안에 >, =, < 중 알맞은 것을 써넣으세요.

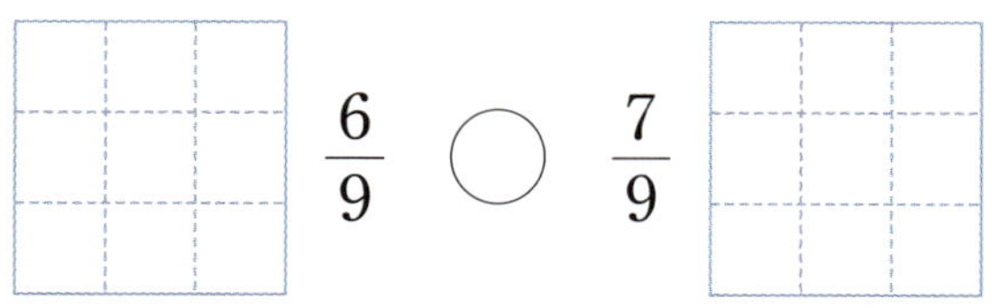

$\dfrac{6}{9}$ ○ $\dfrac{7}{9}$

25 분수의 크기를 비교하여 ○ 안에 >, =, < 중 알맞은 것을 써넣으세요.

$\dfrac{2}{3}$ ○ $\dfrac{1}{3}$

26 더 큰 분수의 기호를 쓰세요.

| ㉠ $\dfrac{1}{12}$이 7개인 수 | ㉡ $\dfrac{5}{12}$ |

( )

27 동물원과 수목원 중 기차역에서 더 가까운 곳은 어디인가요?

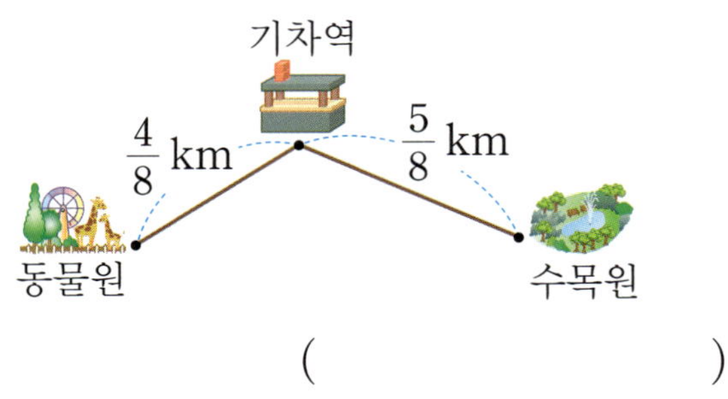

( )

28 가장 큰 분수를 찾아 쓰세요.

| $\dfrac{3}{6}$ | $\dfrac{5}{6}$ | $\dfrac{2}{6}$ |

( )

29 $\dfrac{11}{14}$ 보다 작은 분수는 모두 몇 개인가요?

| $\dfrac{9}{14}$ | $\dfrac{12}{14}$ | $\dfrac{10}{14}$ | $\dfrac{6}{14}$ |

꼭 단위까지 따라 쓰세요.

(개)

30 같은 크기의 사과를 각각 연주는 전체의 $\dfrac{2}{4}$만큼, 도희는 전체의 $\dfrac{3}{4}$만큼 먹었습니다. 사과를 더 많이 먹은 사람은 누구인가요?

( )

6 분수와 소수

5 1보다 작은 소수

31 □ 안에 알맞은 분수 또는 소수를 써넣으세요.

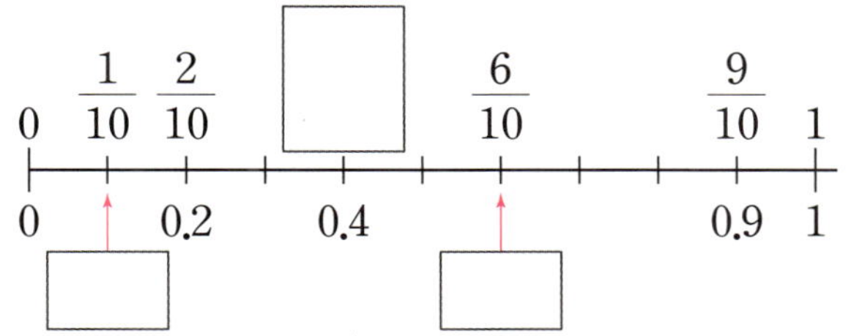

32 색칠한 부분을 분수와 소수로 나타내 보세요.

(1)
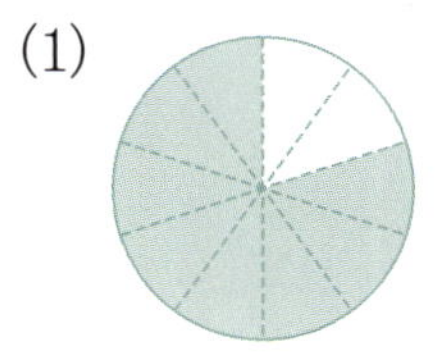

분수	소수

(2)
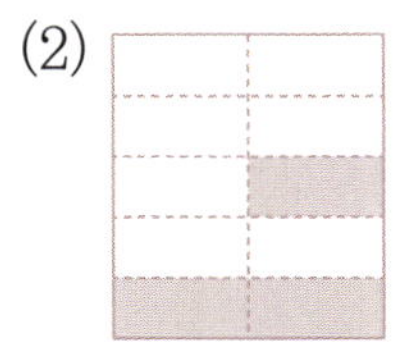

분수	소수

33 관계있는 것끼리 이어 보세요.

$\dfrac{9}{10}$ · · 0.5 · · 영 점 오

$\dfrac{5}{10}$ · · 0.9 · · 영 점 구

$\dfrac{2}{10}$ · · 0.2 · · 영 점 이

34 □ 안에 알맞은 수를 써넣으세요.

(1) 0.1이 2개이면 □ 입니다.

(2) $\dfrac{1}{10}$ 이 □ 개이면 0.7입니다.

35 예림이는 색 테이프를 $\dfrac{4}{10}$ m 사용했습니다. 사용한 색 테이프의 길이는 몇 m인지 소수로 나타내 보세요.

꼭 단위까지 따라 쓰세요.

(m   )

36 시후는 피자 한 판을 똑같이 10조각으로 나누어 그중 3조각을 먹었습니다. 시후가 먹은 피자는 전체의 얼마인지 소수로 나타내 보세요.

(   )

🔵 연결

37 어느 지역의 일기예보입니다. 오늘과 내일 내릴 것으로 예상되는 비의 양은 각각 몇 cm인지 소수로 나타내 보세요.

오늘 (cm   )

내일 (cm   )

6 1보다 큰 소수

38 ━━ 부분을 소수로 쓰고 읽어 보세요.

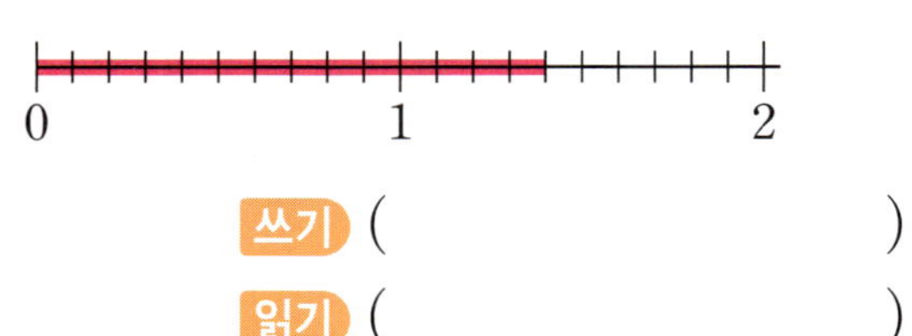

쓰기 (　　　　　　　　)

읽기 (　　　　　　　　)

39 □ 안에 알맞은 소수를 써넣으세요.

(1) 6 cm 9 mm = □ cm

(2) 83 mm = □ cm

40 □ 안에 알맞은 소수를 써넣으세요.

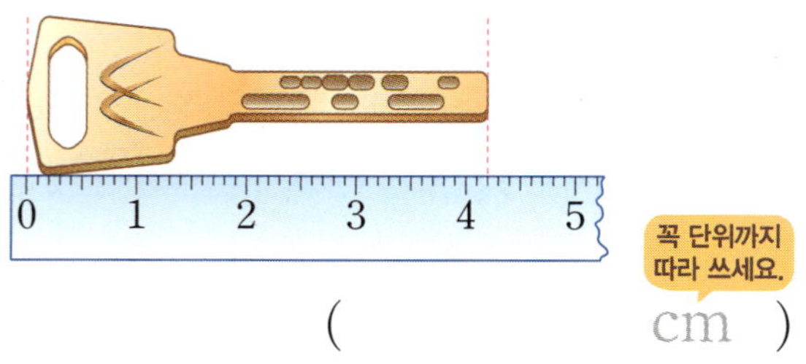

41 열쇠의 길이를 소수로 나타내면 몇 cm인가요?

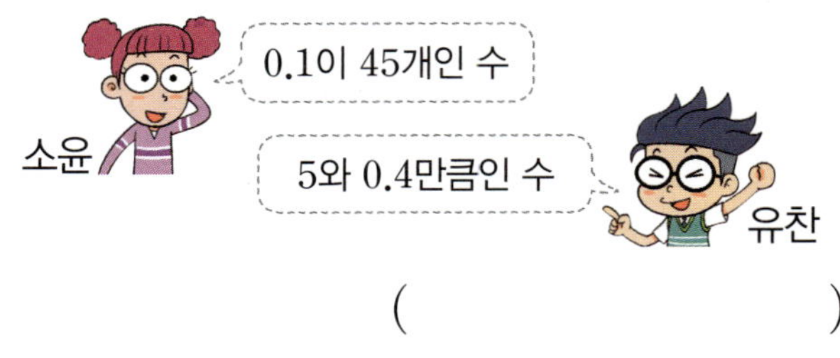

(　　　　　　　cm　)

42 4.5를 잘못 설명한 사람의 이름을 쓰세요.

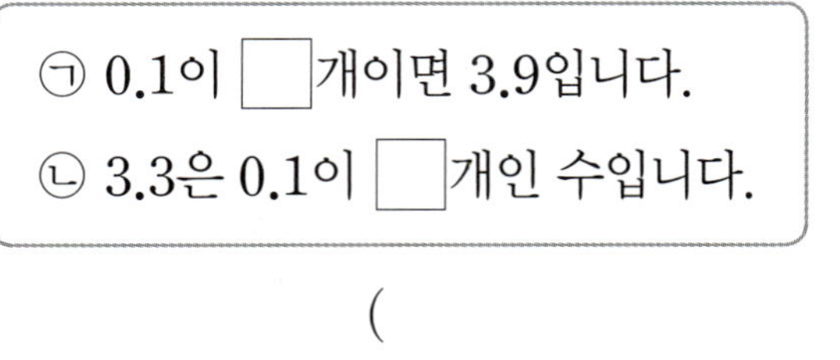

(　　　　　　　　)

43 □ 안에 들어갈 수가 더 큰 것의 기호를 쓰세요.

㉠ 0.1이 □ 개이면 3.9입니다.

㉡ 3.3은 0.1이 □ 개인 수입니다.

(　　　　　　　　)

44 현우의 신발 길이는 243 mm입니다. 현우의 신발 길이는 몇 cm인지 소수로 나타내 보세요.

(　　　　　　　cm　)

🔨 문제 해결

45 정수가 하루 동안 마신 물입니다. 정수가 하루 동안 마신 물은 모두 몇 컵인지 소수로 나타내 보세요.

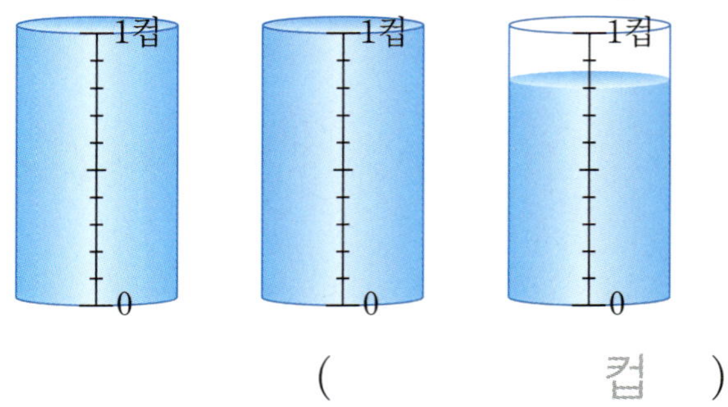

(　　　　　　　컵　)

7 소수의 크기 비교하기

46 주어진 소수만큼 색칠하고, ◯ 안에 >, =, < 중 알맞은 것을 써넣으세요.

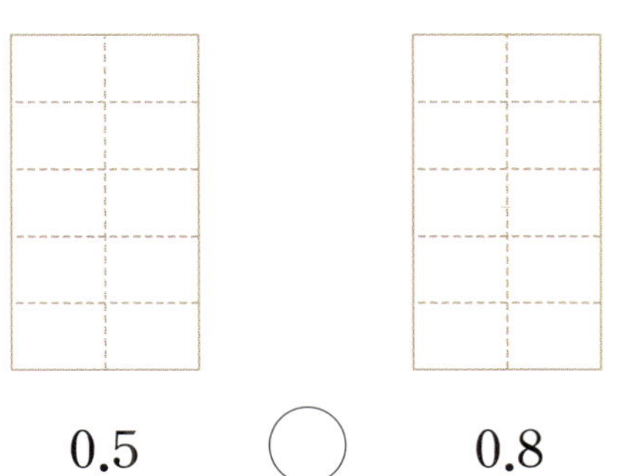

0.5 ◯ 0.8

47 주어진 소수를 수직선에 나타내고, ◯ 안에 >, =, < 중 알맞은 것을 써넣으세요.

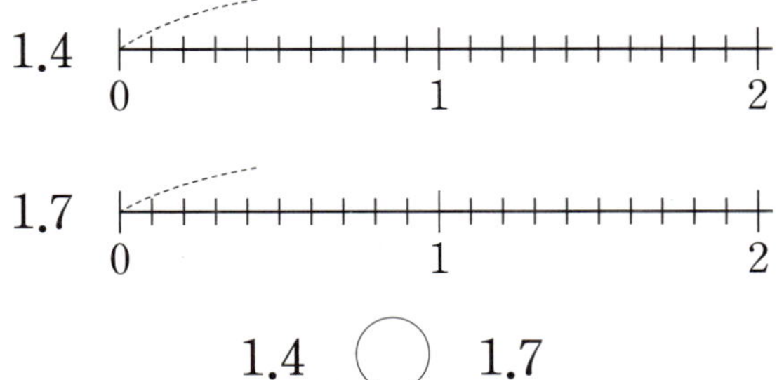

1.4 ◯ 1.7

48 크기를 비교하여 ◯ 안에 >, =, < 중 알맞은 것을 써넣으세요.

0.1이 7개인 수 ◯ 0.8

49 보기 의 소수를 □ 안에 알맞게 써넣으세요.

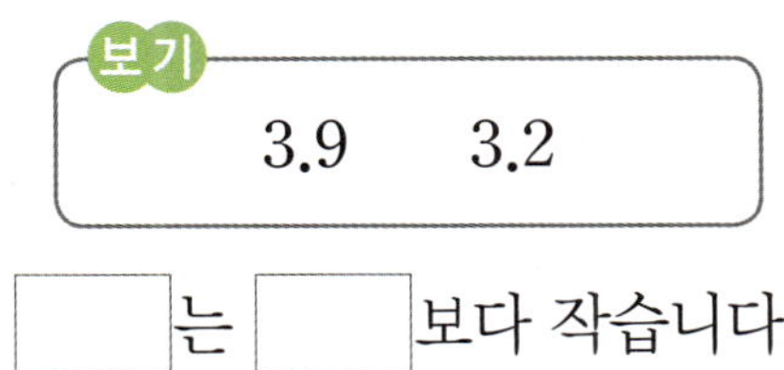

보기

3.9   3.2

□ 는 □ 보다 작습니다.

50 가장 큰 소수를 찾아 기호를 쓰세요.

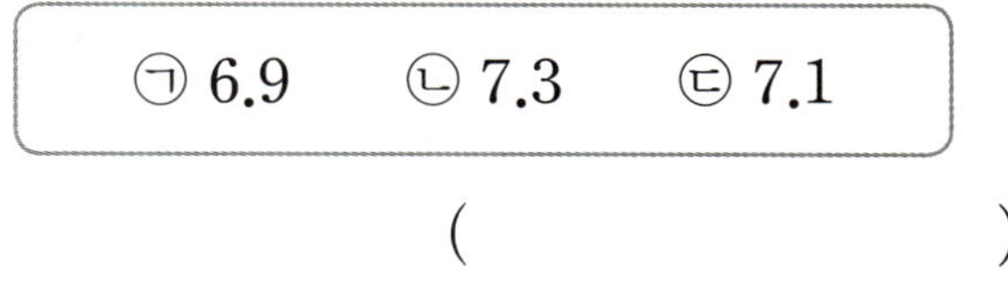

( )

51 2.8보다 작은 소수를 모두 찾아 색칠해 보세요.

3.1   2.7   4.2   0.9

52 □ 안에 들어갈 수 있는 수를 찾아 ◯표 하세요.

(1)

0.□ > 0.7 ➜ (6 , 7 , 8)

(2)

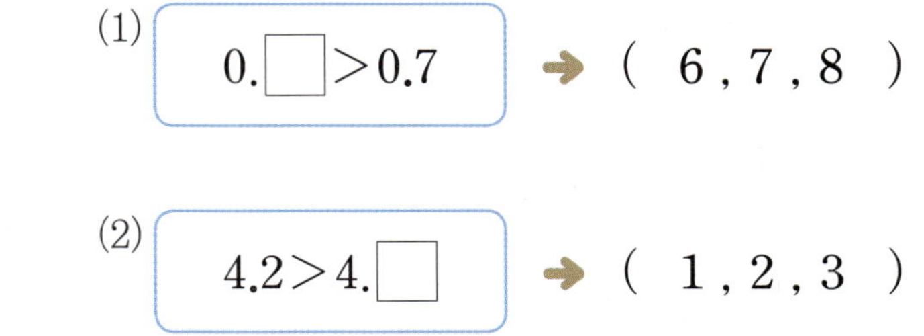

4.2 > 4.□ ➜ (1 , 2 , 3)

🔵 연결

53 연우네 학교 앞에 있는 은행나무의 높이는 13.2 m이고, 소나무의 높이는 12.3 m입니다. 은행나무와 소나무 중 더 높은 나무는 무엇인가요?

( )

1단계 기본 ➕ 유형 완성

활용 1 더 색칠해야 하는 부분 구하기

① 색칠한 부분이 전체의  가 되려면 모두 몇 칸을 색칠해야 하는지 알아봅니다.

② 색칠된 부분의 칸 수를 세어 몇 칸을 더 색칠해야 하는지 구합니다.

1-1 색칠한 부분이 전체의 $\dfrac{7}{9}$ 이 되려면 몇 칸을 더 색칠해야 하나요?

(   )

1-2 색칠한 부분이 전체의 $\dfrac{5}{6}$ 가 되려면 몇 칸을 더 색칠해야 하나요?

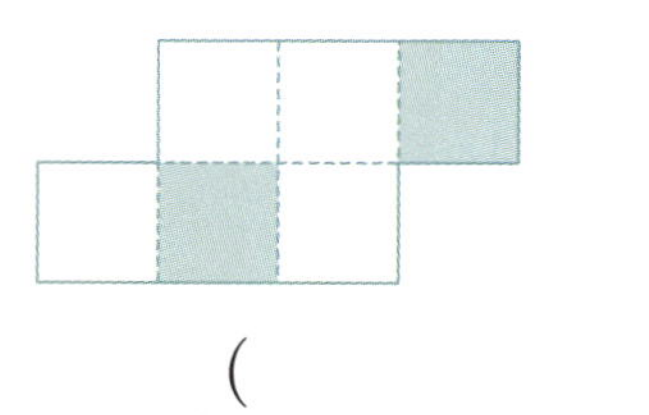

(   )

1-3 색칠하지 않은 부분이 전체의 $\dfrac{5}{12}$ 가 되려면 몇 칸을 더 색칠해야 하나요?

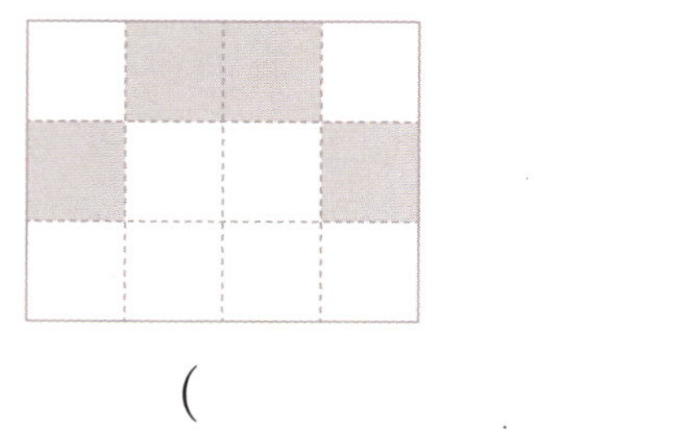

(   )

활용 2 도형을 똑같이 나누고 색칠하기

도형을 분모의 수만큼 똑같이 나누고 똑같이 나눈 것 중 분자의 수만큼 색칠합니다.

2-1 정사각형을 세 가지 방법으로 똑같이 나누어 각각 전체의 $\dfrac{2}{4}$ 만큼 색칠해 보세요.

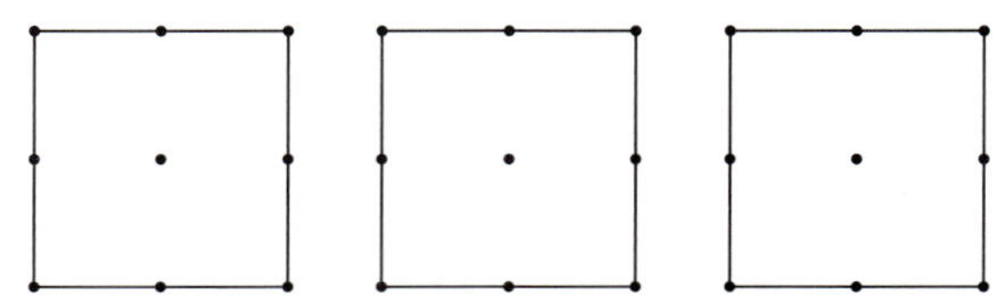

2-2 직사각형을 두 가지 방법으로 똑같이 나누어 각각 전체의 $\dfrac{3}{6}$ 만큼 색칠해 보세요.

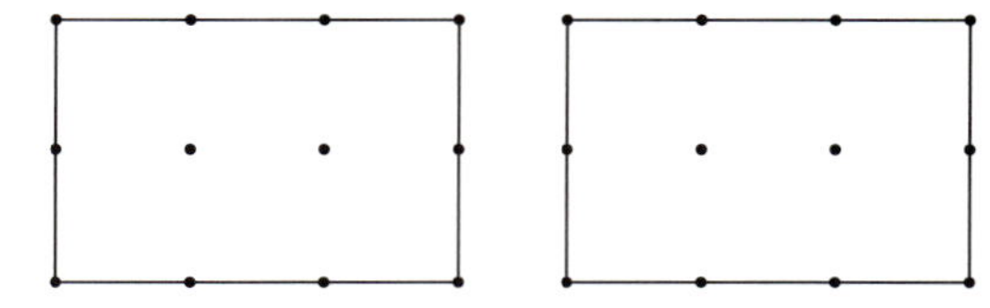

2-3 직사각형을 똑같이 나누어 색칠하지 않은 부분이 전체의 $\dfrac{5}{8}$ 가 되도록 색칠해 보세요.

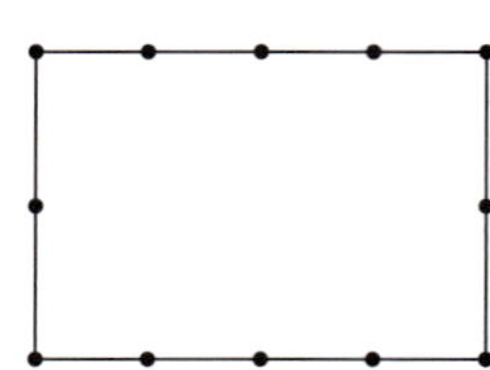

활용 3 나타내는 수의 크기 비교하기

$\dfrac{1}{10}=0.1$임을 이용하여 소수로 나타낸 후 크기를 비교합니다.

3-1 더 큰 수의 기호를 쓰세요.

> ㉠ $\dfrac{1}{10}$이 34개인 수
>
> ㉡ 0.1이 65개인 수

( )

3-2 더 작은 수의 기호를 쓰세요.

> ㉠ 3과 0.7만큼인 수
>
> ㉡ $\dfrac{1}{10}$이 12개인 수

( )

3-3 가장 큰 수를 찾아 기호를 쓰세요.

> ㉠ 5와 0.8만큼인 수
>
> ㉡ $\dfrac{1}{10}$이 46개인 수
>
> ㉢ 0.1이 62개인 수

( )

활용 4 수 카드로 가장 큰(작은) 소수 만들기

- ●.▲가 가장 큰 수가 되려면
  ❶ ●에 가장 큰 수를 놓고
  ❷ ▲에 두 번째로 큰 수를 놓아야 합니다.
- ●.▲가 가장 작은 수가 되려면
  ❶ ●에 가장 작은 수를 놓고,
  ❷ ▲에 두 번째로 작은 수를 놓아야 합니다.

4-1 3장의 수 카드 중 2장을 골라 한 번씩만 사용하여 소수 ●.▲를 만들려고 합니다. 만들 수 있는 소수 중에서 가장 큰 수를 구하세요.

| 1 | 4 | 9 |

( )

4-2 3장의 수 카드 중 2장을 골라 한 번씩만 사용하여 소수 ●.▲를 만들려고 합니다. 만들 수 있는 소수 중에서 가장 작은 수를 구하세요.

| 0 | 6 | 7 |

( )

4-3 4장의 수 카드 중 2장을 골라 한 번씩만 사용하여 소수 ●.▲를 만들려고 합니다. 만들 수 있는 소수 중에서 두 번째로 큰 수를 구하세요.

| 2 | 5 | 8 | 1 |

( )

1 색칠한 부분과 색칠하지 않은 부분을 분수로 나타내 보세요.

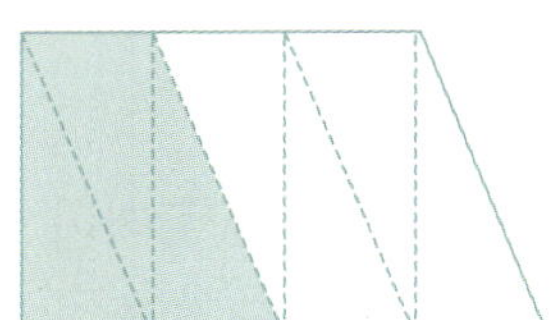

색칠한 부분    색칠하지 않은 부분 

2 $\dfrac{7}{10}$ 만큼 색칠하고, 색칠한 부분을 소수로 나타내 보세요.

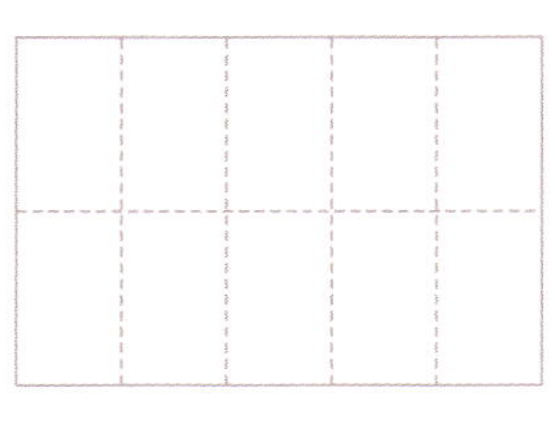

(   )

3 색종이를 세 가지 방법으로 똑같이 넷으로 나누어 보세요.

      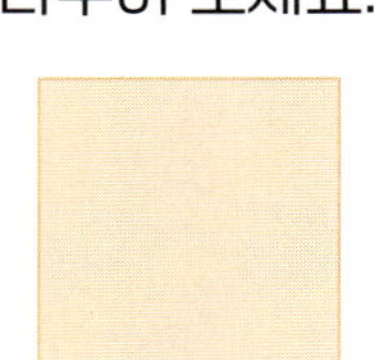

정보처리

4 부분을 보고 전체를 그려 보세요.

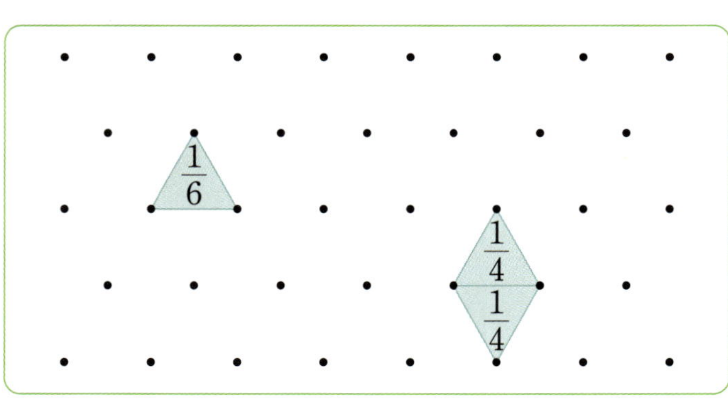

S 솔루션

전체를 똑같이 10으로 나눈 것 중의 ▲만큼은 0.▲예요

나누어진 조각의 모양과 크기가 같아야 해요.

전체가 되려면 $\dfrac{1}{\blacksquare}$이 ■개 있어야 해요.

---

5 수학책의 두께는 $\dfrac{9}{10}$ cm, 동화책의 두께는 $\dfrac{7}{10}$ cm입니다. 수학책과 동화책 중 두께가 더 얇은 것은 어느 것인가요?

(   )

6 색칠한 부분이 나타내는 분수가 <u>다른</u> 하나를 찾아 기호를 쓰세요.

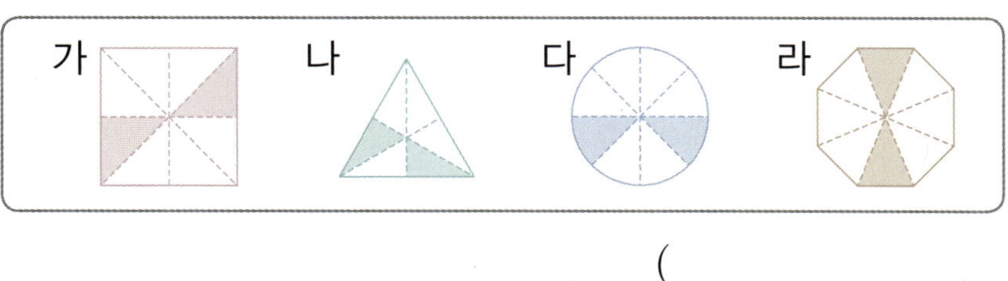

(   )

7 어제 비가 5 cm보다 4 mm 더 내렸습니다. 어제 내린 비는 몇 cm인지 소수로 나타내 보세요.

(   )

8 ㉠과 ㉡에 알맞은 수의 차를 구하세요.

> • 1.6은 0.1이 ㉠ 개입니다.
> • $\dfrac{9}{10}$ 는 소수로 0.㉡ 입니다.

(   )

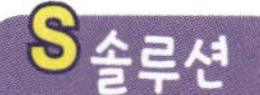

분모가 같은 분수는 분자가 클수록 더 커요.

전체를 똑같이 나눈 칸 수를 세어 봐요.

1 mm＝0.1 cm예요.

6

분수와 소수

147

9 큰 수부터 차례로 기호를 쓰세요.

> ㉠ 0.1이 14개인 수   ㉡ 1과 0.7만큼인 수
>
> ㉢ $\dfrac{1}{10}$이 16개인 수   ㉣ 일 점 구

(   )

먼저 ㉠, ㉡, ㉢, ㉣을 소수로 나타내요.

10 빨간색 부분이 전체의 $\dfrac{1}{3}$인 국기를 찾아 나라 이름을 쓰세요.

오스트리아   콜롬비아   벨기에

(   )

11 1부터 9까지의 수 중에서 □ 안에 들어갈 수 있는 수는 모두 몇 개인지 구하세요.

$$2.4 < 2.\boxed{} < 2.9$$

(   )

소수점을 기준으로 왼쪽에 있는 수가 같을 때에는 오른쪽에 있는 수의 크기를 비교해요.

12 분수와 소수의 크기를 잘못 비교한 사람의 이름을 쓰세요.

소윤   유찬   민재

(   )

분모가 10인 분수와 소수의 크기를 비교할 때에는 분수와 소수 중 한 가지 형태로 나타내 비교해요.

13 을 모두 만족하는 분수를 모두 구하세요.

> 
> - 단위분수입니다.
> - $\dfrac{1}{15}$보다 큰 분수입니다.
> - $\dfrac{1}{11}$보다 작은 분수입니다.

(   )

6

분수와 소수

14 주희와 친구들이 가지고 있는 지우개의 길이입니다. 누가 가장 짧은 지우개를 가지고 있고, 그 지우개의 길이는 몇 cm인지 소수로 나타내 보세요.

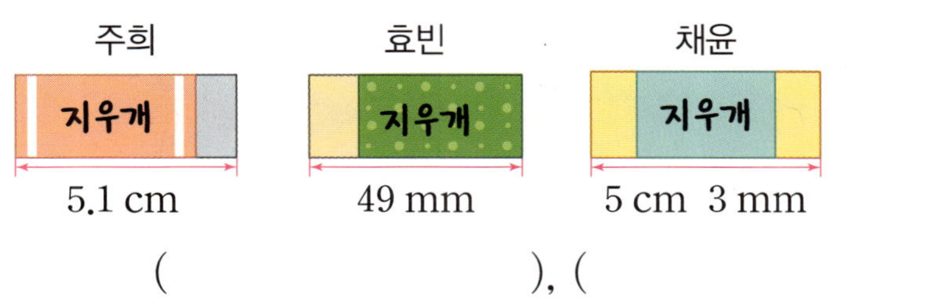

(   ), (   )

 문제 해결

15 케이크를 똑같이 12조각으로 나누었습니다. 그중 정우가 5조각을 먹고 수민이가 3조각을 먹었습니다. 정우와 수민이가 먹고 남은 케이크는 전체의 얼마인지 분수로 나타내 보세요.

(   )

3^{단계} 심화 유형 연습

심화 1

색칠한 부분을 분수와 소수로 나타내기
먼저 색칠한 부분을 이용하여 전체를 똑같이 나누자!

◆ 색칠한 부분은 전체의 얼마인지 분수와 소수로 나타내 보세요.

문제해결

1 도형을 색칠한 부분 중 한 부분과 모양과 크기가 같게 똑같이 나누어 보세요.

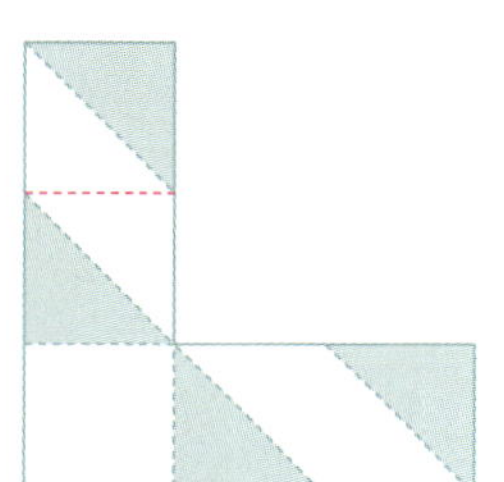

2 색칠한 부분은 전체의 얼마인지 분수와 소수로 나타내 보세요.
   분수 (   )
   소수 (   )

 쌍둥이

1-1 색칠한 부분은 전체의 얼마인지 분수와 소수로 나타내 보세요.

답 분수: ___________________
   소수: ___________________

 변형

1-2 색칠하지 않은 부분은 전체의 얼마인지 분수와 소수로 나타내 보세요. ▶동영상

답 분수: ___________________
   소수: ___________________

심화 2

남은 부분을 소수로 나타내기

배추와 무를 심은 부분을 먼저 색칠하고 남은 부분을 소수로 나타내자!

◆ 밭에 배추와 무를 심었습니다. 밭 전체의 0.3에는 배추를 심고, 전체의 $\frac{5}{10}$에는 무를 심었습니다. 남은 부분은 밭 전체의 얼마인지 소수로 나타내 보세요.

문제해결

1 배추와 무를 심은 만큼 색칠해 보세요.

2 위 **1**에서 색칠하고 남은 부분은 몇 칸인가요?

( )

3 남은 부분은 밭 전체의 얼마인지 소수로 나타내 보세요.

( )

2-1 도화지 전체의 0.2에는 빨간색을, 전체의 $\frac{7}{10}$에는 파란색을 칠하고, 남은 부분에는 노란색을 칠했습니다. 노란색을 칠한 부분은 전체의 얼마인지 소수로 나타내 보세요.

답 _______________

2-2 밭에 당근, 고추, 파를 심었습니다. 밭 전체의 $\frac{3}{10}$에는 당근을, 전체의 0.2에는 고추를, 전체의 $\frac{1}{10}$에는 파를 심었습니다. 남은 부분은 밭 전체의 얼마인지 소수로 나타내 보세요.

답 _______________

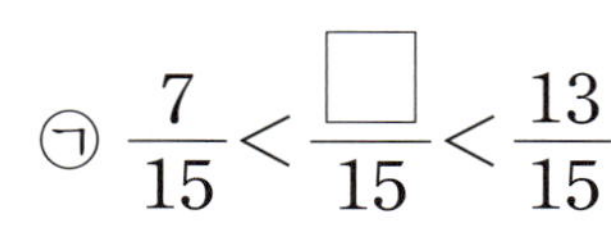

심화 3

□ 안에 공통으로 들어갈 수 있는 수 구하기

단위분수는 분모가 작을수록, 분모가 같은 분수는 분자가 클수록 더 커!

◆ □ 안에 공통으로 들어갈 수 있는 수를 모두 구하세요.

$$㉠\ \frac{7}{15} < \frac{\square}{15} < \frac{13}{15}$$

$$㉡\ \frac{1}{11} < \frac{1}{\square} < \frac{1}{5}$$

문제해결

1 ㉠의 □ 안에 들어갈 수 있는 수를 모두 구하세요.

( )

2 ㉡의 □ 안에 들어갈 수 있는 수를 모두 구하세요.

( )

3 □ 안에 공통으로 들어갈 수 있는 수를 모두 구하세요.

( )

쌍둥이

3-1 □ 안에 공통으로 들어갈 수 있는 수를 모두 구하세요.

$$㉠\ \frac{3}{12} < \frac{\square}{12} < \frac{9}{12}$$

$$㉡\ \frac{1}{6} < \frac{1}{\square} < \frac{1}{2}$$

답 ____________________

변형

3-2 □ 안에 공통으로 들어갈 수 있는 수를 모두 구하세요.

$$㉠\ \frac{2}{10} < \frac{\square}{10} < \frac{7}{10}$$

$$㉡\ 1.9 < \square.9 < 6.9$$

답 ____________________

심화 4

남은 날수 구하기

매일 똑같이 ■일 동안 일을 한다면 하루에 하는 일의 양은 전체의 $\dfrac{1}{■}$이야!

◆ 세현이가 동화책을 매일 같은 쪽수만큼 읽어서 10일 동안 모두 읽으려고 합니다. 오늘까지 전체 쪽수의 $\dfrac{2}{10}$를 읽었다면 앞으로 동화책을 며칠 더 읽어야 하는지 구하세요.

문제해결

1 하루에 읽어야 하는 동화책은 전체 쪽수의 얼마만큼인지 분수로 나타내 보세요.

(   )

2 앞으로 동화책을 전체 쪽수의 얼마만큼 더 읽어야 하는지 분수로 나타내 보세요.

(   )

3 앞으로 동화책을 며칠 더 읽어야 하는지 구하세요.

(   )

4-1 준수가 우유 한 병을 매일 같은 양만큼 마셔서 7일 동안 모두 마시려고 합니다. 오늘까지 전체 양의 $\dfrac{3}{7}$을 마셨다면 앞으로 우유를 며칠 더 마셔야 하는지 구하세요.

답 _______________

4-2 연희가 벽 전체를 똑같이 15부분으로 나누어 3부분에 페인트를 칠했습니다. 남은 부분을 하루에 벽 전체의 $\dfrac{2}{15}$만큼씩 칠한다면 앞으로 페인트를 며칠 더 칠해야 하는지 구하세요.

▶동영상

답 _______________

6

분수와 소수

153

심화 5

수 카드로 소수 만들기

소수점의 왼쪽 수부터 조건에 맞는 수를 놓아 소수를 만들자.

◆ 3장의 수 카드 중 2장을 골라 □ 안에 한 번씩만 써넣어 소수를 만들려고 합니다. 만들 수 있는 소수 중 4보다 큰 소수는 모두 몇 개인가요?

4 3 6 → □.□

문제해결

1 4보다 큰 소수를 만들 때 소수점의 왼쪽 □ 안에 들어갈 수 있는 수 카드의 수를 모두 쓰세요.

( )

2 4보다 큰 소수를 모두 만들어 보세요.

( )

3 만들 수 있는 소수 중 4보다 큰 소수는 모두 몇 개인가요?

( )

5-1 3장의 수 카드 중 2장을 골라 □ 안에 한 번씩만 써넣어 소수를 만들려고 합니다. 만들 수 있는 소수 중 6.5보다 큰 소수는 모두 몇 개인가요?

6 9 3 → □.□

답 ______________________

5-2 4장의 수 카드 중 2장을 골라 □ 안에 한 번씩만 써넣어 소수를 만들려고 합니다. 만들 수 있는 소수 중 2.8보다 작은 소수는 모두 몇 개인가요?

7 2 1 9 → □.□

답 ______________________

6 분수와 소수

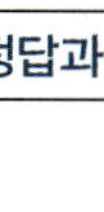

심화 6

조건을 만족하는 소수 구하기

조건을 하나씩 따져가며 모두 만족하는 수를 구하자.

◆ 주어진 **조건**을 모두 만족하는 소수를 구하세요.

조건
㉠ 0.2와 0.7 사이의 소수 □.□입니다.
㉡ $\dfrac{4}{10}$보다 큰 수입니다.
㉢ 0.1이 6개인 수보다 작은 수입니다.

문제해결

1 ㉠을 만족하는 소수를 모두 구하세요.
(   )

2 위 **1**에서 구한 소수 중 ㉡을 만족하는 소수를 모두 구하세요.
(   )

3 주어진 **조건**을 모두 만족하는 소수를 구하세요.
(   )

쌍둥이

6-1 주어진 **조건**을 모두 만족하는 소수를 구하세요.

조건
㉠ 0.3과 0.8 사이의 소수 □.□입니다.
㉡ $\dfrac{5}{10}$보다 큰 수입니다.
㉢ 0.1이 7개인 수보다 작은 수입니다.

답 _______________

155

변형

6-2 주어진 **조건**을 모두 만족하는 소수는 모두 몇 개인지 구하세요.

조건
㉠ 3.1과 3.9 사이의 소수 □.□입니다.
㉡ 삼 점 육보다 작은 수입니다.
㉢ 0.1이 32개인 수보다 큰 수입니다.

답 _______________

3^{단계} 심화 ⊕ 유형 완성

1 전체에 대하여 색칠한 부분의 크기를 나타내는 분수가 <u>다른</u> 하나를 찾아 기호를 쓰세요.

▶ 동영상

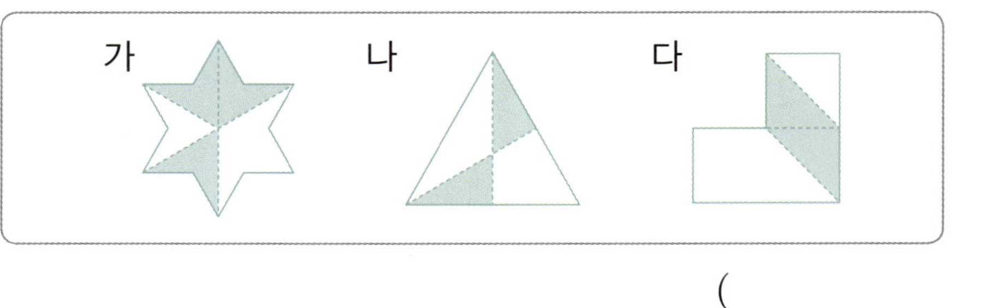

(   )

2 수직선에 $\dfrac{2}{5}$를 ↑로 표시하고, 소수로 나타내 보세요.

▶ 동영상

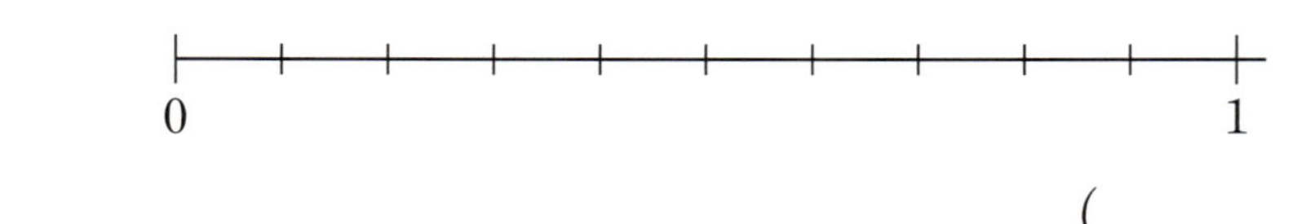

(   )

3 큰 분수부터 차례로 쓰세요.

▶ 동영상

$$\dfrac{1}{5} \qquad \dfrac{4}{5} \qquad \dfrac{1}{7} \qquad \dfrac{3}{5}$$

(   )

4 소방서, 공원, 학교, 백화점 중 주석이네 집에서 두 번째로 먼 곳은 어디인지 구하세요.

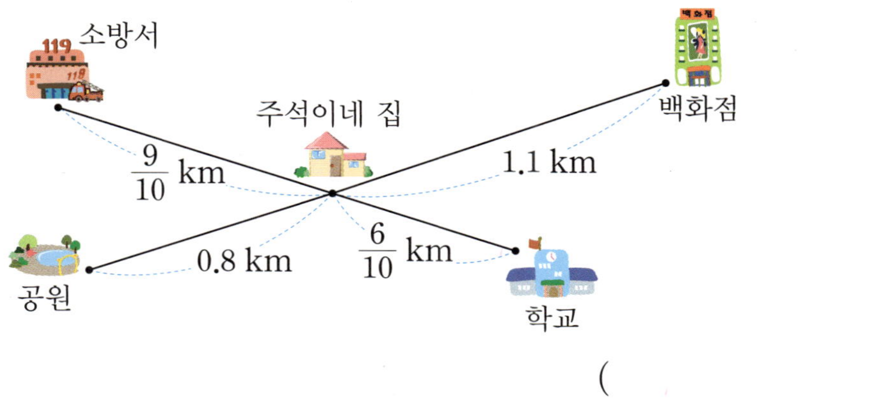

(   )

5 의자에 페인트를 칠하려고 합니다. 전체의 $\frac{1}{5}$을 칠하는 데 30분이 걸렸습니다. 같은 빠르기로 중간에 쉬지 않고 나머지 부분을 칠하는 데 걸리는 시간은 몇 시간인지 구하세요.

(   )

문제 해결

6 직사각형 모양의 와플을 친구에게 나누어 주려고 합니다. 전체 와플의 $\frac{1}{6}$을 친구 한 명에게 주고, 남은 와플의 $\frac{1}{2}$을 다른 친구 한 명에게 주었습니다. 나누어 주고 남은 와플은 처음 와플의 얼마인지 분수로 나타내 보세요.

(   )

BOOK❷ 24~27쪽에서 경시대회 문제 도전!

6 분수와 소수

1 똑같이 둘로 나누어진 도형을 찾아 기호를 쓰세요.

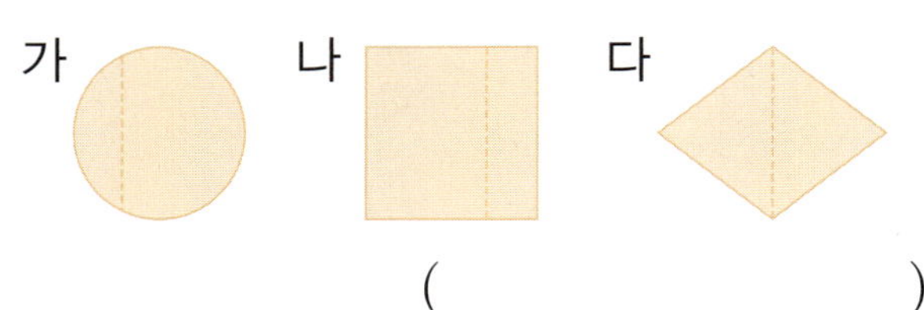

(   )

2 색칠한 부분의 크기를 분수로 쓰고 읽어 보세요.

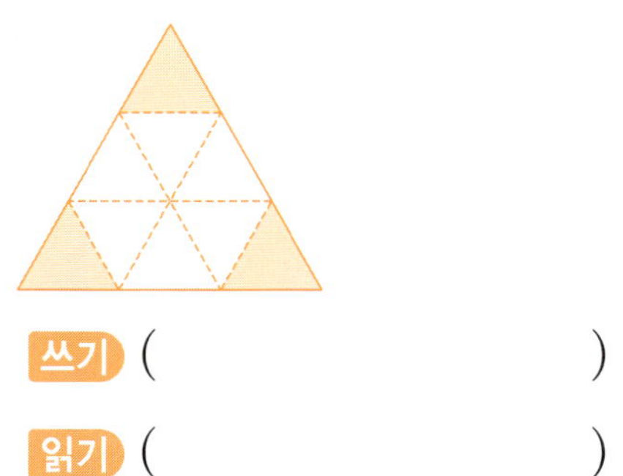

쓰기 (   )

읽기 (   )

3 □ 안에 들어갈 수가 더 큰 것의 기호를 쓰세요.

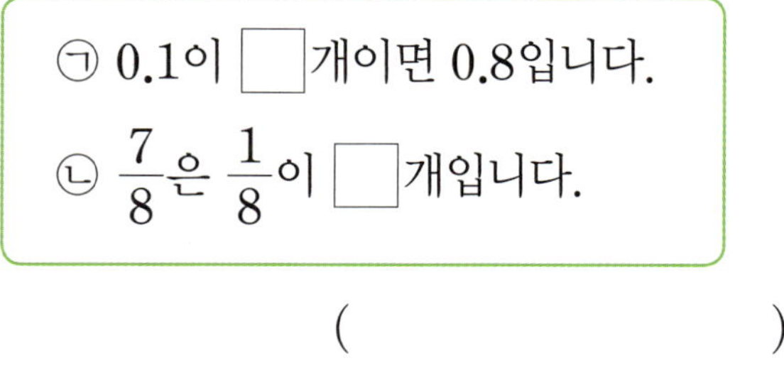

(   )

4 도형을 똑같이 나누어 주어진 분수만큼 색칠해 보세요.

5 색칠한 부분이 나타내는 분수가 다른 하나를 찾아 기호를 쓰세요.

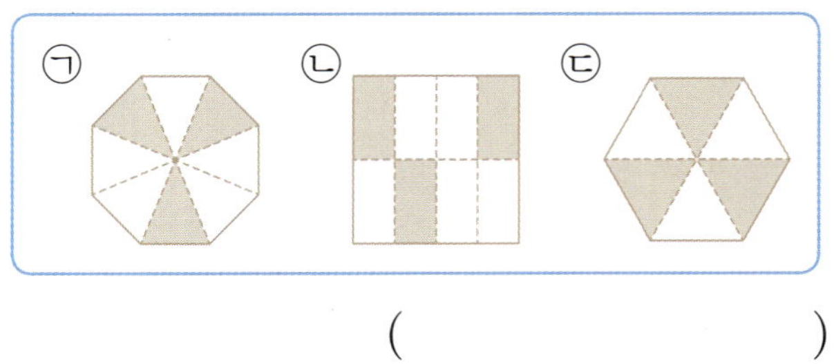

(   )

6 다음 중 잘못 나타낸 것을 고르세요. (   )

① 34 mm＝3.4 cm

② 1 cm 7 mm＝1.7 cm

③ 20 cm 9 mm＝2.9 cm

④ 0.8 cm＝8 mm

⑤ 4.3 cm＝4 cm 3 mm

7 민주는 피자 한 판의 $\frac{6}{10}$을 먹었습니다. 민주가 피자를 먹은 부분과 남은 부분을 각각 소수로 나타내 보세요.

먹은 부분 (   )

남은 부분 (   )

8 □ 안에 들어갈 수 있는 수를 모두 찾아 ○표 하세요.

$$\frac{1}{9} < \frac{1}{\square}$$

(12 , 10 , 8 , 6)

9 분모가 11인 분수 중에서 $\dfrac{4}{11}$보다 크고 $\dfrac{9}{11}$ 보다 작은 분수를 모두 구하세요.

( )

10 진구의 생일 선물을 포장하기 위하여 유리는 1.6 m, 시우는 $\dfrac{9}{10}$ m, 재민이는 1.2 m의 리본을 사용했습니다. 리본을 가장 많이 사용한 사람은 누구인가요?

( )

서술형

11 미주와 이서가 물 한 병을 사서 나누어 마셨습니다. 미주는 전체의 $\dfrac{3}{10}$만큼 마셨고, 이서는 전체의 0.4만큼 마셨습니다. 미주와 이서가 마시고 남은 물의 양은 전체의 얼마인지 소수로 나타내려고 합니다. 풀이 과정을 쓰고 답을 구하세요.

풀이

답

12 1부터 9까지의 수 중에서 □ 안에 들어갈 수 있는 수를 모두 구하세요.

$$3.4 < \square.8 < 6.7$$

( )

13 4장의 수 카드 중에서 2장을 골라 □ 안에 한 번씩만 써넣어 소수를 만들려고 합니다. 만들 수 있는 가장 큰 소수와 가장 작은 소수를 구하세요.

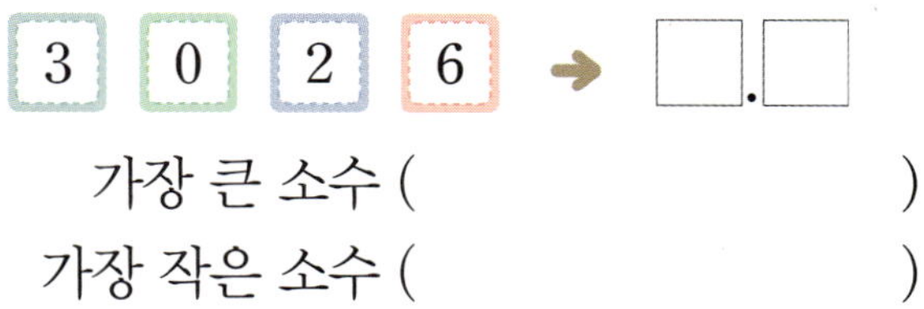

가장 큰 소수 ( )

가장 작은 소수 ( )

서술형

14 조건을 모두 만족하는 소수는 모두 몇 개인지 풀이 과정을 쓰고 답을 구하세요.

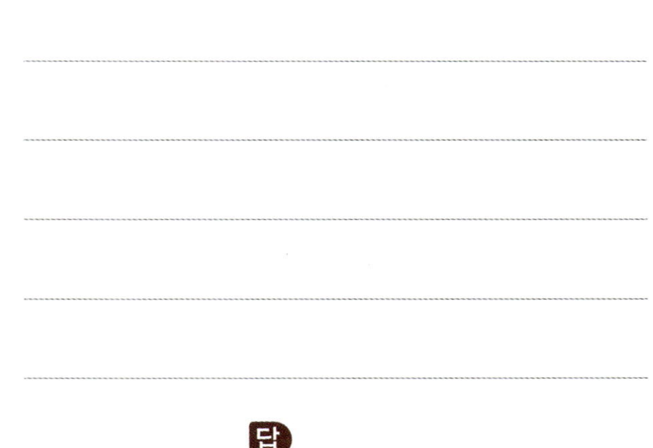

조건
- ㉠ 1.2와 1.9 사이의 소수 □.□입니다.
- ㉡ $\dfrac{1}{10}$이 15개인 수보다 큰 수입니다.
- ㉢ 1과 0.8만큼인 수보다 작은 수입니다.

풀이

답

#차원이_다른_클라쓰
#강의전문교재
#초등교재

수학 교재

●수학리더 시리즈
– 수학리더 [연산]	예비초~6학년/A·B단계
– 수학리더 [개념]	1~6학년/학기별
– 수학리더 [기본]	1~6학년/학기별
– 수학리더 [유형]	1~6학년/학기별
– 수학리더 [기본＋응용]	1~6학년/학기별
– 수학리더 [응용·심화]	1~6학년/학기별
– 수학리더 [최상위]	3~6학년/학기별

●독해가 힘이다 시리즈 *문제해결력
– 수학도 독해가 힘이다	1~6학년/학기별
– 초등 문해력 독해가 힘이다 문장제 수학편	1~6학년/단계별

●수학의 힘 시리즈
– 수학의 힘	1~2학년/학기별
– 수학의 힘 알파[실력]	3~6학년/학기별
– 수학의 힘 베타[유형]	3~6학년/학기별

●Go! 매쓰 시리즈
– Go! 매쓰(Start) *교과서 개념	1~6학년/학기별
– Go! 매쓰(Run A/B/C) *교과서+사고력	1~6학년/학기별
– Go! 매쓰(Jump) *유형 사고력	1~6학년/학기별

●계산박사
	1~12단계

●수학 더 익힘
	1~6학년/학기별

월간 교재

●NEW 해법수학	1~6학년
●해법수학 단원평가 마스터	1~6학년/학기별
●월간 우등생평가	1~6학년

전과목 교재

●리더 시리즈
– 국어	1~6학년/학기별
– 사회	3~6학년/학기별
– 과학	3~6학년/학기별

22개정 교육과정 반영

수학리더 응용·심화

경시 대비북

BOOK 2

3-1

상위권 도전 문제
응용·심화 문제
+ 경시대회 기출 문제

경시대회 예상 문제
사고력 문제
+ 창의·융합형 문제

경시대회 도전 문제
경시대회 대비 평가

리더가 되기 위한
공부 비법

천재교육

수학리더 응용·심화 3-1

경시 대비북 차례

1 다음이 나타내는 두 수의 합을 구하세요.

> · 100이 2개, 10이 27개, 1이 8개인 수
> · 100이 4개, 10이 3개, 1이 35개인 수

답 ______________________

---

2 그림을 보고 ㉯에서 ㉰까지의 길이는 몇 m인지 구하세요.

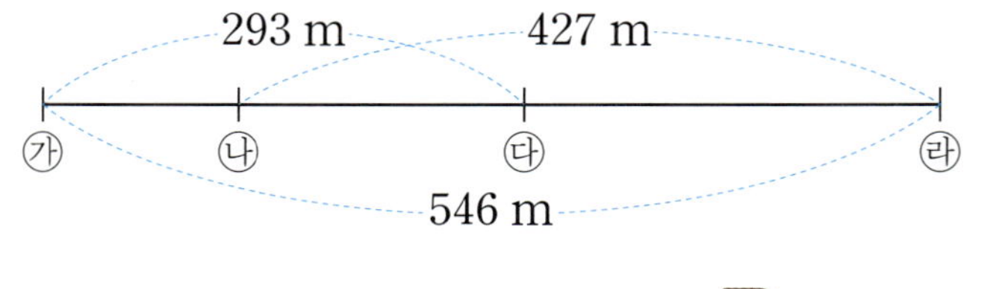

답 ______________________

수학 교과 역량_추론

3 다음 뺄셈식에서 같은 모양은 같은 수를 나타냅니다. ■, ▲, ●에 알맞은 수를 각각 구하세요.

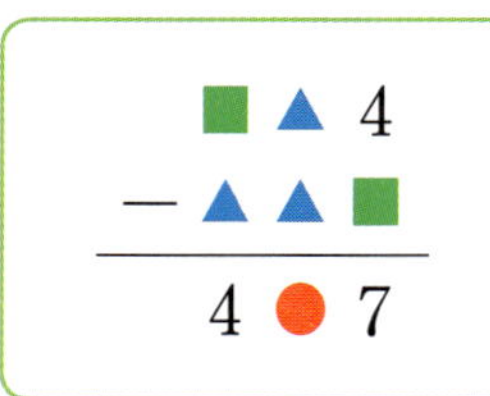

답 ■: ______________ , ▲: ______________ , ●: ______________

4 다음과 같은 **방법**으로 만들 수 있는 세 수의 합 중에서 가장 작은 수를 구하세요.

> **방법**
> ① 1부터 9까지의 수를 한 번씩 모두 사용하여 세 자리 수 3개를 만듭니다.
> ② 세 수의 합을 구합니다.
> **예** $123+456+789=1368$

답 ______________________

5 0부터 9까지의 수 중 서로 다른 수가 적힌 6장의 카드 중에서 한 장이 뒤집혀 있습니다. 이 중 3장을 골라 한 번씩만 사용하여 세 자리 수를 만들려고 합니다. 만들 수 있는 가장 큰 세 자리 수와 가장 작은 세 자리 수의 차가 882일 때, 뒤집혀 있는 카드에 적힌 수가 될 수 있는 수 중 가장 큰 수를 구하세요.

답 ______________________

1 0부터 9까지의 수 중에서 □ 안에 들어갈 수 있는 수는 모두 몇 개인지 구하세요.

$$759-328<8\boxed{}0-419$$

답 ____________________

2 1, 2 또는 3, 4와 같이 연속하는 두 수가 있습니다. 연속하는 두 수의 합이 861일 때 두 수 중에서 큰 수를 구하세요.

답 ____________________

3 다음 식에서 □ 안에는 백의 자리 숫자와 일의 자리 숫자가 같은 세 자리 수만 들어갈 수 있습니다. 세 수의 합이 776에 가장 가까운 수가 되도록 □ 안에 알맞은 수를 구하세요.

$$315+\boxed{}+261$$

답 ____________________

4 기호 ◈에 대하여 ㉠◈㉡＝㉠＋288＋㉡이라고 약속할 때 ☐ 안에 알맞은 수를 구하세요.

$$364 ◈ \boxed{} = 913$$

답 ______________________________

5 0부터 9까지의 수 중 서로 다른 수가 적힌 3장의 수 카드를 뽑아 한 번씩만 사용하여 세 자리 수를 만들려고 합니다. 만들 수 있는 세 자리 수 중 가장 큰 수와 가장 작은 수의 차가 500보다 크려면 ㉮는 어떤 수인지 구하세요.

 4　　 7　　 ㉮

답 ______________________________

2 평면도형

1 한 변의 길이가 9 cm인 정사각형 3개를 겹치지 않게 이어 붙여 직사각형을 만들었습니다. 만든 직사각형의 네 변의 길이의 합은 몇 cm인가요?

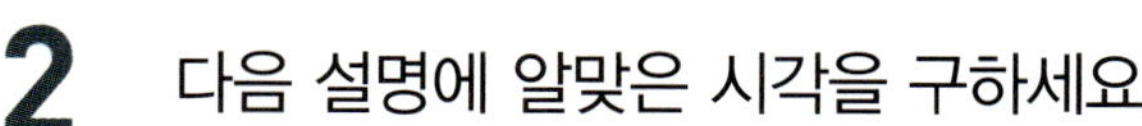

답 ________________________

2 다음 설명에 알맞은 시각을 구하세요.

> • 1시와 5시 사이의 시각입니다.
> • 긴바늘이 12를 가리킵니다.
> • 긴바늘과 짧은바늘이 이루는 각은 직각입니다.

답 ________________________

수학 교과 역량_연결

3 오른쪽은 은우네 반 학생들이 체육 시간에 사방치기 놀이를 하려고 그린 놀이판입니다. 이 놀이판에서 정사각형 5개를 찾을 수 있습니다. 사방치기 놀이판의 굵은 선의 길이는 몇 cm인지 구하세요.

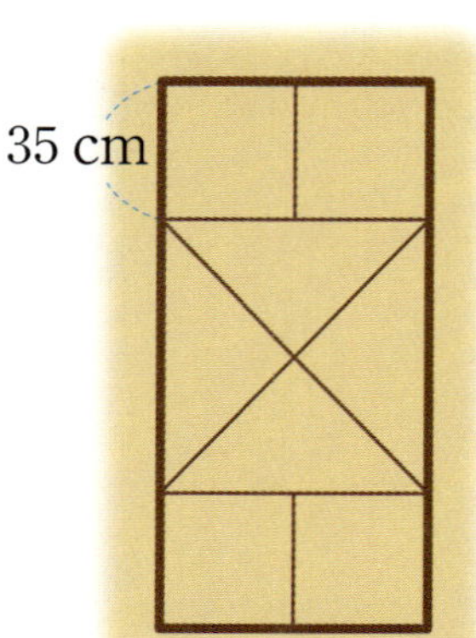

답 ________________________

4 정사각형에서 찾을 수 있는 크고 작은 직각삼각형은 모두 몇 개인지 구하세요.

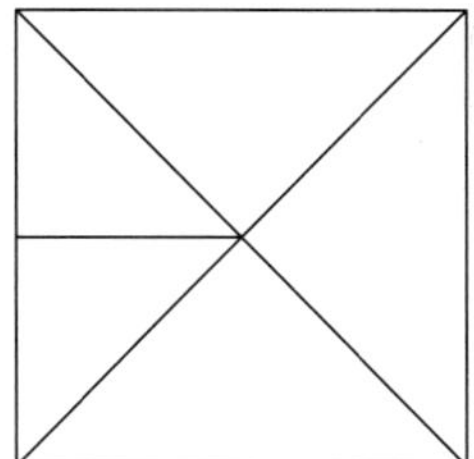

답 ________________________

5 오른쪽 그림과 같은 직사각형 모양의 종이를 잘라 남는 부분 없이 한 변의 길이가 15 cm인 정사각형 4개와 직사각형 1개를 만들었습니다. 만든 직사각형의 네 변의 길이의 합은 몇 cm인지 구하세요.

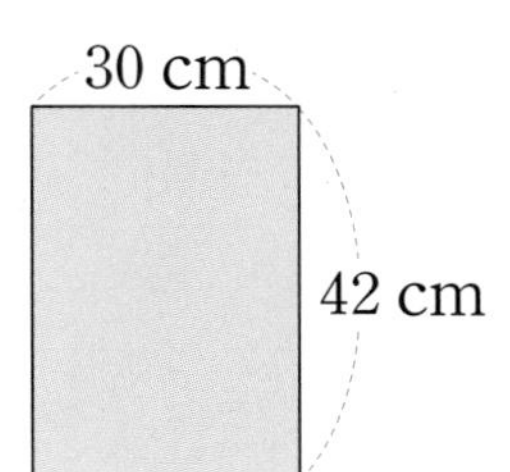

답 ________________________

6 오른쪽 직사각형 ㄱㄴㄷㄹ에서 색칠한 사각형은 모두 정사각형입니다. 선분 ㄷㅇ의 길이는 몇 cm인지 구하세요.

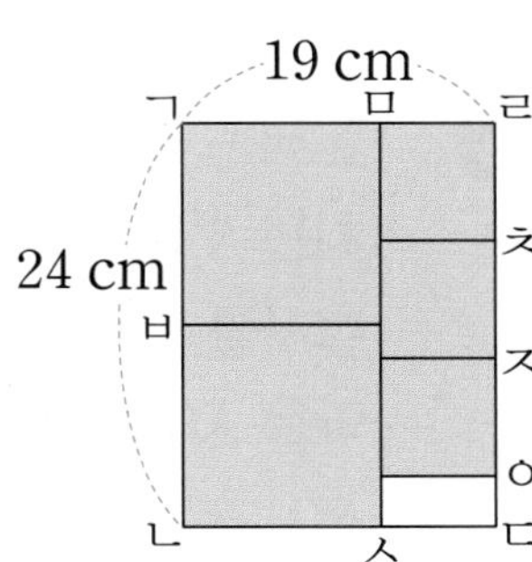

답 ________________________

1 다음과 같은 규칙으로 도형을 16개 늘어놓았을 때 직각은 모두 몇 개인지 구하세요.

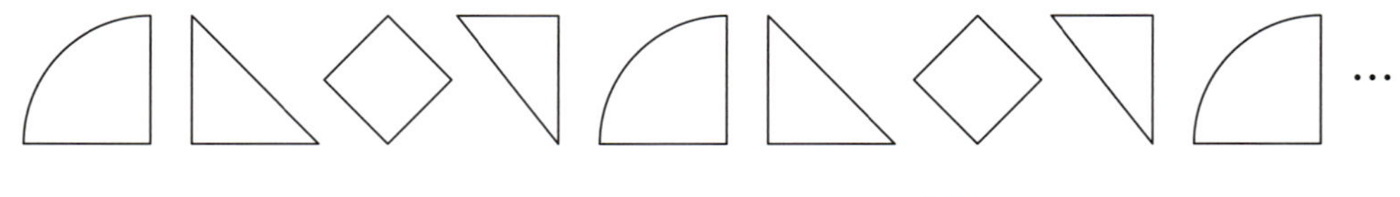

답 ___________________

2 도형에서 점 ㄷ을 꼭짓점으로 하는 각은 점 ㄱ을 꼭짓점으로 하는 각보다 몇 개 더 많은지 구하세요.

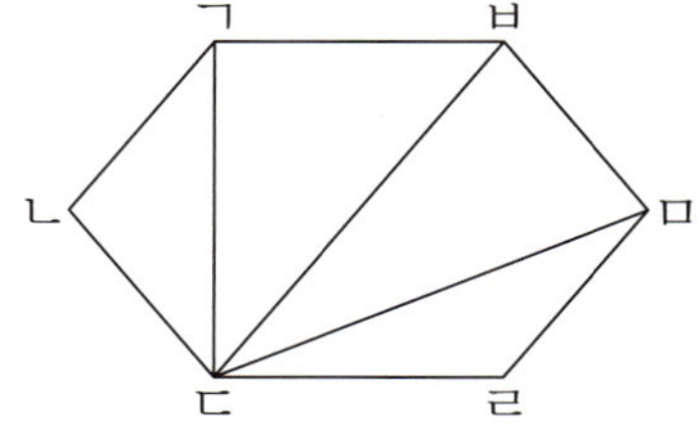

답 ___________________

3 민재는 철사를 구부려서 오른쪽과 같은 직사각형을 겹치는 부분 없이 만들었더니 남은 철사가 없었습니다. 이 철사를 다시 펴서 4도막으로 똑같이 나누어 그중 한 도막을 사용하여 가장 큰 정사각형을 만들었습니다. 만든 정사각형의 한 변의 길이는 몇 cm인지 구하세요.

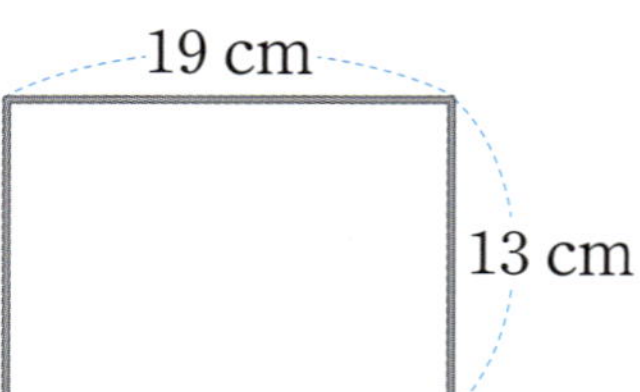

답 ___________________

4 정사각형 모양의 종이를 그림과 같이 모양과 크기가 같은 두 개의 직사각형으로 잘랐습니다. 자른 직사각형 한 개의 네 변의 길이의 합이 30 cm일 때, 처음 정사각형의 네 변의 길이의 합은 몇 cm인지 구하세요.

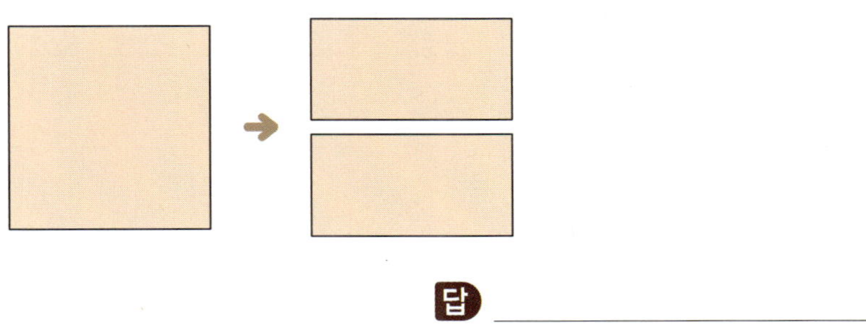

답 _______________________

5 그림과 같이 일정한 간격으로 16개의 점이 놓여 있습니다. 이 중 4개의 점을 꼭짓점으로 하는 정사각형을 만들 때, 만들 수 있는 크고 작은 정사각형은 모두 몇 개인지 구하세요.

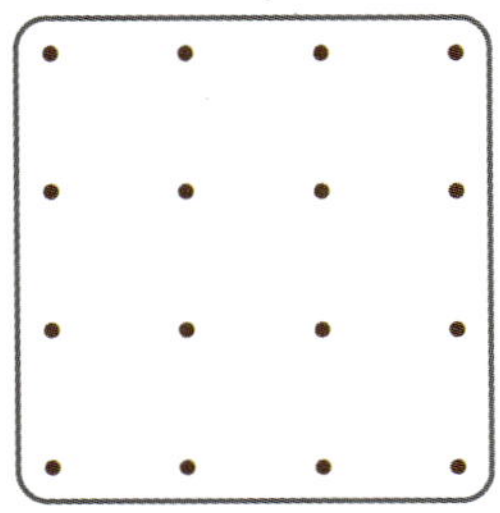

답 _______________________

1 같은 모양은 같은 수를 나타냅니다. ●에 알맞은 수를 구하세요.

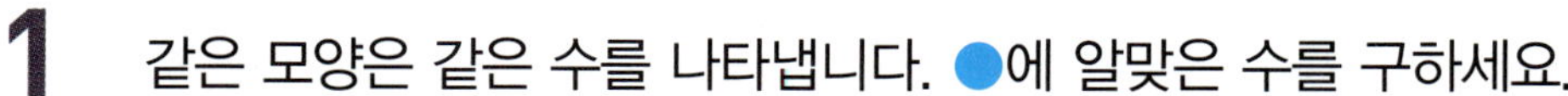

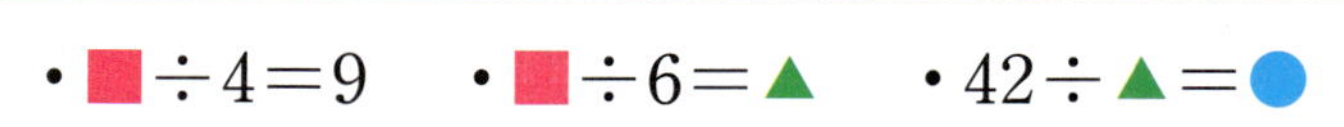

답 ＿＿＿＿＿＿＿＿＿＿＿＿＿＿

2 길이가 75 cm인 철사를 겹치지 않게 사용하여 크기가 같은 정사각형을 2개 만들었더니 3 cm가 남았습니다. 만든 정사각형의 한 변의 길이는 몇 cm인지 구하세요.

답 ＿＿＿＿＿＿＿＿＿＿＿＿＿＿

3 길이가 다른 색 테이프가 2개 있습니다. 긴 색 테이프는 짧은 색 테이프보다 16 cm 더 길고, 두 색 테이프의 길이의 합은 32 cm입니다. 긴 색 테이프를 잘라서 짧은 색 테이프와 같은 길이로 만들 때 몇 개까지 만들 수 있나요?

답 ＿＿＿＿＿＿＿＿＿＿＿＿＿＿

4 4부터 7까지의 수를 한 번씩만 사용하여 만들 수 있는 두 자리 수 중에서 8로 똑같이 나눌 수 있는 수를 모두 찾았습니다. 이 수들을 8로 나누었을 때의 몫을 모두 더하면 얼마인지 구하세요.

답 _______________

5 길이가 64 cm인 굵기가 일정한 나무 막대가 있습니다. 이 나무 막대를 한 번 자르는 데 걸리는 시간은 5분입니다. 쉬지 않고 나무 막대를 똑같은 길이로 모두 자르는 데 35분이 걸렸다면 자른 나무 막대 한 도막의 길이는 몇 cm인지 구하세요.

답 _______________

6 5장의 수 카드 중 4장을 골라 한 번씩만 사용하여 나눗셈식  을 만들려고 합니다. 만들 수 있는 나눗셈식은 모두 몇 가지인가요?

| 1 | 2 | 4 | 7 | 8 |

답 _______________

수학 교과 역량_추론

1 어느 슈퍼마켓에서는 주스를 다 마신 후 빈 병을 3개 가져오면 병에 담긴 새 주스 1개로 바꾸어 준다고 합니다. 이 슈퍼마켓에서 주스를 18개 사면 주스를 모두 몇 개까지 마실 수 있는지 구하세요. (단, 바꾸어 받은 새 주스는 다 마신 후 다시 새 주스로 바꾸어 줍니다.)

답 ______________________

2 조건 을 모두 만족하는 두 자리 수를 구하세요.

> 조건
> • 6과 9로 모두 똑같이 나눌 수 있습니다.
> • 55보다 작습니다.
> • 십의 자리 숫자와 일의 자리 숫자의 차는 3입니다.

답 ______________________

3 소윤이와 민재는 길이가 72 cm인 철사를 각각 한 개씩 가지고 있습니다. 소윤이는 철사를 똑같이 9도막으로 자른 다음, 자른 철사를 다시 4 cm씩 모두 잘랐습니다. 민재는 철사를 똑같이 8도막으로 자른 다음, 자른 철사를 다시 3 cm씩 모두 잘랐습니다. 소윤이와 민재가 각각 잘라서 만든 철사 조각 수의 차는 몇 개인지 구하세요.

답 

4 양 5마리는 하루에 풀을 10상자 먹고, 말 3마리는 하루에 풀을 15상자 먹습니다. 양 2마리와 말 1마리가 풀 54상자를 먹는 데 며칠이 걸리나요? (단, 양 1마리와 말 1마리가 각각 매일 먹는 풀의 양은 일정합니다.)

답 ______________________

수학 교과 역량_2단원 연결

5 네 변의 길이의 합이 24 cm인 정사각형을 그림과 같이 모양과 크기가 같은 직사각형 4개와 작은 정사각형 한 개로 나누었습니다. 색칠한 작은 정사각형의 한 변의 길이는 몇 cm인지 구하세요.

답 ______________________

6 그림과 같이 출발 지점에서 15 m까지의 거리를 똑같이 5칸으로 나눈 다음, 4번째 지점에 ㉠ 깃발을 꽂고 15 m에서 35 m까지의 거리를 똑같이 4칸으로 나눈 다음, 3번째 지점에 ㉡ 깃발을 꽂았습니다. ㉠ 깃발에서 ㉡ 깃발까지의 거리는 몇 m인지 구하세요.

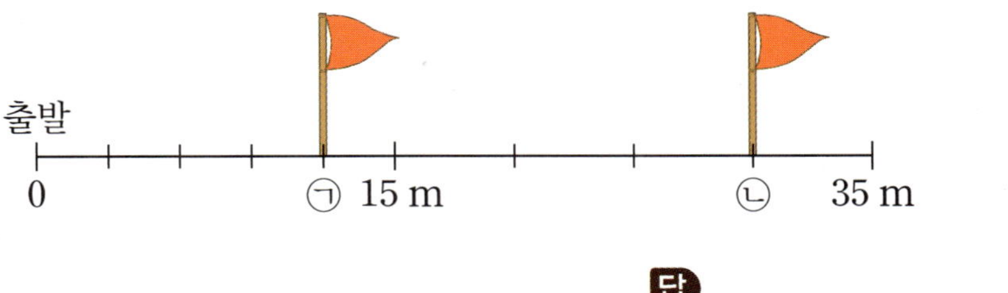

답 ______________________

1 다음 곱셈의 곱은 400에 가장 가까운 수입니다. 1부터 9까지의 수 중 ▲에 알맞은 수를 구하세요.

답 ______________________

2 정해진 규칙에 따라 수를 써놓은 것입니다. ㉠에 알맞은 수를 구하세요.

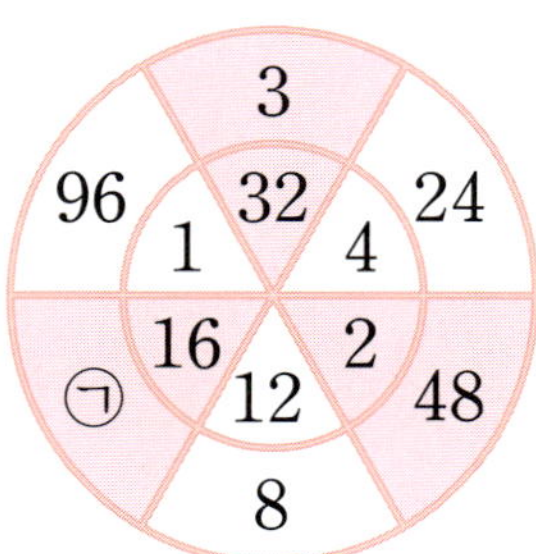

답 ______________________

3 소윤이는 일주일 동안 매일 아침 자전거를 탔습니다. 다음과 같이 자전거를 탔을 때 일주일 동안 자전거를 탄 시간은 모두 몇 분인지 구하세요.

월요일부터 수요일까지
매일 35분씩

목요일부터 일요일까지
매일 45분씩

답 ______________________

4 오른쪽 곱셈식에서 ㉠, ㉡에는 모두 한 자리 수가 들어갑니다. ㉠과 ㉡에 알맞은 수의 합을 구하세요. (단, 같은 기호는 같은 수를 나타냅니다.)

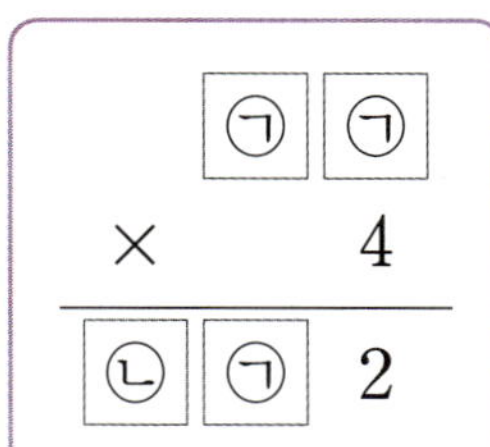

답 ____________________

5 연주가 책을 월, 화, 수, 목, 금요일에는 전날의 2배를 읽고, 토, 일요일에는 전날의 3배를 읽으려고 합니다. 연주가 책을 이번 주 금요일에 4장을 읽고 그 다음주 화요일까지 매일 읽는다면 화요일에 연주는 책을 몇 장 읽어야 하나요?

답 ____________________

6 유찬이는 자물쇠 비밀번호를 다음과 같은 조건으로 설정해 놓았습니다. 유찬이의 자물쇠 비밀번호는 무엇인지 구하세요.

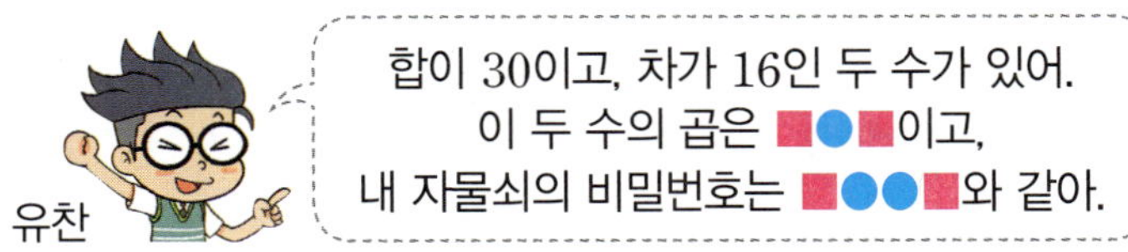

답 ____________________

1 63과 6의 곱은 54와 어떤 수의 곱과 같습니다. 어떤 수는 얼마인지 구하세요.

답 ______________________

2 4장의 수 카드 2 , 4 , 6 , 8 중에서 3장을 뽑아 한 번씩만 사용하여 다음 곱셈을 만들려고 합니다. 만들 수 있는 곱셈에서 가장 큰 곱과 가장 작은 곱의 합을 구하세요.

답 ______________________

3 어느 공장에서 한 시간에 프린터를 8개씩 만든다고 합니다. 같은 빠르기로 프린터를 하루에 5시간씩 4일 동안 만든 후 주문이 늘어나서 하루에 6시간씩 7일 동안 프린터를 더 만들었다고 합니다. 만든 프린터는 모두 몇 개인가요?

답 ______________________

4
곱
셈

4 □ 안에 들어갈 수 있는 세 자리 수는 모두 24개입니다. 1부터 9까지의 수 중에서 ㉠에 알맞은 수를 구하세요.

$$40 \times ㉠ < \boxed{} < 45 \times 5$$

답 _______________

5 그림과 같은 규칙으로 삼각형 모양을 만드는 데 사용한 성냥개비가 49개입니다. 삼각형 모양을 몇 개 만든 것인지 구하세요.

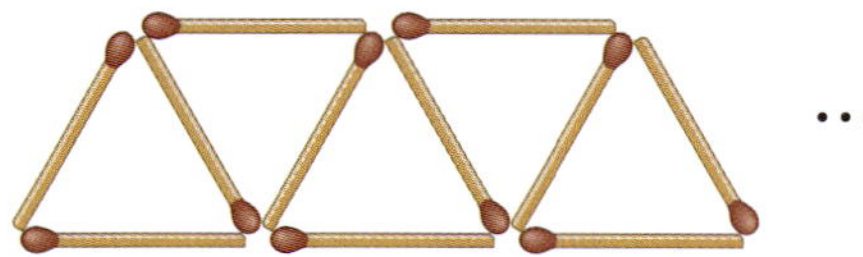

...

답 _______________

4
곱
셈

6 어느 직선 도로의 한쪽에 처음부터 끝까지 가로등을 5 m 간격으로 33개 세웠습니다. 같은 길이의 반대쪽 도로에 처음부터 끝까지 8 m 간격으로 가로등을 세우려면 가로등은 몇 개 필요한지 구하세요. (단, 가로등의 두께는 생각하지 않습니다.)

답 _______________

1 길이의 단위를 바르게 사용하여 말한 사람을 모두 찾아 이름을 쓰세요.

서아

은우

유찬

서준

 답 ______________________

2 길이가 긴 것부터 순서대로 기호를 쓰세요.

> ㉠ 899 mm   ㉡ 90 cm 8 mm   ㉢ 809 mm   ㉣ 89 cm 5 mm

답 ______________________

3 대화를 읽고 오래 매달리기 기록이 가장 좋은 사람은 누구인지 이름을 쓰세요.

> 서우: 나는 308초 동안 매달렸어.
> 현진: 내 기록은 3분 4초야.
> 동민: 난 2분 58초야.
> 초원: 내가 매달린 시간은 294초야.

 답 ______________________

4 지안이네 집에서 병원까지 가는 길은 다음과 같습니다. 도서관과 학교 중에서 어디를 거쳐서 가는 길이 더 가까운지 구하세요.

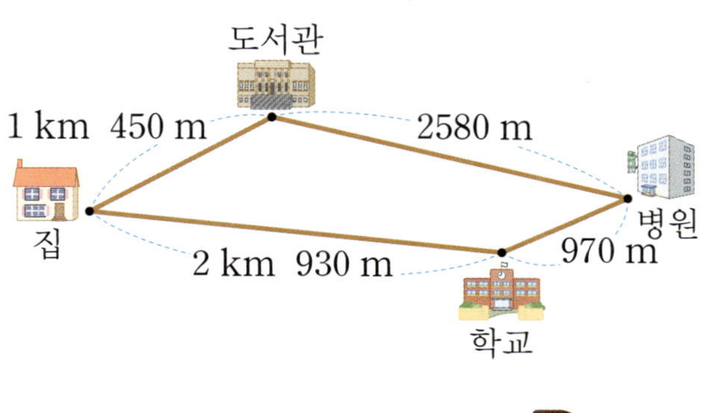

답 ___________________

5 일정한 빠르기로 한 시간 동안 민호는 2 km 700 m를 걷고, 유나는 3 km 300 m를 걷는다고 합니다. 이와 같은 빠르기로 민호와 유나가 같은 곳에서 출발하여 서로 반대 방향으로 쉬지 않고 2시간 30분 동안 걸었다면 두 사람 사이의 거리는 몇 km인지 구하세요.

답 ___________________

6 대화를 읽고 오늘 낮의 길이는 몇 시간 몇 분인지 구하세요.

답 ___________________

7 효원이가 숙제를 끝내고 시계를 보니 다음과 같았습니다. 숙제를 한 시간이 1시간 35분 30초이고, 중간에 48분 동안 간식을 먹었습니다. 숙제를 시작한 시각은 몇 시 몇 분 몇 초인지 ☐ 안에 알맞은 수를 써넣으세요.

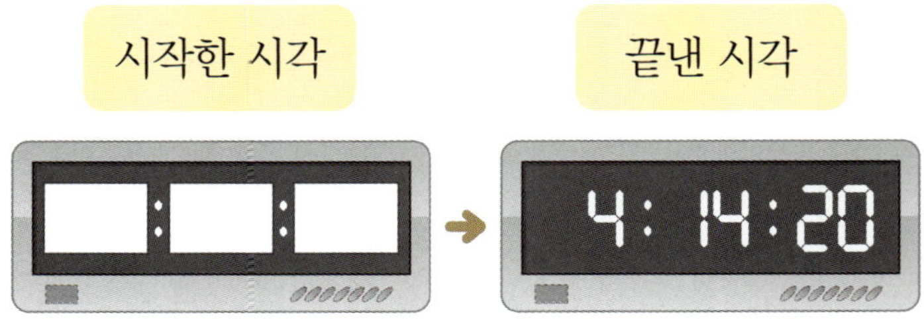

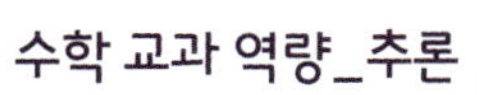

8 한 시간에 4초씩 빨라지는 시계가 있습니다. 이 시계를 오늘 오전 7시 30분에 정확히 맞추어 놓았다면 4일 후 오전 7시 30분에 이 시계가 가리키는 시각은 오전 몇 시 몇 분 몇 초인지 구하세요.

답 _______________

9 효민, 상우, 민재의 1000 m 달리기 기록을 나타낸 표입니다. 세 사람의 1000 m 달리기 기록의 합이 935초일 때 기록이 가장 빠른 사람과 가장 느린 사람의 기록의 차는 몇 초인지 구하세요.

이름	효민	상우	민재
기록	306초	4분 48초	

답 _______________

10 선우가 직사각형 모양의 종이를 오른쪽 그림과 같이 여러 개의 정사각형 모양으로 나누고 그중에서 가장 큰 정사각형 모양의 종이에 그림을 그리려고 합니다. 가장 작은 정사각형의 한 변의 길이가 2 cm 4 mm일 때 그림을 그릴 정사각형 모양 종이의 한 변의 길이는 몇 cm 몇 mm인지 구하세요.

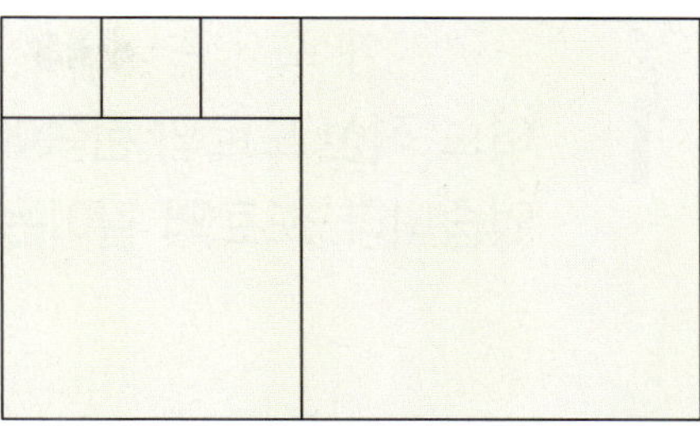

 답 ________________

11 다음과 같은 모형 기차가 ㉠ 역에서 출발하여 ㉤ 역까지 가는 데 몇 초가 걸리는지 구하세요. (단, 역과 역 사이를 이동하는 시간은 일정합니다.)

> • 각 역에 도착하면 2초씩 쉽니다.
> • ㉠ 역에서 출발하여 ㉢ 역까지 가는 데 걸리는 시간은 20초입니다.

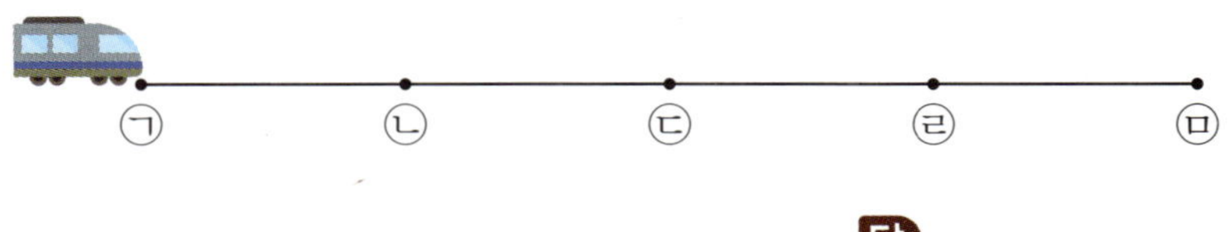

답 ________________

12 다음 설명을 모두 만족하는 시각은 모두 몇 번 있는지 구하세요.

> • 어제 오전 7시와 오늘 오후 7시 사이의 시각입니다.
> • 긴바늘이 12를 가리킵니다.
> • 긴바늘과 짧은바늘이 이루는 각이 직각입니다.

 답 ________________

1 어느 직선 도로의 한쪽에 처음부터 끝까지 가로수를 240 m의 간격으로 6그루 심었습니다. 도로의 길이는 몇 km 몇 m인지 구하세요.

(단, 가로수의 두께는 생각하지 않습니다.)

답 ______________________

2 전주역에서 남원역을 거쳐 여수엑스포역까지 가는 KTX 기차의 시간표입니다. 전주역에서 출발한 기차가 남원역까지 가는 데 걸리는 시간과 남원역에서 출발한 기차가 여수엑스포역까지 가는 데 걸리는 시간의 차를 구하세요.

역명	도착 시각	출발 시각
전주	—	9시 59분
남원	10시 30분	10시 34분
여수엑스포	11시 25분	—

답 ______________________

3 길이가 56 cm인 직사각형 모양의 종이테이프를 그림과 같이 겹치도록 접었더니 길이가 44 cm 2 mm가 되었습니다. ㉠의 길이는 몇 cm 몇 mm인지 구하세요.

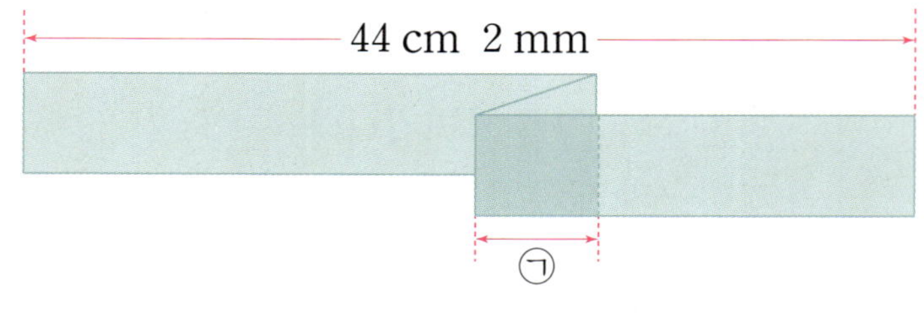

답 ______________________

4 민우의 시계는 1시간에 2초씩 빨라지고, 혜진이의 시계는 1시간에 4초씩 느려집니다. 오전 9시에 두 사람이 시계를 정확히 맞추었다면 두 사람의 시계가 처음으로 1분 차이가 나는 때는 오후 몇 시인지 구하세요.

답 ___________________________

5 직사각형 모양의 땅을 크기가 같은 작은 정사각형 모양의 땅으로 똑같이 나누었습니다. 빨간색 선을 따라 담장을 칠 때, 담장의 길이는 몇 km 몇 m인지 구하세요.

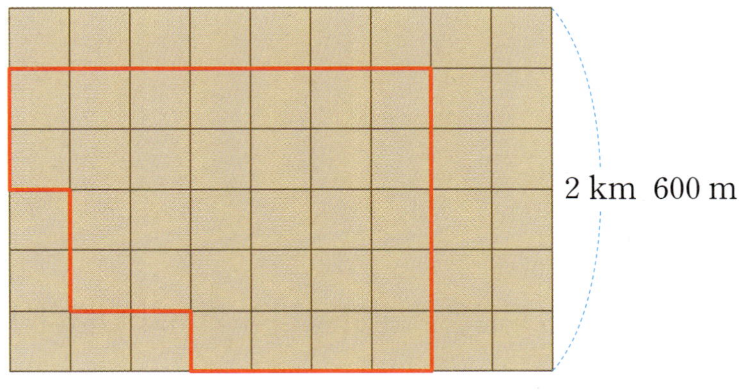

답 ___________________________

수학 교과 역량_추론

6 8초마다 깜박이는 빨간색 전등과 10초마다 깜박이는 초록색 전등이 있습니다. 빨간색 전등과 초록색 전등을 오후 8시 40분 50초에 동시에 켰다면 처음으로 동시에 깜박이는 시각은 오후 몇 시 몇 분 몇 초인지 구하세요.

답 ___________________________

1 오른쪽 칠교판에서 ㉠ 조각은 칠교판 전체의 얼마인지 단위분수로 나타내 보세요.

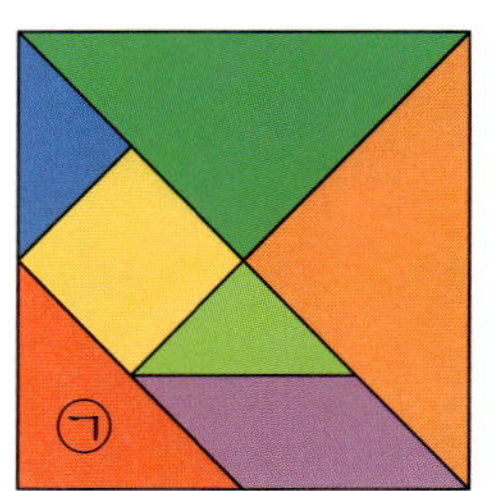

답 ______________________

2 은우, 민재, 유찬이는 똑같은 초콜릿을 각각 가지고 있습니다. 초콜릿을 적게 먹은 사람부터 차례로 이름을 쓰세요.

답 ______________________

3 풍선 속의 공기가 빠져나오는데 걸리는 시간을 알아보려고 합니다. 풍선 속 전체 공기의 $\dfrac{1}{10}$ 만큼이 빠져나오는데 3초가 걸렸습니다. 풍선 속 남은 공기가 모두 빠져나오는 데 걸리는 시간은 몇 초인가요? (단, 풍선에서 공기가 빠져나오는 빠르기와 양은 일정합니다.)

답 ______________________

4 수 카드 0 , 3 , 5 , 8 중 2장을 골라 한 번씩만 사용하여 소수 ■.●를 만들려고 합니다. 만들 수 있는 소수 중에서 $\dfrac{6}{10}$ 보다 크고 8.4보다 작은 소수는 모두 몇 개인지 구하세요. (단, ■.●에서 ●에는 0이 들어가지 않습니다.)

답 ______________________

5 다음과 같은 규칙으로 소수를 늘어놓았습니다. 15번째 소수는 얼마인지 구하세요.

0.1, 3.3, 6.5, 0.7, 3.1, 6.3, 0.5, 3.7, …

답 ______________________

6

분수와 소수

1 $\dfrac{3}{10}$보다 크고 0.8보다 작은 수는 모두 몇 개인지 구하세요.

| 0.4 | $\dfrac{2}{10}$ | 1.1 | 0.1 | $\dfrac{6}{10}$ | 0.9 | $\dfrac{7}{10}$ | 0.5 |

답 _______________

2 1부터 9까지의 수 중에서 □ 안에 공통으로 들어갈 수 있는 수를 모두 구하세요.

㉠ 0.1이 62개인 수 < □.4   ㉡ $\dfrac{1}{9}$이 4개인 수 < $\dfrac{\square}{9}$ < $\dfrac{8}{9}$

답 _______________

3 서아와 하민이는 각각 같은 쪽수의 책 한 권을 모두 읽으려고 합니다. 어제부터 읽기 시작하여 서아는 어제 책 전체의 $\dfrac{5}{9}$를, 오늘 책 전체의 $\dfrac{3}{9}$을 읽었고, 하민이는 어제 책 전체의 $\dfrac{2}{8}$를, 오늘 책 전체의 $\dfrac{5}{8}$를 읽었습니다. 서아와 하민이 중에서 남은 쪽수가 더 적은 사람은 누구인가요?

답 _______________

4 수 카드 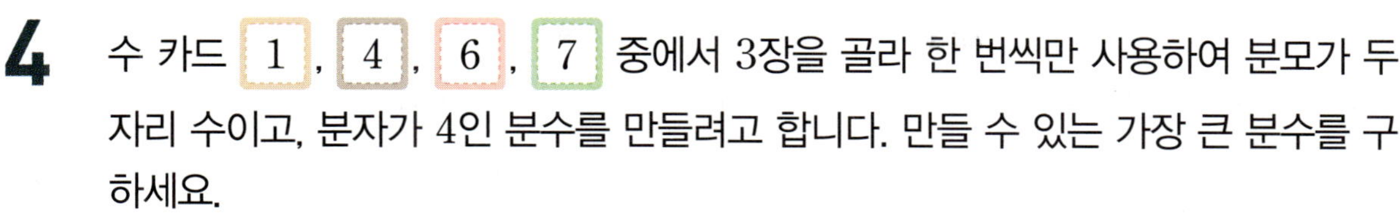 중에서 3장을 골라 한 번씩만 사용하여 분모가 두 자리 수이고, 분자가 4인 분수를 만들려고 합니다. 만들 수 있는 가장 큰 분수를 구하세요.

 ________________________

수학 교과 역량_추론

5 분수를 규칙적으로 늘어놓은 것입니다. 규칙을 찾아 30번째에 놓이는 분수를 구하세요.

$$\frac{1}{3},\ \frac{2}{3},\ \frac{1}{4},\ \frac{2}{4},\ \frac{3}{4},\ \frac{1}{5},\ \frac{2}{5},\ \frac{3}{5},\ \frac{4}{5},\ \cdots$$

 ________________________

6 집에서 부산까지 가는 데 전체 거리의 $\frac{7}{12}$은 기차를 타고, 나머지의 $\frac{3}{5}$은 지하철을 탔습니다. 남은 거리 18 km는 버스를 탔다면 집에서 부산까지의 거리는 몇 km인지 구하세요.

 ________________________

1 1부터 9까지의 수 중에서 □ 안에 들어갈 수 있는 수는 모두 몇 개인지 구하세요.

$$16 \times 8 < \square 9 \times 5 < 45 \times 7$$

답 ______________________

2 크기가 다른 정사각형 3개를 겹쳐 그려서 다음과 같은 도형을 만들었습니다. 빨간색 삼각형은 만들어진 도형 전체의 얼마인지 분수로 나타내 보세요.

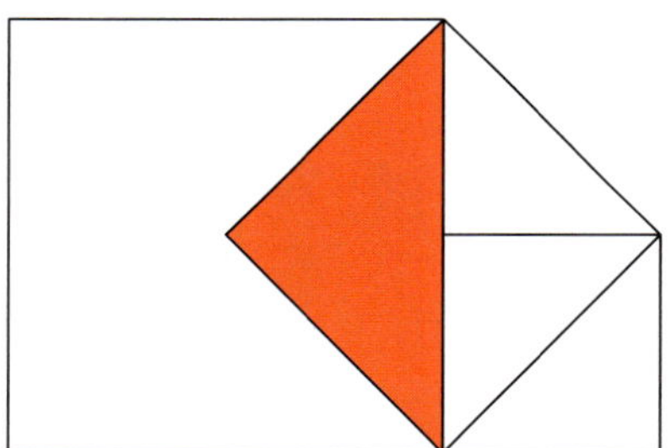

답 ______________________

▶ 정답과 해설 **43**쪽

3 기호 ◉에 대하여 가◉나＝가＋가＋나라고 약속할 때 ☐ 안에 알맞은 수를 구하세요.

답 ____________________

4 다음을 보고 ㉠과 ㉡에 알맞은 수를 구하세요.

㉠÷㉡＝7   ㉠＋㉡＝32

답 ㉠ ____________________ , ㉡ ____________________

5 어느 물통에 수도로 40초 동안 물을 받으면 물통 전체의 0.3이 채워집니다. 비어 있는 이 물통에 물을 받기 시작하고 나서 얼마 후에 수도를 잠갔더니 아직 채워지지 않은 부분이 물통 전체의 0.1이었습니다. 물을 몇 초 동안 받은 것인지 구하세요. (단, 수도에서 1초에 나오는 물의 양은 일정합니다.)

답 ____________________

6 어떤 두 자리 수가 있습니다. 이 두 자리 수의 일의 자리 숫자와 십의 자리 숫자를 바꾼 다음 6을 곱했더니 78이 되었습니다. 어떤 두 자리 수는 얼마인지 구하세요.

답 

7 도영이의 시계는 한 시간에 15초씩 느려지고 정우의 시계는 한 시간에 12초씩 빨라진다고 합니다. 두 사람이 각각 오전 9시에 시계를 정확히 맞추었다면 같은 날 오후 3시에 두 사람의 시계가 가리키는 시각의 차는 몇 분 몇 초인지 구하세요.

답 _______________

8 다음 그림에서 한 원 안에 있는 네 수의 합이 모두 같을 때, ㉠에 알맞은 수는 얼마인지 구하세요.

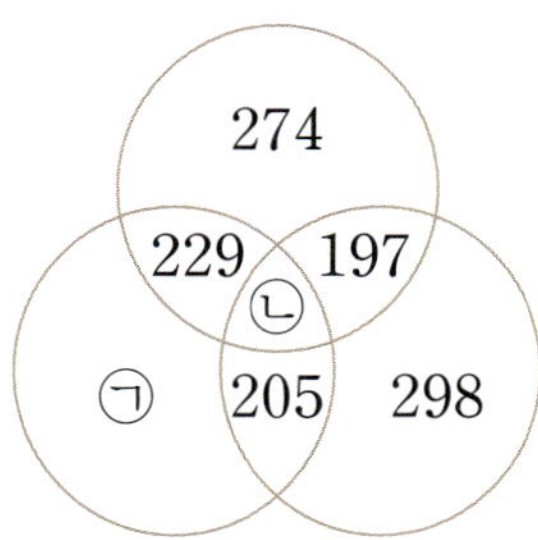

답 

9 도형은 크기가 다른 4가지 정사각형을 겹치지 않게 이어 붙여서 만든 직사각형입니다. 가장 큰 직사각형의 네 변의 길이의 합은 몇 cm인지 구하세요.

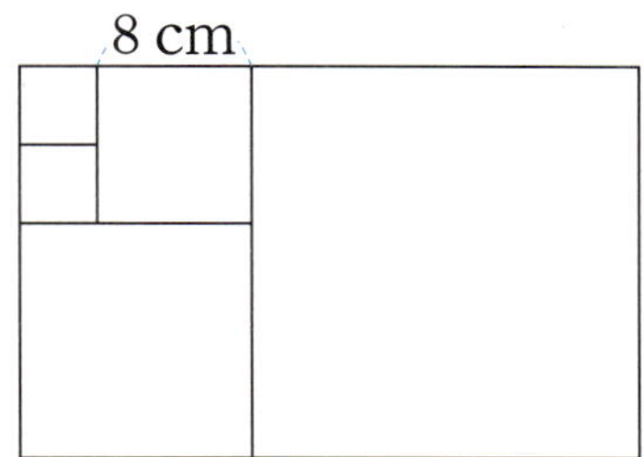

답 ________________________

10 그림은 직사각형을 모양과 크기가 같은 직사각형 6개로 나눈 것입니다. 점 ㉠에서 점 ㉡까지 직사각형의 변을 따라 선을 그을 때 그을 수 있는 가장 짧은 선의 길이는 몇 cm 몇 mm인지 구하세요.

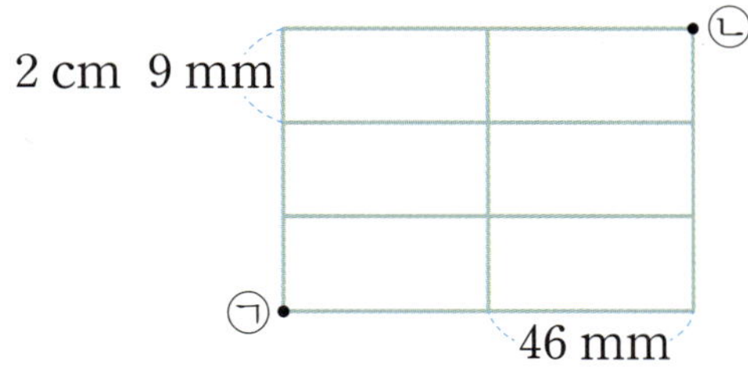

답 ________________________

▶ 정답과 해설 43쪽

11 나무 도막을 쉬지 않고 4도막으로 자르는데 21분이 걸립니다. 나무 도막을 한 번 자르고 나서 2분씩 쉰다면, 나무 도막을 10도막으로 자르는 데에는 모두 몇 분이 걸리는지 구하세요. (단, 나무 도막을 한 번 자르는 데 걸리는 시간은 일정합니다.)

답 ______________________

12 을 모두 만족하는 두 수를 구하세요.

> **조 건**
> - 두 수는 똑같이 6으로 나누어집니다.
> - 두 수는 50보다 작습니다.
> - 두 수의 합을 8로 나누면 몫이 9입니다.
> - 두 수의 차는 12입니다.

답 ______________________

milk T

book.chunjae.co.kr

수학의 자신감을 키워 주는 **초등 수학 교재**

난이도 한눈에 보기!

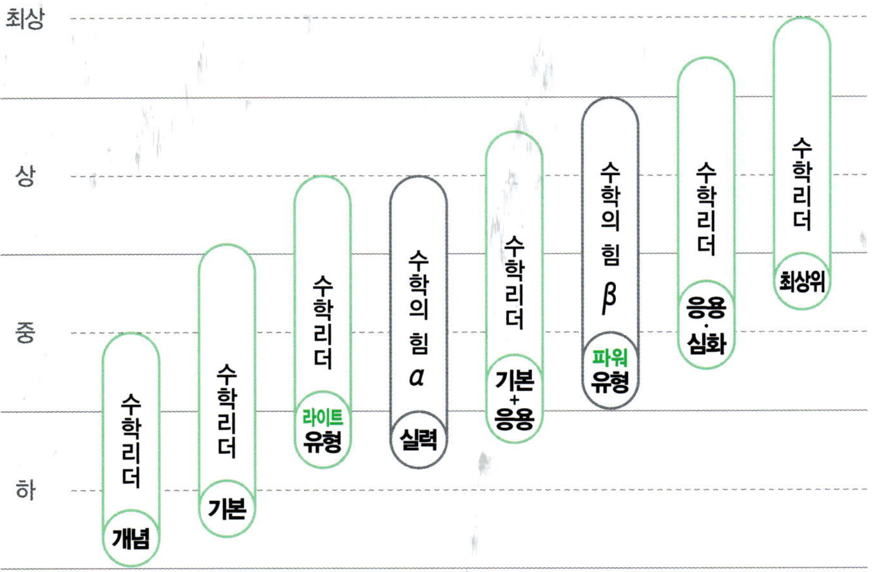

차세대 리더

시험 대비 교재

- **올백 전과목 단원평가**　　　　　　　　　1~6학년/학기별
  (1학기는 2~6학년)

- **HME 수학 학력평가**　　　　　　　　　　1~6학년/상·하반기용
- **HME 국어 학력평가**　　　　　　　　　　1~6학년

한자 교재

- **천재 NEW 한자능력검정시험 자격증 한번에 따기**　8~5급(총 7권)/4급~3급(총 2권)

영어 교재

- **Listening Pop**　　　　　　　　　　Level 1~3
- **Grammar, ZAP!**
  - 입문　　　　　　　　　　　　　　　1, 2단계
  - 기본　　　　　　　　　　　　　　　1~4단계
  - 심화　　　　　　　　　　　　　　　1~4단계
- **Let's Go to the English World!**
  - Conversation　　　　　　　　　　1~5단계, 단계별 3권
  - Phonics　　　　　　　　　　　　　총 4권

예비 중학 교재

- **천재 신입생 시리즈**　　　　　　　　　수학/영어
- **천재 반편성 배치고사 기출 & 모의고사**

천재교육 커뮤니티 안내

교재 안내부터 구매까지 한 번에!

천재교육 홈페이지

자사가 발행하는 참고서, 교과서에 대한 소개는 물론
도서 구매도 할 수 있습니다. 회원에게 지급되는 별을 모아
다양한 상품 응모에도 도전해 보세요!

다양한 교육 꿀팁에 깜짝 이벤트는 덤!

천재교육 인스타그램

천재교육의 새롭고 중요한 소식을 가장 먼저 접하고 싶다면?
천재교육 인스타그램 팔로우가 필수!
깜짝 이벤트도 수시로 진행되니 놓치지 마세요!

수업이 편리해지는

천재교육 ACA 사이트

오직 선생님만을 위한, 천재교육 모든 교재에 대한 정보가 담긴
아카 사이트에서는 다양한 수업자료 및 부가 자료는 물론
시험 출제에 필요한 문제도 다운로드하실 수 있습니다.

https://aca.chunjae.co.kr

천재교육을 사랑하는 샘들의 모임

천사샘

학원 강사, 공부방 선생님이시라면 누구나 가입할 수 있는 천사샘!
교재 개발 및 평가를 통해 교재 검토진으로 참여할 수 있는 기회는 물론
다양한 교사용 교재 증정 이벤트가 선생님을 기다립니다.

아이와 함께 성장하는 학부모들의 모임공간

튠맘 학습연구소

튠맘 학습연구소는 초·중등 학부모를 대상으로 다양한 이벤트와 함께
교재 리뷰 및 학습 정보를 제공하는 네이버 카페입니다.
초등학생, 중학생 자녀를 둔 학부모님이라면 튠맘 학습연구소로 오세요!

book.chunjae.co.kr

수학리더 응용·심화

해법 천하

BOOK 3

3-1

BOOK 1
심화북
실력·응용 문제
+ 문제 해결력 완성

BOOK 2
경시 대비북
상위권 도전 문제
+ 경시대회 예상 문제

리더가 되기 위한
공부 비법

천재교육

해법전략 포인트 3가지

▶ 혼자서도 이해할 수 있는 친절한 문제 풀이

▶ 참고, 주의, 중요, 전략 등 자세한 풀이 제시

▶ 다른 풀이를 제시하여 다양한 방법으로 문제 풀이 가능

1 덧셈과 뺄셈

8~13쪽 1단계 기본 유형 연습

1 547 **2** ( )(○) **3** 675
4 759 **5** < **6** 898
7 130+160=290 / 290종
8 335+120=455 / 455명
9 469

10
```
    1
  4 3 6
+ 2 5 8
───────
  6 9 4
```

11 353 cm **12** (○)( )
13 809 **14** 425, 182
15 216+325=541 / 541개
16 373+462=835 / 835마리

---

17 10 / 100 **18** (위에서부터) 740, 604
19
20 >
21 1223
22 538+574=1112 / 1112송이
23 396+548=944 / 944 m
24 431 **25** 500쯤
26 212 **27** ( )(○)( )
28 221 **29** 222
30 967-325=642 / 642권
31 548-436=112 / 112명

---

32 363 **33** ㉡
34 183 **35** <
36 204
37 534-308=226 / 226자루
38 예 혜윤이는 리본 534 cm 중 선물을 포장하는
데 308 cm를 사용했습니다. 남은 리본은 몇 cm
인지 구하세요. / 226 cm
39 348 **40** 644
41
42 553, 284
43
```
  5 13 10
  6  4  1
-    3 5 5
──────────
     2 8 6
```
/ 예 백의 자리와 십의 자리에서 받아
내림한 수를 빼지 않았습니다.

44 252-174=78 / 78쪽
45 632-249=383 / 383 m

2 ・114는 100쯤, 615는 600쯤으로 어림하여 계산하면
100+600=700쯤입니다.
・505는 500쯤, 321은 300쯤으로 어림하여 계산하면
500+300=800쯤입니다.

5 342+445=787 ➡ 787<790

6 ㉠ 628 ㉡ 270
➡ 두 수의 합: 628+270=898

7 (곤충의 종류)+(조류의 종류)
=130+160=290(종)

8 (오후에 방문한 관람객의 수)
=335+120=455(명)

10 일의 자리에서 받아올림한 수를 십의 자리에서 계산하
지 않았습니다.

12 167+529=696, 374+295=669
➡ 696>669

13 수 모형이 나타내는 수: 647
➡ 647보다 162만큼 더 큰 수는 647+162=809이
므로 서준이가 말하는 수는 809입니다.

14 합이 607이 되는 두 수를 찾습니다.
425+265=690(×)
425+182=607(○)
265+182=447(×)

15 (배의 수)+(사과의 수)=216+325=541(개)

16 (지금 생태 습지에 있는 독수리의 수)
=373+462=835(마리)

17 십의 자리로 받아올림한 수 ①은 실제로 10을 나타내
고, 백의 자리로 받아올림한 수 ①은 실제로 100을 나
타냅니다.

20 656+487=1143, 794+326=1120
➡ 1143>1120

21 926>758>297이므로 가장 큰 수는 926, 가장 작은
수는 297입니다.
➡ 926+297=1223

22 (심은 장미의 수)+(심은 튤립의 수)
　　=538+574=1112(송이)

23 (소윤이네 집에서 병원까지의 거리)
　　+(병원에서 학교까지의 거리)
　　=396+548=944 (m)

25 598은 600쯤으로, 117은 100쯤으로 어림하여 계산하
　　면 600−100=500쯤입니다.

27 586−154=432, 859−416=443,
　　967−535=432

29 100이 7개, 10이 4개, 1이 6개인 수 ➡ 746
　　746보다 524만큼 더 작은 수: 746−524=222

30 (남아 있는 동화책의 수)=967−325=642(권)

31 (남학생 수)−(여학생 수)=548−436=112(명)

34 수 모형이 나타내는 수: 328
　　➡ 수 모형이 나타내는 수보다 145만큼 더 작은 수는
　　　 328−145=183입니다.

36 563>385>359이므로 가장 큰 수는 563, 가장 작은
　　수는 359입니다.
　　➡ 563−359=204

37 (남아 있는 연필 수)=534−308=226(자루)

38 **예** (남은 리본의 길이)=534−308=226 (cm)

> **평가 기준**
> 주어진 뺄셈식에 맞는 문제를 만들고 바르게 계산했으면
> 정답으로 합니다.

42 731−178=553, 553−269=284

43
> **주의**
> 받아내림이 연속으로 두 번 있으므로 받아내림한 수를 정확
> 히 표시합니다.

> **평가 기준**
> 받아내림을 잘못한 까닭을 바르게 썼으면 정답으로 합니다.

44 (더 읽어야 할 쪽수)=252−174=78(쪽)

45 가장 높은 건물의 높이: 632 m(상하이타워)
　　가장 낮은 건물의 높이: 249 m(63빌딩)
　　➡ 632−249=383 (m)

14~15쪽 　1단계 기본＋유형 완성

1-1 707 cm　　　**1**-2 743 cm
1-3 468 cm　　　**2**-1 365
2-2 189　　　　 **2**-3 741
3-1 (위에서부터) 3, 8 / 8
3-2 (위에서부터) 1, 5 / 3
3-3 (위에서부터) 5 / 3, 5
4-1 532+467=999　**4**-2 743+571=1314
4-3 934−148=786

1-1 (삼각형의 세 변의 길이의 합)
　　=184+307+216=491+216=707 (cm)

1-2 (삼각형의 세 변의 길이의 합)
　　=275+193+275=468+275=743 (cm)

1-3 (삼각형의 세 변의 길이의 합)
　　=156+156+156=312+156=468 (cm)

2-1 158+●=523 ➡ 523−158=●, ●=365

2-2 ◆+724=913 ➡ 913−724=◆, ◆=189

2-3 ★−269=472 ➡ 472+269=★, ★=741

3-1 일의 자리 계산: 3+□=11, □=11−3=8
　　십의 자리 계산: 1+5+2=□, □=8
　　백의 자리 계산: 6+□=9, □=9−6=3

3-2 일의 자리 계산: 9+4=13, □=3
　　십의 자리 계산: 받아올림이 있으므로
　　　　　　　　　1+4+□=10, 5+□=10,
　　　　　　　　　□=10−5=5
　　백의 자리 계산: 1+□+3=5, □=5−4=1

3-3 일의 자리 계산: 10+3−□=8, 13−□=8,
　　　　　　　　　□=13−8=5
　　십의 자리 계산: 받아내림이 있으므로
　　　　　　　　　□−1−4=0, □−5=0, □=5
　　백의 자리 계산: 7−□=4, □=7−4=3

4-1 합이 가장 크려면 가장 큰 수와 둘째로 큰 수를 더해
　　야 합니다.
　　532>467>267>125이므로 가장 큰 수는 532, 둘
　　째로 큰 수는 467입니다. ➡ 532+467=999

4-2 합이 가장 크려면 가장 큰 수와 둘째로 큰 수를 더해
　　야 합니다.
　　743>571>398>279이므로 가장 큰 수는 743,
　　둘째로 큰 수는 571입니다.
　　➡ 743+571=1314

4-3 차가 가장 크려면 가장 큰 수에서 가장 작은 수를 빼
야 합니다.
934>627>461>148이므로 가장 큰 수는 934, 가장
작은 수는 148입니다.
➡ 934−148=786

1 797 / 315   **2** >
3 ⑴ (위에서부터) 1111, 542
    ⑵ (위에서부터) 688, 299
4 ㉢   **5** ㉡, ㉠, ㉢
6 302개   **7** 374 cm
8 531

9 359+425=784   **10** 743
11 732, 478   **12** 1456개
13 415 m   **14** 297
15 156   **16** 468명

2 139+254=393, 524−137=387 ➡ 393>387
5 ㉠ 164+287=451, ㉡ 800−249=551,
㉢ 685−273=412
따라서 계산 결과가 큰 것부터 순서대로 기호를 쓰면
㉡, ㉠, ㉢입니다.
6 (전체 학생 수)=(남학생 수)+(여학생 수)
＝148+154=302(명)
➡ 전체 학생 수만큼 물통이 필요하므로 물통은 302개
필요합니다.
7 1 m=100 cm이므로 9 m=900 cm입니다.
(남은 색 테이프의 길이)
＝(전체 색 테이프의 길이)−(사용한 색 테이프의 길이)
＝900−526=374 (cm)
8 어떤 수를 □라 하여 잘못 계산한 식을 쓰면
□−172=359입니다.
□−172=359 ➡ 359+172=□, □=531
9 359<425<498<564이므로 가장 작은 수는 359,
둘째로 작은 수는 425입니다.
➡ 359+425=784
10 삼각형 안에 있는 수는 447, 296, 385이고 이 중에서
가장 큰 수는 447, 가장 작은 수는 296입니다.
따라서 두 수의 합은 447+296=743입니다.

11 차의 일의 자리 숫자가 4가 될 수 있는 두 수를 찾아봅
니다.
➡ 732−458=274(×), 732−478=254(○)
12 (오늘 딴 복숭아의 수)=657+142=799(개)
➡ (어제와 오늘 딴 복숭아의 수)
＝657+799=1456(개)
13 (집에서 학교까지의 거리)
＝(집~병원)+(놀이터~학교)−(놀이터~병원)
＝254+287−126=541−126=415 (m)
14 만들 수 있는 가장 큰 세 자리 수는 472입니다.
➡ 472−175=297
15 은우가 말하는 수: 365, 서준이가 말하는 수: 209
➡ 365−209=156
16 전략
'~ 더 많이'는 덧셈을, '~ 더 적게'는 뺄셈을 이용하여 학생
수를 구합니다.

(은우네 학교 학생 수)=(건우네 학교 학생 수)+104
＝617+104=721(명)
(유찬이네 학교 학생 수)=(은우네 학교 학생 수)−253
＝721−253=468(명)

심화 1 ❶ 559명 ❷ 583명
      ❸ 민규네 학교, 24명
1-1 일요일, 160명   **1**-2 약국, 22 m
심화 2 ❶ 593 ❷ 작아야에 ○표 ❸ 0, 1, 2
2-1 7, 8, 9   **2**-2 0, 1, 2, 3

심화 3 ❶ 652 ❷ 125 ❸ 777
3-1 467   **3**-2 1112
심화 4 ❶ □+263=684 ❷ 421 ❸ 158
4-1 1193   **4**-2 773

심화 5 ❶ 129, 285
      ❷ 129, 285, 258, 285, 543
5-1 578   **5**-2 258
심화 6 ❶ 640그루 ❷ 320그루 ❸ 216그루
6-1 499명   **6**-2 142개

심화 1　**1** (서아네 학교 학생 수)=284+275=559(명)
　2 (민규네 학교 학생 수)=325+258=583(명)
　3 559<583이므로 민규네 학교 학생 수가
　　583−559=24(명) 더 많습니다.

1-1　**1** (토요일 관람객 수)=448+375=823(명)
　2 (일요일 관람객 수)=534+449=983(명)
　3 823<983이므로 일요일 관람객 수가
　　983−823=160(명) 더 많습니다.

1-2　**1** (우석이네 집~약국~학교)=437+375=812 (m)
　2 (우석이네 집~병원~학교)=238+596=834 (m)
　3 812<834이므로 약국을 지나 가는 것이
　　834−812=22 (m) 더 가깝습니다.

심화 2　**1** 946−●=353 ➡ 946−353=●, ●=593
　2 946−59□>353에서 59□는 593보다 작아야
　　합니다.
　3 59□<593이므로 □ 안에 알맞은 수는 0, 1, 2입
　　　　□<3
　　니다.

2-1　**1** 307+●=523 ➡ 523−307=●, ●=216
　2 307+21□>523이므로 21□는 216보다 커야
　　합니다.
　3 21□>216이므로 □ 안에 알맞은 수는 7, 8, 9입
　　　　□>6
　　니다.

2-2　**1** 732−●=257+129, 732−●=386
　　➡ 732−386=●, ●=346
　2 732−3□8>257+129이므로 3□8은 346보다
　　작아야 합니다.
　3 3□8<346이므로 □ 안에 알맞은 수는 0, 1, 2,
　　　　□<4
　　3입니다.

심화 3　**1** 6>5>2>1이므로 만들 수 있는 가장 큰 세
　　자리 수는 652입니다.
　2 1<2<5<6이므로 만들 수 있는 가장 작은 세 자
　　리 수는 125입니다.
　3 (가장 큰 세 자리 수)+(가장 작은 세 자리 수)
　　=652+125=777

3-1　**1** 8>7>4>0이므로 만들 수 있는 가장 큰 세 자리
　　수는 874입니다.
　2 0<4<7<8에서 0은 백의 자리에 놓을 수 없으
　　므로 4를 백의 자리에 놓고 0을 십의 자리, 7을 일
　　의 자리에 놓아 가장 작은 세 자리 수 407을 만들
　　수 있습니다.
　3 (가장 큰 세 자리 수)−(가장 작은 세 자리 수)
　　=874−407=467

주의
가장 작은 세 자리 수를 만들 때 백의 자리에 0이 올 수 없
음에 주의합니다.

3-2　**1** 8>7>5>3>2이므로 만들 수 있는 가장 큰 세
　　자리 수는 875입니다.
　2 2<3<5<7<8이므로 만들 수 있는 가장 작은
　　수는 235, 둘째로 작은 세 자리 수는 237입니다.
　3 (가장 큰 세 자리 수)+(둘째로 작은 세 자리 수)
　　=875+237=1112

심화 4　**1** 어떤 수를 □라 하여 잘못 계산한 식을 쓰면
　　□+263=684입니다.
　2 684−263=□, □=421
　3 바르게 계산한 값: 421−263=158

4-1　**1** 어떤 수를 □라 하여 잘못 계산한 식을 쓰면
　　□−327=539입니다.
　2 539+327=□, □=866
　3 바르게 계산한 값: 866+327=1193

4-2　**1** ㉠의 십의 자리 숫자와 일의 자리 숫자를 서로 바꾼
　　수를 □라 하여 잘못 계산한 식을 쓰면
　　□−341=352입니다.
　2 352+341=□, □=693
　　➡ 어떤 세 자리 수: 639
　3 바르게 계산한 값: 639+134=773

5-1　**1** ㉠의 자리에 148을, ㉡의 자리에 874를 넣어 계산
　　합니다.
　2 148♥874=874−148−148
　　　　　　　=726−148=578

5-2　**1** 346♣209는 ㉠의 자리에 346을, ㉡의 자리에
　　209를 넣어 계산합니다.
　2 346♣209=346+209+165
　　　　　　　=555+165=720
　3 720=462+□ ➡ □=720−462=258

심화 6　**1** (처음에 있던 소나무와 벚나무 수의 합)
　　　　＋(더 심은 소나무의 수)
　　　　＝536＋104＝640(그루)

2 320＋320＝640이므로 지금 공원에 있는 소나무
　는 320그루입니다.

3 (지금 공원에 있는 소나무의 수)
　　－(더 심은 소나무의 수)
　　＝320－104＝216(그루)

6-1　**1** (지금 기차에 타고 있는 어른과 어린이 수의 합)
　　＝751－247＝504(명)

2 252＋252＝504이므로 지금 기차에 타고 있는
　어른은 252명입니다.

3 (처음 기차에 타고 있던 어른 수)
　　＝252＋247＝499(명)

6-2　**1** 상자에 사탕 158개를 더 담고 초콜릿 134개를 꺼
　냈으므로
　(지금 상자에 들어 있는 사탕과 초콜릿 수의 합)
　　＝576＋158－134＝600(개)

2 300＋300＝600이므로 지금 상자에 들어 있는
　사탕과 초콜릿은 각각 300개입니다.

3 (처음 상자에 들어 있던 사탕의 수)
　　＝300－158＝142(개)

26~27쪽　3단계 심화 ➕ 유형 완성

1 514	**2** 914－830＝84
3 237	**4** (위에서부터) 615, 234
5 903 m	**6** 341, 125

1　361＋●＝704 ➡ 704－361＝●, ●＝343
　　627－▲＝456 ➡ 627－456＝▲, ▲＝171
　　따라서 ●＋▲＝343＋171＝514입니다.

2　차가 작은 두 수: 603과 497, 603과 830, 914와 830
　　➡ 603－497＝106, 830－603＝227,
　　　914－830＝84이고, 84＜106＜227이므로 차가
　　가장 작은 식은 914－830＝84입니다.

3　지안: 400보다 크고 600보다 작은 수는 475입니다.
　　건우: 500보다 크고 800보다 작은 수는 712와 638
　　　　이고, 이 중에서 숫자 3이 없는 수는 712입니다.
　　➡ 두 수의 차: 712－475＝237

4
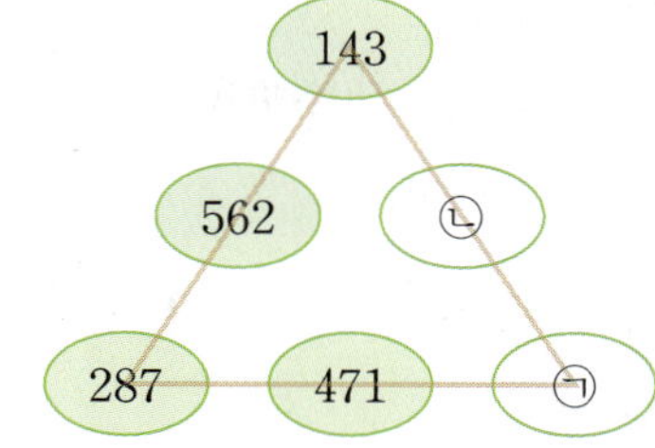

(한 변에 놓인 세 수의 합)＝143＋562＋287＝992
287＋471＋㉠＝992, ㉠＝234
143＋㉡＋234＝992, ㉡＝615

5　(남산의 높이)＝836－565＝271 (m)
　　(관악산의 높이)＝836－204＝632 (m)
　　➡ (남산과 관악산의 높이의 합)
　　　＝271＋632＝903 (m)

6　두 식을 더해서 새로운 식을 만들면
　　㉠＋㉡＋㉠－㉡＝466＋216 ➡ ㉠＋㉠＝682
　　341＋341＝682이므로 ㉠＝341입니다.
　　㉠＋㉡＝466 ➡ 341＋㉡＝466, ㉡＝125

28~29쪽　Test 단원 실력 평가

1 775　　　　　　　　**2** 세희
3 (위에서부터) 879, 212
4 273　　　　**5** 959　　　　　　**6** ㉠
7 457＋438＝895 / 895명
8 423－148＝275 / 275마리
9 ㉢　　　　　　　　　　**10** 242 cm
11 452, 424
12 (위에서부터) 9 / 5, 4
13 737개
14 예 **❶** 37□를 ●라 하면 583＋●＝958
　　　　➡ 958－583＝●, ●＝375

❷ 583＋37□＜958이므로 37□는 375보다 작
　아야 합니다.

❸ 37□＜375이므로 □ 안에 알맞은 수는 0, 1,
　　□＜5
　2, 3, 4입니다.　　　　　　　　답 0, 1, 2, 3, 4

15 예 **❶** ㉠의 자리에 236을, ㉡의 자리에 327을 넣어
　계산합니다.

❷ 236♥327＝950－236－327
　　　　＝714－327＝387

답 387

4 수 모형이 나타내는 수: 457

→ 수 모형이 나타내는 수보다 184만큼 더 작은 수는
457−184=273입니다.

5 632>625>452>327이므로 가장 큰 수는 632,
가장 작은 수는 327입니다.

→ 632+327=959

6 ㉠ 384는 400쯤, 293은 300쯤으로 어림하여 계산하면
400+300=700쯤입니다.
㉡ 740은 700쯤, 235는 200쯤으로 어림하여 계산하면
700−200=500쯤입니다.
㉢ 179는 200쯤, 395는 400쯤으로 어림하여 계산하면
200+400=600쯤입니다.

9 ㉠ 675−343=332
㉡ 824−516=308
㉢ 743−458=285

→ ㉢ 285<㉡ 308<㉠ 332이므로 차가 가장 작은
식은 ㉢입니다.

10 7 m=700 cm
(남은 철사의 길이)=700−458=242 (cm)

11 일의 자리 수끼리의 합이 6이 되는 두 수는
452와 424, 288과 578입니다.

→ 452+424=876(○), 288+578=866(×)

12
```
    2 7 ㉠
  + ㉢ ㉡ 4
  ─────────
    8 2 3
```

- ㉠+4=13 → ㉠=13−4=9
- 1+7+㉡=12, 8+㉡=12 → ㉡=12−8=4
- 1+2+㉢=8, 3+㉢=8 → ㉢=8−3=5

13 (사과의 수)=276+185=461(개)
(귤과 사과의 수)=276+461=737(개)

14 평가 기준
❶ 37□를 ●라 하여 ●의 값을 구함.
❷ 37□가 될 수 있는 수의 범위를 구함.
❸ □ 안에 알맞은 수를 모두 구함.

15 평가 기준
❶ ㉠♥㉡에서 ㉠과 ㉡의 자리에 넣을 수와 계산 방법을 설명함.
❷ 236♥327의 식을 세워 계산 결과를 구함.

2 평면도형

35~40쪽 1단계 기본 유형 연습

1 (1) ㉣ (2) ㉡

2 직선 ㄱㄴ 또는 직선 ㄴㄱ

3 ( )
(○)
( )

4 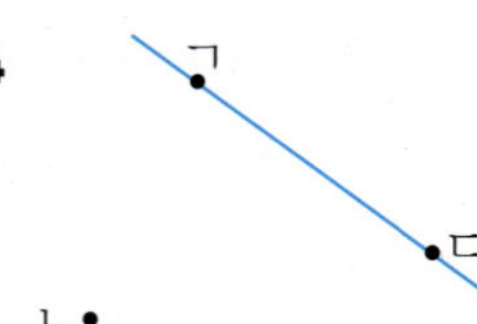

5 예 이 도형의 이름은 반직선 ㄴㄱ이야.

6 3개   **7** 은우

8 ( )(○)( )   **9** 변

10 ( )(○)   **11** 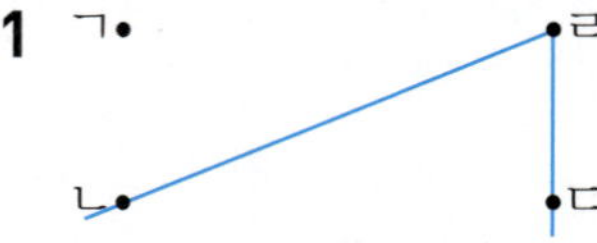

12 각 ㄱㄴㄷ 또는 각 ㄷㄴㄱ / 변 ㄴㄱ, 변 ㄴㄷ

13 ㉢   **14** 4개

15 예 반직선이 아닌 굽은 선으로 이루어진 부분이
있기 때문입니다.

16 ( )(○)( )   **17** ㉠

18 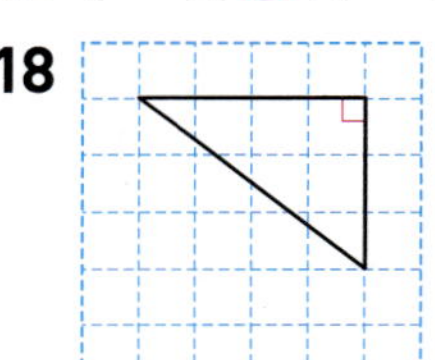   **19** 예 

20 ㉡   **21** 3개

22 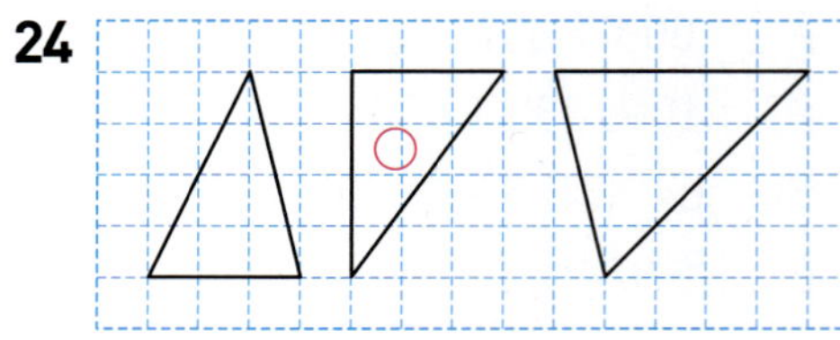

23 각 ㄴㄹㄷ 또는 각 ㄷㄹㄴ

24 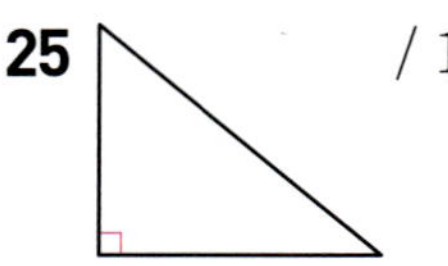

25 / 1

26 예 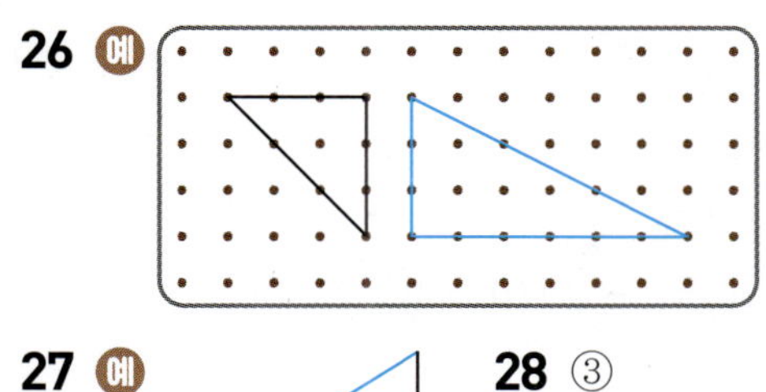

27 예 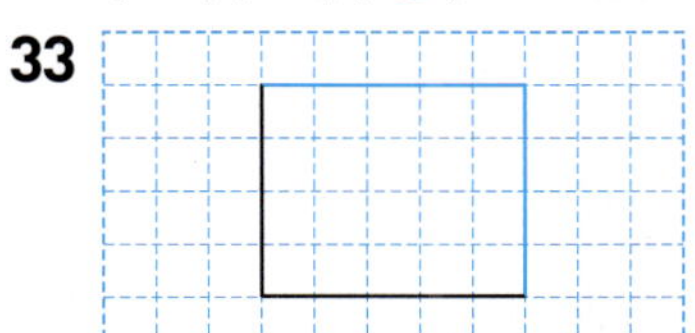   **28** ③

29 혜원   **30** 3개

31 ( )( )(○)   **32** 가, 다

33 

35 (위에서부터) 10, 4

36 예 네 각이 모두 직각인 사각형이 아니기 때문입니다.

37

38 나   **39** 7, 7   **40** 4개

41 예 1 cm / 1 cm

42 건우   **43** ①, ③, ④   **44** 32 cm

2 점 ㄱ과 점 ㄴ을 지나는 직선이므로 직선 ㄱㄴ 또는 직선 ㄴㄱ입니다.

3 맨 위는 반직선 ㄱㄴ이고 맨 아래는 직선 ㄱㄴ(직선 ㄴㄱ)입니다.

> 참고
> • 선분: 두 점을 곧게 이은 선
> • 직선: 선분을 양쪽으로 끝없이 늘인 곧은 선
> • 반직선: 한 점에서 시작하여 한쪽으로 끝없이 늘인 곧은 선

5 점 ㄴ에서 시작하여 점 ㄱ을 지나는 반직선을 그었으므로 반직선 ㄴㄱ을 그은 것입니다.

> 주의
> 반직선 ㄱㄴ과 반직선 ㄴㄱ은 시작하는 점이 다르므로 같지 않습니다.

6 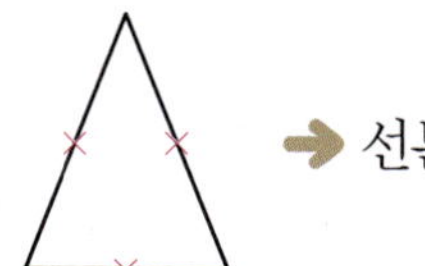 → 선분: 3개

7 서준: 반직선은 한쪽으로만 늘어나고 직선은 양쪽으로 늘어납니다.

10 왼쪽 각은 각 ㄴㄱㄷ 또는 각 ㄷㄱㄴ이라고 읽습니다.

11 점 ㄹ이 꼭짓점이 되고 반직선 ㄹㄴ과 반직선 ㄹㄷ이 변이 되도록 각을 그립니다.

> 참고
> 각을 그릴 때에는 각의 가운데에 있는 점이 꼭짓점이 되도록 그립니다.

12 각의 꼭짓점은 점 ㄴ입니다.

> 주의
> 각을 읽을 때는 각의 꼭짓점이 가운데 오도록 읽고 각의 변을 읽을 때는 각의 꼭짓점을 먼저 읽습니다.

14 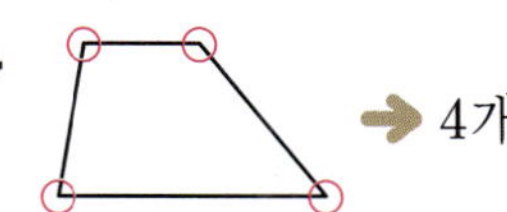 → 4개

15
> 평가 기준
> 선 하나가 반직선이 아닌 굽은 선으로 이루어져서 각이 아니라고 썼으면 정답으로 합니다.

17 ⓒ 삼각자의 직각이 아닌 부분을 대고 그렸습니다.

19 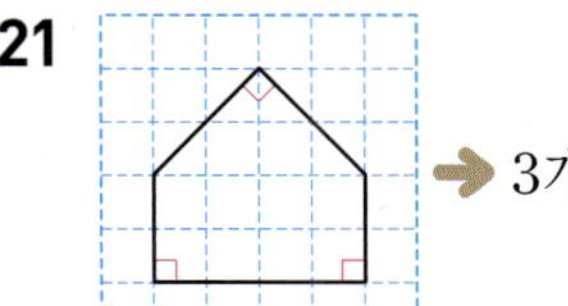

20 ⓒ 9시의 시계의 긴바늘과 짧은바늘이 이루는 각이 직각입니다.

21 → 3개

28 직각삼각형은 한 각이 직각이므로 점 ㄷ을 ③으로 옮겨야 합니다.

29 주어진 삼각형에는 직각이 없습니다.

30  ➡ 3개

35 직사각형은 마주 보는 두 변의 길이가 같습니다.

36 평가 기준

> 네 각이 모두 직각이 아니기 때문이라고 썼으면 정답으로 합니다.

37 고양이가 한 마리씩 들어가도록 세 부분으로 나누는 여러 가지 방법 중 모양과 크기가 같은 직사각형 모양으로 나누는 방법은 한 가지입니다.

40 만들어진 사각형은 정사각형이므로 네 각이 모두 직각이고 네 변의 길이가 모두 같습니다.

41 네 각이 모두 직각이고 네 변의 길이가 모두 4 cm인 사각형을 그립니다.

42 건우: 정사각형은 네 각이 모두 직각입니다.

43 4개의 선분으로 둘러싸인 도형이므로 사각형, 네 각이 모두 직각이고 네 변의 길이가 모두 같으므로 직사각형, 정사각형이라고 할 수 있습니다.

44 (정사각형의 네 변의 길이의 합)
$=8+8+8+8=32$ (cm)

41~42쪽 1단계 기본 유형 완성

1-1 3개	**1-2** 6개
1-3 5개	**2-1** 38 cm
2-2 42 cm	**2-3** 34 cm
3-1 11 cm	**3-2** 21 cm
3-3 15	**4-1** 3개
4-2 12개	

1-1 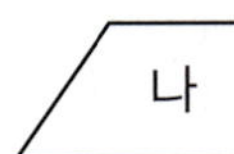
가: 1개, 나: 2개, 다: 0개
➡ 직각은 모두 $1+2+0=3$(개)입니다.

1-2 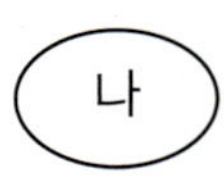
가: 4개, 나: 0개, 다: 2개
➡ 직각은 모두 $4+0+2=6$(개)입니다.

1-3 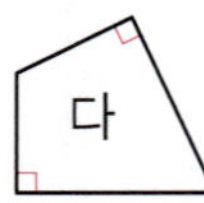
가: 0개, 나: 4개, 다: 1개
➡ 직각은 모두 $0+4+1=5$(개)입니다.

2-1 직사각형은 마주 보는 두 변의 길이가 같습니다.
(직사각형의 네 변의 길이의 합)
$=9+10+9+10=38$ (cm)

2-3 (직사각형의 네 변의 길이의 합)
$=12+5+12+5=34$ (cm)

3-1 정사각형의 한 변의 길이를 $\square$ cm라 하면
$\square+\square+\square+\square=44$입니다.
➡ $11+11+11+11=44$이므로 $\square=11$입니다.

3-2 정사각형의 한 변의 길이를 $\square$ cm라 하면
$\square+\square+\square+\square=84$입니다.
➡ $21+21+21+21=84$이므로 $\square=21$입니다.

3-3 정사각형의 한 변의 길이를 $\square$ cm라 하면
$\square+\square+\square+\square=60$입니다.
➡ $15+15+15+15=60$이므로 $\square=15$입니다.

4-1 • 점 ㄱ을 꼭짓점으로 하는 각: 각 ㄴㄱㄷ
• 점 ㄴ을 꼭짓점으로 하는 각: 각 ㄱㄴㄷ
• 점 ㄷ을 꼭짓점으로 하는 각: 각 ㄱㄷㄴ
➡ 그릴 수 있는 각은 모두 3개입니다.

4-2 • 점 ㄹ을 꼭짓점으로 하는 각: 각 ㅁㄹㅂ, 각 ㅁㄹㅅ, 각 ㅂㄹㅅ
• 점 ㅁ을 꼭짓점으로 하는 각: 각 ㄹㅁㅂ, 각 ㄹㅁㅅ, 각 ㅅㅁㅂ
• 점 ㅂ을 꼭짓점으로 하는 각: 각 ㅁㅂㄹ, 각 ㅁㅂㅅ, 각 ㄹㅂㅅ
• 점 ㅅ을 꼭짓점으로 하는 각: 각 ㄹㅅㅁ, 각 ㄹㅅㅂ, 각 ㅁㅅㅂ
➡ 그릴 수 있는 각은 모두 12개입니다.

43~45쪽 2단계 실력 유형 연습

1 지안　　　　　**2** ②

3 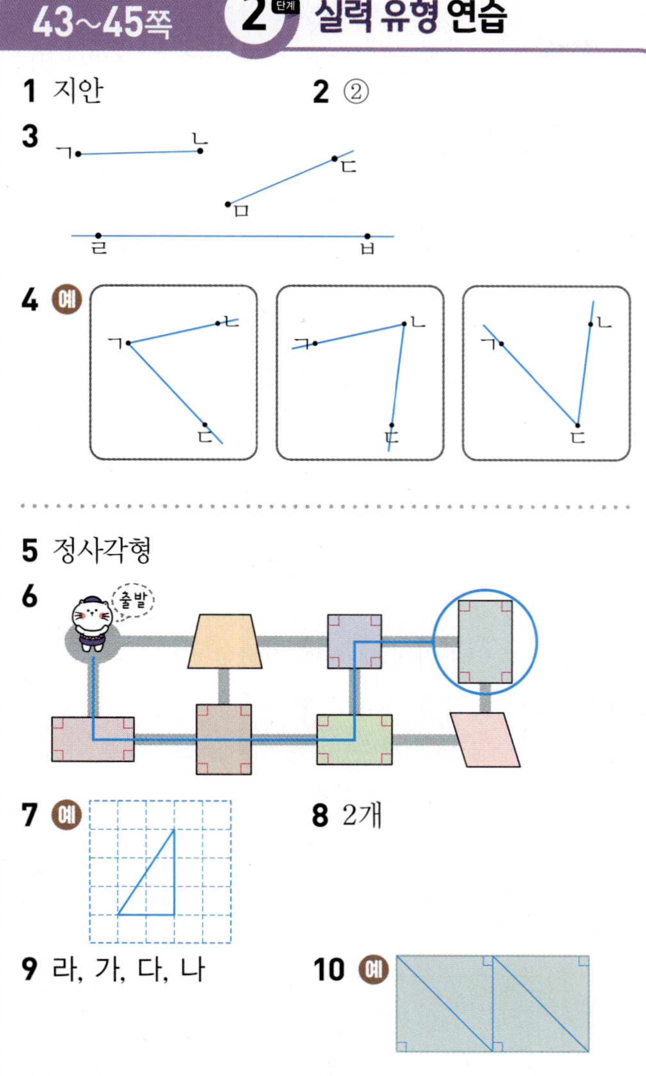

4 예

5 정사각형

6 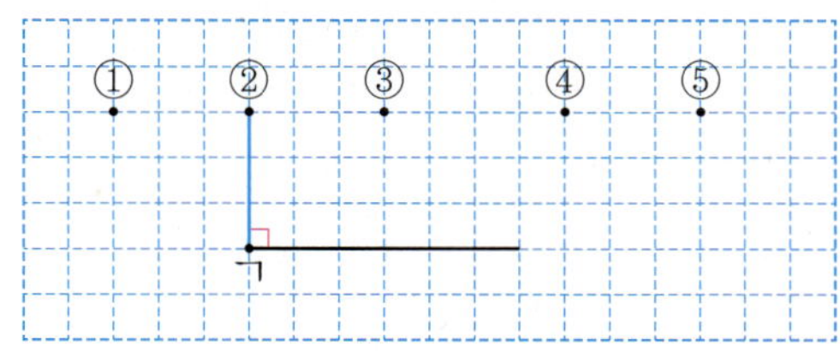

7 예　　　　　**8** 2개

9 라, 가, 다, 나　　　　**10** 예

11 3시　　　　　**12** 68 cm

---

1 건우: 반직선 ㄴㄷ을 그렸습니다.

2 점 ㄱ과 ②를 이어야 직각을 그릴 수 있습니다.

3 • 선분 ㄱㄴ: 점 ㄱ과 점 ㄴ을 잇는 곧은 선을 긋습니다.
　　• 반직선 ㅁㄷ: 점 ㅁ에서 시작하여 점 ㄷ을 지나는 곧은 선을 긋습니다.
　　• 직선 ㄹㅂ: 점 ㄹ과 점 ㅂ을 지나는 곧은 선을 긋습니다.

4 점 ㄱ, 점 ㄴ, 점 ㄷ을 각각 꼭짓점으로 하는 각을 그립니다.

> 참고
> 세 점을 이용하여 서로 다른 3개의 각을 그릴 수 있습니다.

---

5 직각이 4개인 사각형은 직사각형과 정사각형이고, 그중 4개의 변의 길이가 모두 같은 사각형은 정사각형입니다.

7 한 각이 직각인 삼각형이 되도록 꼭짓점을 옮깁니다.

8 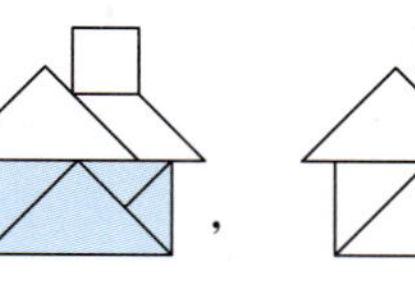 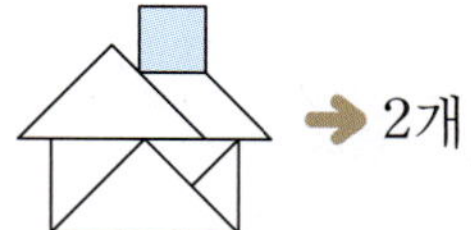 ➡ 2개

9 가: 5개, 나: 3개, 다: 4개, 라: 6개
➡ 6>5>4>3이므로 각의 수가 많은 도형부터 순서대로 기호를 쓰면 라, 가, 다, 나입니다.

10 전략
종이를 먼저 직사각형 2개로 나누고, 나눈 직사각형을 직각삼각형 2개로 나눕니다.

11   
➡ 직각인 시각은 3시입니다.

12 만들 수 있는 가장 큰 정사각형의 한 변의 길이: 17 cm
➡ (가장 큰 정사각형의 네 변의 길이의 합)
$=17+17+17+17=68$ (cm)

46~51쪽 3단계 심화 유형 연습

심화 1	❶ 3개, 2개, 1개 ❷ 6개
1-1 10개	**1-2** 9개
심화 2	❶ 3 ❷ 2 ❸ 1 ❹ 6개
2-1 10개	**2-2** 12개

심화 3　❶　❷ 8개

3-1 8개　　　　**3-2** 6개

심화 4　❶ 36 cm　❷ 36 cm　❸ 9 cm

4-1 8 m　　　　**4-2** 14 cm

심화 5　❶ 6, 2, 2 ❷ 16개

5-1 10개　　　　**5-2** 12개

심화 6　❶ 8 cm ❷ 6 cm ❸ 2 cm

6-1 3 cm　　　　**6-2** 2 cm

심화 1 ① • 각 1개로 이루어진 각: 3개
 • 각 2개로 이루어진 각: 2개
 • 각 3개로 이루어진 각: 1개
② $3+2+1=6$(개)

1-1 ① • 각 1개로 이루어진 각: 4개
 • 각 2개로 이루어진 각: 3개
 • 각 3개로 이루어진 각: 2개
 • 각 4개로 이루어진 각: 1개
② 찾을 수 있는 각은 모두 $4+3+2+1=10$(개)입니다.

1-2 ① • 각 1개로 이루어진 각: 7개
 • 각 2개로 이루어진 각: 2개
② 찾을 수 있는 각은 모두 $7+2=9$(개)입니다.

심화 2 ④ 그을 수 있는 선분은 모두 $3+2+1=6$(개)입니다.

2-1 ① 점 ㄱ을 지나는 직선은 4개입니다.
② 점 ㄴ을 지나는 직선은 점 ㄱ을 지나는 직선을 제외한 3개입니다.
③ 같은 방법으로 점 ㄷ을 지나는 직선은 2개, 점 ㄹ을 지나는 직선은 1개입니다.
④ 그을 수 있는 직선은 모두 $4+3+2+1=10$(개)입니다.

2-2 ① 점 ㄱ에서 시작하는 반직선을 3개 그을 수 있습니다.
② 점 ㄴ에서 시작하는 반직선을 3개 그을 수 있습니다.
③ 같은 방법으로 점 ㄷ과 점 ㄹ에서 시작하는 반직선을 각각 3개씩 그을 수 있습니다.
④ 그을 수 있는 반직선은 모두
$3+3+3+3=12$(개)입니다.

심화 3 ② 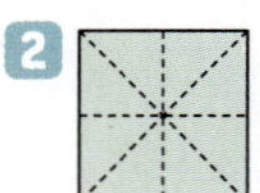 ➡ 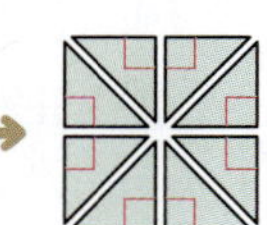 : 8개

3-1 ① 3번 접은 후 펼쳐서 접힌 선을 따라 점선을 표시합니다.
② 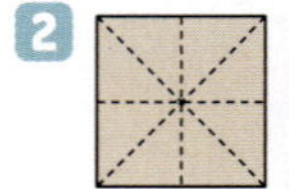 ➡ 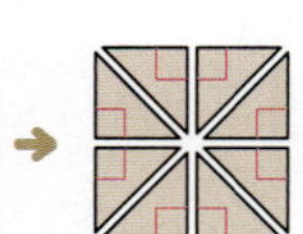 : 8개

3-2 ① 3번 접은 후 펼쳐서 접힌 선을 따라 점선을 표시합니다.
② 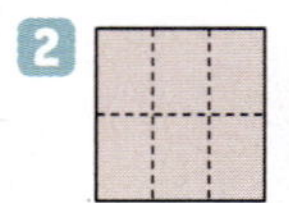 ➡ 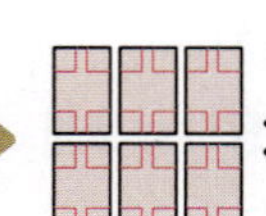 : 6개

심화 4 ① (직사각형 가의 네 변의 길이의 합)
$=7+11+7+11=36$ (cm)

② (정사각형 나의 네 변의 길이의 합)
$=$(직사각형 가의 네 변의 길이의 합)$=36$ cm
③ 정사각형은 네 변의 길이가 모두 같으므로
$\square+\square+\square+\square=36$, $\square=9$입니다.
➡ 정사각형 나의 한 변의 길이는 9 cm입니다.

4-1 ① (직사각형 가의 네 변의 길이의 합)
$=10+6+10+6=32$ (m)
② (정사각형 나의 네 변의 길이의 합)
$=$(직사각형 가의 네 변의 길이의 합)$=32$ m
③ 정사각형은 네 변의 길이가 모두 같으므로
$\square+\square+\square+\square=32$, $\square=8$입니다.
➡ 정사각형 나의 한 변의 길이는 8 m입니다.

4-2 ① (정사각형 나의 네 변의 길이의 합)
$=11+11+11+11=44$ (cm)
② (직사각형 가의 네 변의 길이의 합)
$=$(정사각형 나의 네 변의 길이의 합)$=44$ cm
③ ■$+8+$■$+8=44$, ■$+$■$+16=44$,
■$+$■$=28$, ■$=14$입니다.
➡ 직사각형 가의 ■의 길이는 14 cm입니다.

심화 5 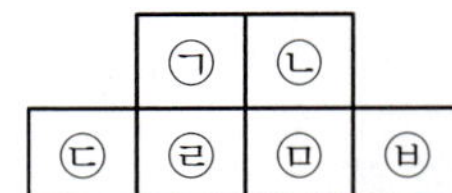

① • 가장 작은 직사각형 1개로 이루어진 직사각형:
㉠, ㉡, ㉢, ㉣, ㉤, ㉥ ➡ 6개
 • 가장 작은 직사각형 2개로 이루어진 직사각형:
㉠+㉡, ㉢+㉣, ㉣+㉤, ㉤+㉥, ㉠+㉣,
㉡+㉤ ➡ 6개
 • 가장 작은 직사각형 3개로 이루어진 직사각형:
㉢+㉣+㉤, ㉣+㉤+㉥ ➡ 2개
 • 가장 작은 직사각형 4개로 이루어진 직사각형:
㉠+㉡+㉣+㉤, ㉢+㉣+㉤+㉥ ➡ 2개
② $6+6+2+2=16$(개)

5-1 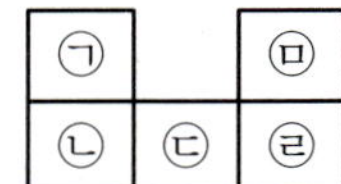

① • 가장 작은 직사각형 1개로 이루어진 직사각형:
㉠, ㉡, ㉢, ㉣, ㉤ ➡ 5개
 • 가장 작은 직사각형 2개로 이루어진 직사각형:
㉠+㉡, ㉡+㉢, ㉢+㉣, ㉣+㉤ ➡ 4개
 • 가장 작은 직사각형 3개로 이루어진 직사각형:
㉡+㉢+㉣ ➡ 1개
② 찾을 수 있는 크고 작은 직사각형은 모두
$5+4+1=10$(개)입니다.

5-2

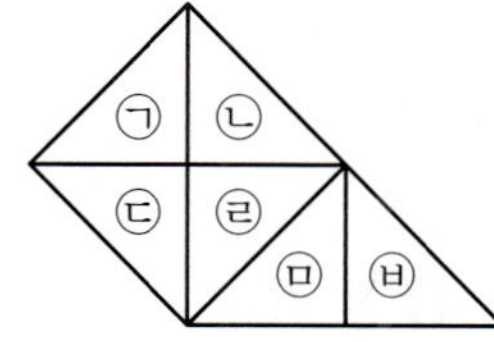

1. • 가장 작은 직각삼각형 1개로 이루어진 직각삼각
형: ㉠, ㉡, ㉢, ㉣, ㉤, ㉥ ➡ 6개
• 가장 작은 직각삼각형 2개로 이루어진 직각삼각
형: ㉠+㉡, ㉢+㉣, ㉠+㉢, ㉡+㉣, ㉤+㉥
➡ 5개
• 가장 작은 직각삼각형 4개로 이루어진 직각삼각
형: ㉡+㉣+㉤+㉥ ➡ 1개

2. 찾을 수 있는 크고 작은 직각삼각형은 모두
6+5+1=12(개)입니다.

심화 6

1. (선분 ㅅㄹ)=(선분 ㅂㅁ)=8 cm

2. (선분 ㄴㄷ)=4 cm, (선분 ㄹㅁ)=8 cm
➡ (선분 ㅇㄹ)=(선분 ㄷㄹ)
=18−4−8=6 (cm)

3. (선분 ㅅㅇ)=(선분 ㅅㄹ)−(선분 ㅇㄹ)
=8−6=2 (cm)

6-1

1. (선분 ㅊㄷ)=(선분 ㄱㄴ)=10 cm

2. (선분 ㄴㄷ)=10 cm, (선분 ㄹㅁ)=3 cm이므로
(선분 ㅈㄷ)=(선분 ㄷㄹ)
=20−10−3=7 (cm)

3. (선분 ㅊㅈ)=(선분 ㅊㄷ)−(선분 ㅈㄷ)
=10−7=3 (cm)

6-2

1. (선분 ㄱㅇ)=(선분 ㄱㄴ)=14 cm

2. (선분 ㅈㅂ)=(선분 ㅇㅅ)
=22−14=8 (cm)

3. (선분 ㅈㅁ)=(선분 ㅈㄷ)
=14−8=6 (cm)

4. (선분 ㅁㅂ)=(선분 ㅈㅂ)−(선분 ㅈㅁ)
=8−6=2 (cm)

<table>
<tr><td colspan="2">52~53쪽   3단계 심화 ➕ 유형 완성</td></tr>
<tr><td>1 98 cm</td><td>2 84 cm</td></tr>
<tr><td>3 24개</td><td>4 8개</td></tr>
<tr><td>5 24 cm</td><td>6 12개</td></tr>
</table>

---

1. (만든 직사각형의 짧은 변의 길이)
=7+7+7=21 (cm)
(만든 직사각형의 긴 변의 길이)=21+7=28 (cm)
➡ (만든 직사각형의 네 변의 길이의 합)
=28+21+28+21=98 (cm)

2.

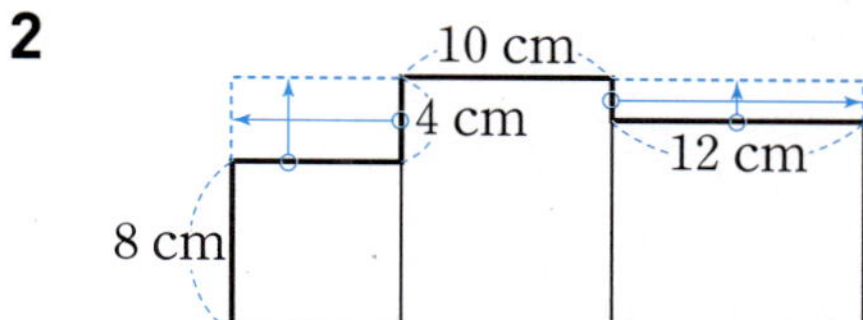

그림과 같이 굵은 선을 옮기면 긴 변의 길이가
8+10+12=30 (cm), 짧은 변의 길이가
8+4=12 (cm)인 직사각형이 만들어집니다.
➡ (굵은 선의 길이)=30+12+30+12=84 (cm)

3. • 직선 가 위의 한 점에서 시작하는 반직선은 4개씩 그
을 수 있으므로 직선 가 위의 세 점에서 시작하는 반
직선은 4×3=12(개)입니다.
• 직선 나 위의 한 점에서 시작하는 반직선은 3개씩 그
을 수 있으므로 직선 나 위의 네 점에서 시작하는 반
직선은 3×4=12(개)입니다.
➡ 그을 수 있는 반직선은 모두 12+12=24(개)입니다.

4. 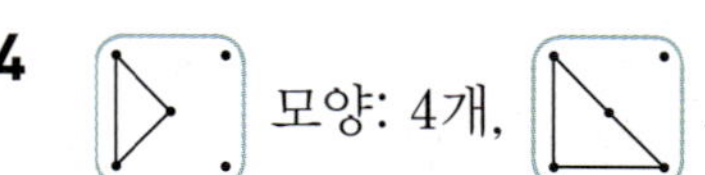
모양: 4개, 모양: 4개
➡ 4+4=8(개)

5. (한 변의 길이가 18 cm인 정사각형의 네 변의 길이의 합)
=18+18+18+18=72 (cm)
이 철사를 다시 펴서 직사각형 한 개를 만들려고 하므
로 (직사각형의 네 변의 길이의 합)=72 cm입니다.
직사각형의 긴 변의 길이를 □ cm라 하면
□+12+□+12=72, □+□+24=72,
□+□=48, □=24입니다.
➡ 직사각형의 긴 변의 길이는 24 cm입니다.

6. ★을 포함하는
작은 직사각형 1개로 이루어진 직사각형: 1개
작은 직사각형 2개로 이루어진 직사각형: 3개
작은 직사각형 3개로 이루어진 직사각형: 2개
작은 직사각형 4개로 이루어진 직사각형: 2개
작은 직사각형 6개로 이루어진 직사각형: 3개
작은 직사각형 9개로 이루어진 직사각형: 1개
➡ 1+3+2+2+3+1=12(개)

54~55쪽 Test 단원 실력 평가

1 (1) (×) (2) (○)

2 각 ㄹㅁㅂ 또는 각 ㅂㅁㄹ

3 5개   **4** (왼쪽에서부터) 4, 3

5 ㉠   **6** 3개   **7** 가, 다, 나

8 사각형, 직사각형   **9** 6개

10 (예) ❶ 정사각형의 한 변의 길이를 □ cm라 하면
□+□+□+□=32입니다.
❷ 8+8+8+8=32이므로 □=8입니다.
답 8 cm

11 24   **12** 112 cm   **13** 10개

14

㉠	㉡	㉢	㉣
㉤	㉥	㉦	㉧

(예) ❶ 가장 작은 정사각형 1개로 이루어진 정사각형: ㉠, ㉡, ㉢, ㉣, ㉤, ㉥, ㉦, ㉧ ➡ 8개
❷ 가장 작은 정사각형 4개로 이루어진 정사각형: ㉠+㉡+㉤+㉥, ㉡+㉢+㉥+㉦, ㉢+㉣+㉦+㉧ ➡ 3개
❸ 찾을 수 있는 크고 작은 정사각형은 모두 8+3=11(개)입니다. 답 11개

5 각이 없는 표지판은 ㉠입니다.

6 각 ㄱㅂㄷ, 각 ㄴㅂㄹ, 각 ㄷㅂㅁ ➡ 3개

10 평가 기준
❶ 정사각형의 한 변의 길이를 □ cm라 하여 정사각형의 네 변의 길이의 합을 나타냄.
❷ 정사각형의 한 변의 길이를 구함.

11 (스위스 국기의 네 변의 길이의 합)
=20+20+20+20=80 (cm)
➡ 태극기의 네 변의 길이의 합이 80 cm이므로
㉠+16+㉠+16=80, ㉠+㉠+32=80,
㉠+㉠=48, ㉠=24입니다.

13 각 1개로 이루어진 각: 4개
각 2개로 이루어진 각: 3개
각 3개로 이루어진 각: 2개
각 4개로 이루어진 각: 1개
➡ 찾을 수 있는 각: 4+3+2+1=10(개)

14 평가 기준
❶ 가장 작은 정사각형 1개와 4개로 이루어진 정사각형의 수를 각각 구함.
❷ 찾을 수 있는 크고 작은 정사각형의 수를 구함.

3 나눗셈

60~63쪽 1단계 기본 유형 연습

1 ㉠   **2** 56, 7, 8

3 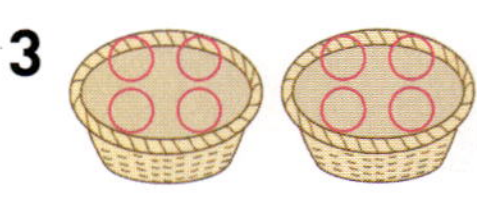 / 4 / 4

4 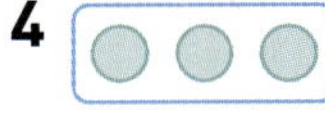 / 3

5 은우   **6** 12÷2=6 / 6자루

7 20÷5=4   **8** ㉡

9 8, 4, 4   **10** 7, 7, 7 / 3

11 6, 3 / 3명   **12** 3, 6 / 6명

13 24÷6=4 / 4개

14 4, 28 / 28개   **15** 4, 7 / 7상자

16 40, 5 / 40÷5=8   **17**

18 3×8=24 또는 8×3=24
/ 24÷3=8 또는 24÷8=3

19 18÷2=9

20 6×4=24 / 24÷6=4 / 24÷4=6

21 9 / 9   **22** 7 / 7, 6 / 6

23   **24** 5, 6 / 6 / 6송이

25 9, 9, 7, 7   **26** 8, 8 / 8

27 36÷4=9 / 9장

3 귤을 한 개씩 번갈아 가면서 바구니에 담으면 바구니 한 개에 귤을 16÷4=4(개)씩 담을 수 있습니다.

5 마카롱을 5묶음으로 똑같이 묶으면 한 묶음에 2개씩입니다. ➡ 10÷5=2

6 연필 12자루를 2묶음으로 똑같이 묶으면 한 묶음에 6자루씩입니다. ➡ 12÷2=6

8 ㉡ 30−5−5−5−5−5−5=0
└─── 6번 ───┘
➡ 30÷5=6

참고
㉠ 30−6−6−6−6−6=0
└── 5번 ──┘
➡ 30÷6=5

10 • 밤 21개에서 7개씩 3번 덜어 내면 남는 것이 없습니다.
→ $21-7-7-7=0$
• 밤을 7개씩 묶으면 3묶음이 됩니다.
→ $21÷7=3$

11 6개씩 묶으면 3묶음이 됩니다.
→ $18÷6=3$(명)

12 3개씩 묶으면 6묶음이 됩니다.
→ $18÷3=6$(명)

13 24 cm에서 6 cm씩 4번 빼면 0이 됩니다.
→ $24÷6=4$(개)

14 (전체 축구공 수)
=(한 줄에 놓여 있는 축구공 수)×(줄 수)
=$7×4=28$(개)

15 (필요한 상자 수)
=(전체 축구공 수)÷(한 상자에 담는 축구공 수)
=$28÷4=7$(상자)

16 하나의 곱셈식을 2개의 나눗셈식으로 나타낼 수 있습니다.

17 $32÷8=4$ → $8×4=32$, $4×8=32$
$35÷5=7$ → $5×7=35$, $7×5=35$

18 지우개가 3개씩 8묶음 있으므로 $3×8=24$입니다.
$3×8=24$ → $24÷3=8$, $24÷8=3$

19 (쿠키를 나누어 줄 사람 수)
=(전체 쿠키 수)÷(한 명에게 나누어 주는 쿠키 수)
=$18÷2=9$(명)

20 개구리가 6 cm씩 4번 뛰었으므로 곱셈식으로 나타내면 $6×4=24$입니다.

23 • $12÷4=\boxed{3}$ ← $4×\boxed{3}=12$
• $36÷6=\boxed{6}$ ← $6×\boxed{6}=36$
• $20÷5=\boxed{4}$ ← $5×\boxed{4}=20$

24 $30÷5=\boxed{6}$ ← $5×\boxed{6}=30$
따라서 한 명에게 6송이씩 줄 수 있습니다.

25 $63÷9$의 몫은 나누는 수 9단 곱셈구구를 이용하여 구할 수 있습니다.
$9×7=63$ → $63÷9=7$

27 (필요한 도화지 수)
=(만들려는 종이학 수)
÷(도화지 한 장으로 만들 수 있는 종이학 수)
=$36÷4=9$(장)

64~65쪽 1 단계 기본 ＋ 유형 완성

1-1 (위에서부터) 6 / 9, 3 / 2
1-2 (위에서부터) 5 / 54
2-1 명호 **2**-2 주호
2-3 태영 **3**-1 6
3-2 4 **3**-3 5
4-1 6 **4**-2 8
4-3 20

1-1 보기는 ○ 안의 두 수 중 큰 수를 작은 수로 나눈 몫을 □ 안에 쓰는 규칙입니다.
$36÷6=6$, $36÷4=9$, $4÷2=2$, $6÷2=3$

1-2 $24÷6=4$, $42÷6=7$이므로 바깥에 있는 수를 6으로 나눈 몫을 중간의 빈 곳에 쓰는 규칙입니다.
$30÷6=5$, $□÷6=9$ → $6×9=54$

2-1 • 지아: $4×6=24$이므로 $26-24=2$(개)가 남습니다.
• 명호: $32÷8=4$이므로 한 사람이 4개씩 나누어 가지면 됩니다.

2-2 • 선미: $6×6=36$이므로 $40-36=4$(개)가 남습니다.
• 주호: $21÷3=7$이므로 한 사람이 7개씩 나누어 가지면 됩니다.

2-3 • 태영: $35÷5=7$이므로 상자 한 개에 7개씩 나누어 담으면 됩니다.
• 보라: $9×6=54$이므로 $56-54=2$(개)가 남습니다.

3-1 어떤 수를 □라 하면 $42 \div □ = 7$입니다.
$7 \times □ = 42$에서 $7 \times 6 = 42$, $□ = 6$이므로 어떤 수는 6입니다.

3-2 어떤 수를 □라 하면 $36 \div □ = 9$입니다.
$9 \times □ = 36$에서 $9 \times 4 = 36$, $□ = 4$이므로 어떤 수는 4입니다.

3-3 어떤 수를 □라 하면 $72 \div □ = 8$입니다.
$8 \times □ = 72$에서 $8 \times 9 = 72$, $□ = 9$이므로 어떤 수는 9입니다.
따라서 45를 9로 나누면 $45 \div 9 = 5$입니다.

4-1 $4 \times ♥ = 24$이므로 $24 \div 4 = 6$, $♥ = 6$입니다.

4-2 $♦ \times 7 = 56$이므로 $56 \div 7 = 8$, $♦ = 8$입니다.

4-3

×	2	3	4	㉠	6
2	4	6	8		12
					18
					24
㉡					
5	10	15	20	25	30

$5 \times ㉠ = 25$이므로 $25 \div 5 = 5$, $㉠ = 5$입니다.
$㉡ \times 6 = 24$이므로 $24 \div 6 = 4$, $㉡ = 4$입니다.
➡ $4 \times 5 = 20$이므로 $□ = 20$입니다.

66~69쪽 · 2단계 실력 유형 연습

1 (1) 4, 7 / 7 (2) 4, 7 / 7
2 $48 \div 8 = 6$, $48 \div 6 = 8$
3 8, 2   **4** ㉡
5 $24 - 6 - 6 - 6 - 6 = 0$ / $24 \div 6 = 4$ / 4명
6 $9 \times 3 = 27$, $3 \times 9 = 27$ / $27 \div 9 = 3$, $27 \div 3 = 9$
7 $35 \div 7 = 5$ / 5개   **8** ㉡

- - - - -

9 3개 / 2자루   **10** <
11 9   **12** 4개
13 9
14 $4 \times 7 = 28$, $7 \times 4 = 28$
/ $28 \div 4 = 7$, $28 \div 7 = 4$
15 4개   **16** 4마리

2
$8 \times 6 = 48$ ➡ $48 \div 8 = 6$
➡ $48 \div 6 = 8$

3 $40 \div 5 = 8$, $8 \div 4 = 2$

---

4 ㉠ $42 \div 7 = 6$ ㉡ $56 \div 8 = 7$
➡ $6 < 7$이므로 몫이 더 큰 것은 ㉡입니다.

참고
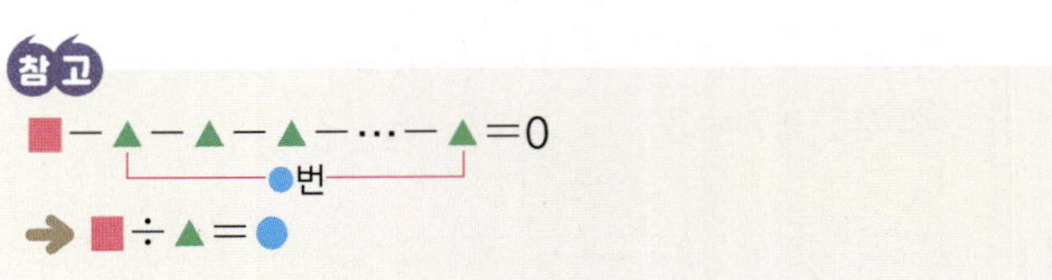

5 • 뺄셈식: $24 - 6 - 6 - 6 - 6 = 0$
4번
➡ $24 \div 6 = 4$(명)
• 나눗셈식: (전체 바나나 수)
$\div$(한 명에게 나누어 줄 바나나 수)
$= 24 \div 6 = 4$(명)

6 가위가 9개씩 3줄 있습니다.
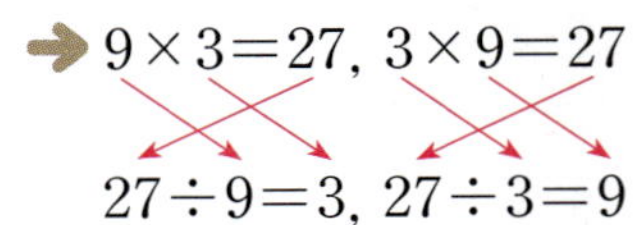
➡ $9 \times 3 = 27$, $3 \times 9 = 27$
$27 \div 9 = 3$, $27 \div 3 = 9$

참고
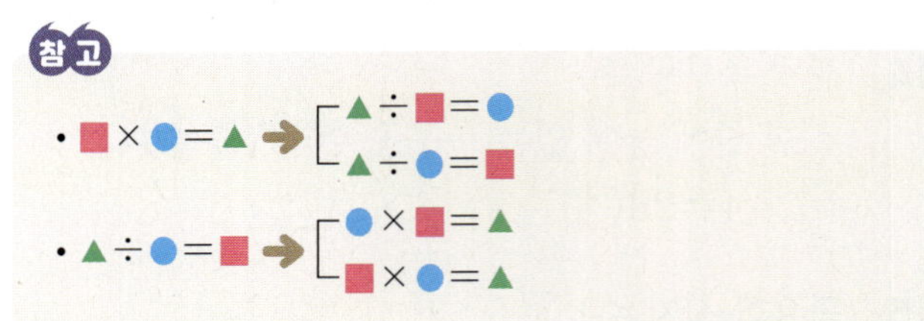

7 (한 명에게 줄 수 있는 인형 수)
= (전체 인형 수) ÷ (나누어 줄 사람 수)
$= 35 \div 7 = 5$(개)

8 ㉠, ㉢, ㉣ 8단 곱셈구구를 이용합니다.
㉡ 6단 곱셈구구를 이용합니다.

9 • 수첩 9개를 3묶음으로 똑같이 묶으면 한 묶음에 수첩이 3개이므로 $9 \div 3 = 3$입니다.
• 연필 16자루를 8묶음으로 똑같이 묶으면 한 묶음에 연필이 2자루이므로 $16 \div 8 = 2$입니다.

10 $45 \div 9 = 5$, $49 \div 7 = 7$ ➡ $5 < 7$

11 $36 > 24 > 9 > 4$이므로 가장 큰 수는 36, 가장 작은 수는 4입니다.
➡ $36 \div 4 = 9$

12 (전체 풍선의 수) $= 14 + 18 = 32$(개)
➡ $32 \div 8 = 4$이므로 풍선을 한 명에게 4개씩 줄 수 있습니다.

13 $40 \div 5 = 8$이므로 $72 \div □ = 8$입니다.
➡ $8 \times □ = 72$에서 $8 \times 9 = 72$이므로 $□ = 9$입니다.

14 만들 수 있는 곱셈식은 $4 \times 7 = 28$, $7 \times 4 = 28$이고, 나눗셈식은 $28 \div 4 = 7$, $28 \div 7 = 4$입니다.

15 $35 \div 7 = 5$이므로 □ 안에 들어갈 수 있는 수는 5보다 작은 수입니다.

➡ □ 안에 들어갈 수 있는 수는 1, 2, 3, 4로 모두 4개입니다.

16 (농장에 있는 닭과 오리 수)
= (전체 다리 수) ÷ (한 마리의 다리 수)
= $14 \div 2 = 7$(마리)
(농장에 있는 오리 수) = $7 - 3 = 4$(마리)

70~75쪽 | 3단계 심화 유형 연습

심화 1 ① □ ÷ 6 = 6 ② 36 ③ 9
1-1 4 **1**-2 3
심화 2 ① 8군데 ② 9그루 ③ 18그루
2-1 14개 **2**-2 9 m

심화 3 ① 4 ② 32 / 9, 36 ③ 2, 6
3-1 2, 5, 8 **3**-2 5
심화 4 ① 9개 ② 5개 ③ 45개
4-1 35개 **4**-2 84 cm

심화 5 ① (위에서부터) 7, 7 / 14, 14 / 28, 28 / 42, 42
② $14 \div 2 = 7$, $42 \div 6 = 7$
5-1 $36 \div 4 = 9$, $63 \div 7 = 9$
5-2 5
심화 6 ① 8 ② 6 cm ③ 24 cm
6-1 36 cm **6**-2 15 cm

심화 1 ② $6 \times 6 = □$, □ = 36이므로 어떤 수는 36입니다.
③ 바른 계산: $36 \div 4 = 9$

1-1 ① 어떤 수를 □라 하면 잘못 계산한 식은 □ ÷ 3 = 8입니다.
② $3 \times 8 = □$, □ = 24이므로 어떤 수는 24입니다.
③ 바른 계산: $24 \div 6 = 4$

1-2 ① 어떤 수를 □라 하면 잘못 계산한 식은 □ × 2 = 12입니다.
② $12 \div 2 = □$, □ = 6이므로 어떤 수는 6입니다.
③ 바른 계산: $6 \div 2 = 3$

심화 2 ① 전체 16 m를 2 m씩 나눕니다.
➡ $16 \div 2 = 8$(군데)

② 길의 한쪽의 처음과 끝에도 나무를 심으므로 나무는 $8 + 1 = 9$(그루) 필요합니다.
③ $9 + 9 = 18$(그루)

2-1 ① 전체 24 m를 4 m씩 나눕니다.
(가로등과 가로등 사이의 간격 수)
= $24 \div 4 = 6$(군데)
② 길의 한쪽의 처음과 끝에도 가로등을 세우므로 가로등은 $6 + 1 = 7$(개) 필요합니다.
③ 필요한 가로등은 모두 $7 + 7 = 14$(개)입니다.

2-2 ① (도로의 한쪽에 꽂은 깃발 수)
= $16 \div 2 = 8$(개)
② (깃발과 깃발 사이의 간격의 수) = $8 - 1 = 7$(군데)
③ (깃발 사이의 거리) = $63 \div 7 = 9$ (m)

심화 3 ① 3■ ÷ 4 = ● ➡ 4 × ● = 3■
② $4 \times 8 = 32$, $4 \times 9 = 36$
③ $4 \times 8 = 32$, $4 \times 9 = 36$이므로 ■에 알맞은 수는 2, 6입니다.

3-1 ① 나눗셈식을 곱셈식으로 나타내면 다음과 같습니다.
1■ ÷ 3 = ▲ ➡ 3 × ▲ = 1■
② 3단 곱셈구구에서 곱의 십의 자리 숫자가 1인 것을 구하면 다음과 같습니다.
$3 \times 4 = 12$, $3 \times 5 = 15$, $3 \times 6 = 18$
③ ■에 알맞은 수는 2, 5, 8입니다.

3-2 ① 4■ ÷ 5 = ▲라고 하면 5 × ▲ = 4■이고
4■ ÷ 9 = ●라고 하면 9 × ● = 4■입니다.
② 5단 곱셈구구에서 곱의 십의 자리 숫자가 4인 것은 $5 \times 8 = 40$, $5 \times 9 = 45$이고, 9단 곱셈구구에서 곱의 십의 자리 숫자가 4인 것은 $9 \times 5 = 45$입니다.
③ 십의 자리 숫자가 4인 수 중에서 5와 9로 똑같이 나누어지는 두 자리 수는 45이므로 ■는 5입니다.

심화 4 ① $27 \div 3 = 9$(개)
② $15 \div 3 = 5$(개)
③ $9 \times 5 = 45$(개)

4-1 ① 짧은 변을 4 cm씩 나누면 $20 \div 4 = 5$(개)로 나누어집니다.
② 긴 변을 4 cm씩 나누면 $28 \div 4 = 7$(개)로 나누어집니다.
③ 만들 수 있는 정사각형은 모두 $5 \times 7 = 35$(개)입니다.

4-2 ① (나눈 정사각형의 한 변의 길이)
$=18÷3=6 \, (cm)$

② (도화지의 긴 변의 길이)$=6×4=24 \, (cm)$

③ (도화지의 네 변의 길이의 합)
$=24+18+24+18=84 \, (cm)$

심화 5 ② $7÷1=7$, $14÷2=7$, $28÷4=7$,
$42÷6=7$ 중에서 주어진 수 카드로 만들 수 있는
나눗셈식은 $14÷2=7$, $42÷6=7$입니다.

5-1 ① 9와 수 카드의 수를 곱하여 곱셈식을 만들고 나눗
셈식으로 나타내 보면 다음과 같습니다.

$9×3=27$ ➡ $27÷3=9$

$9×4=36$ ➡ $36÷4=9$

$9×6=54$ ➡ $54÷6=9$

$9×7=63$ ➡ $63÷7=9$

② 나타낸 나눗셈식 중에서 주어진 수 카드로 만들 수
있는 나눗셈식은 $36÷4=9$, $63÷7=9$입니다.

5-2 ① 나누는 수가 정해졌을 때 몫이 가장 작으려면 나누
어지는 수가 가장 작아야 합니다.
수 카드로 만들 수 있는 가장 작은 두 자리 수는 40
입니다.

② $40÷8=5$이므로 가장 작은 몫은 5입니다.

> **참고**
> • 나누어지는 수가 정해진 경우: 나누는 수가 클수록 몫은
> 작아집니다.
> • 나누는 수가 정해진 경우: 나누어지는 수가 작을수록 몫도
> 작아집니다.

심화 6 ① 직사각형의 네 변의 길이의 합은 정사각형의
한 변의 길이를 8개 더한 것과 같습니다.

② (정사각형의 한 변의 길이)$=48÷8=6 \, (cm)$

③ (정사각형 한 개의 네 변의 길이의 합)
$=6+6+6+6=24 \, (cm)$

6-1 ① 정사각형 4개로 나눈 큰 정사각형의 네 변의 길이
의 합은 작은 정사각형의 한 변의 길이를 8개 더한
것과 같습니다.

② (작은 정사각형의 한 변의 길이)
$=72÷8=9 \, (cm)$

③ (작은 정사각형 한 개의 네 변의 길이의 합)
$=9+9+9+9=36 \, (cm)$

6-2 ① 삼각형 4개로 나눈 큰 삼각형의 세 변의 길이의 합
은 작은 삼각형의 한 변의 길이를 6개 더한 것과
같습니다.

② (작은 삼각형의 한 변의 길이)$=30÷6=5 \, (cm)$

③ (작은 삼각형 한 개의 세 변의 길이의 합)
$=5+5+5=15 \, (cm)$

76~77쪽 3단계 심화 ＋ 유형 완성

1 ㉡	**2** 5장
3 8 cm	**4** 56
5 27, 3	**6** 21 m

---

1 ㉠ $32÷□=8$ ➡ $8×□=32$, $□=4$
㉡ $□÷3=2$ ➡ $3×2=□$, $□=6$
㉢ $45÷9=□$, $□=5$
➡ $6>5>4$이므로 ㉡$>$㉢$>$㉠입니다.

2 (색종이 수)$=9+9+9-2=25$(장)
➡ 색종이를 5명에게 똑같이 나누어 주면 한 명이
$25÷5=5$(장)씩 가지게 됩니다.

3 (철사의 전체 길이)
$=$(직사각형의 네 변의 길이의 합)
$=7+5+7+5=24 \, (cm)$
가장 큰 삼각형을 만들려면 철사를 모두 사용하여 겹치
는 부분 없이 만들어야 하므로 새로 만든 삼각형의 세
변의 길이의 합은 24 cm입니다.
세 변의 길이가 모두 같은 삼각형이므로
(삼각형의 한 변의 길이)
$=$(삼각형의 세 변의 길이의 합)$÷3$
$=24÷3=8 \, (cm)$입니다.

4 $3×▲=24$에서 $24÷3=▲$, $▲=8$입니다.
■$÷6=8$에서 $6×8=$■, ■$=48$입니다.
➡ ■$+▲=48+8=56$

5 큰 수를 ●, 작은 수를 ◆라고 하면 ●$+$◆$=30$,
●$÷$◆$=9$입니다.
나눗셈식을 곱셈식으로 나타내면 $9×$◆$=$●입니다.
9단 곱셈구구에서 곱하는 수와 곱의 합이 30이 되는
경우를 알아봅니다.
$9×1=9$ ➡ $1+9=10$, $9×2=18$ ➡ $2+18=20$,
$9×3=27$ ➡ $3+27=30$
따라서 큰 수는 27, 작은 수는 3입니다.

6 (㉮ 로봇이 42 m를 가는 데 걸린 시간)
$=42 \div 6 = 7$(분)
(㉯ 로봇이 7분 동안 간 거리)$=9 \times 7 = 63$ (m)
따라서 ㉮ 로봇과 ㉯ 로봇의 거리의 차는
$63 - 42 = 21$ (m)입니다.

> **참고**
> ㉮ 로봇과 ㉯ 로봇의 걸린 시간은 같습니다.

78~79쪽 Test 단원 **실력** 평가

1 18, 6 **2** 5 / 5
3 $9 \times 4 = 36$ (또는 $4 \times 9 = 36$)
/ $36 \div 9 = 4$ (또는 $36 \div 4 = 9$)
4 ㉡ **5** <
6 $18 \div 2 = 9$ / 9명
7 (그림)
8 ㉠ **9** 무궁화
10 2개 **11** (위에서부터) 6, 8
12 8 cm **13** 3명
14 예 ❶ (나무와 나무 사이의 간격 수)
$=56 \div 8 = 7$(군데)
❷ 도로의 처음과 끝에도 나무를 심으므로 나무는
모두 $7 + 1 = 8$(그루) 필요합니다. 답 8그루
15 예 ❶ 어떤 수를 □라 하면 잘못 계산한 식은
□$\div 6 = 4$입니다.
❷ $6 \times 4 = $□, □$= 24$이므로 어떤 수는 24입니다.
❸ 바른 계산: $24 \div 3 = 8$ 답 8

1 (한 사람이 가질 수 있는 딸기 수)
$=$(전체 딸기 수)$\div$(사람 수)
$=18 \div 3 = 6$(개)

2 $6 \times 5 = 30$ ➡ $30 \div 6 = 5$
↑ 몫

3 9개씩 4상자가 있으므로 $9 \times 4 = 36$입니다.
$9 \times 4 = 36$ ➡ $36 \div 9 = 4$, $36 \div 4 = 9$

4 ㉠, ㉢ ➡ 8단 곱셈구구를 이용합니다.
㉡ ➡ 4단 곱셈구구를 이용합니다.

5 $10 \div 2 = 5$ ➡ $5 < 7$

6 (나누어 줄 수 있는 사람 수)
$=$(전체 공책 수)$\div$(한 명에게 나누어 줄 공책 수)
$=18 \div 2 = 9$(명)

7 $35 \div 5 = 7$, $36 \div 9 = 4$, $24 \div 4 = 6$,
$12 \div 3 = 4$, $42 \div 6 = 7$, $30 \div 5 = 6$

8 ㉠ $12 \div \boxed{2} = 6$ ←→ $6 \times \boxed{2} = 12$ ➡ □$= 2$
㉡ $27 \div 9 = \boxed{3}$ ←→ $9 \times \boxed{3} = 27$ ➡ □$= 3$
따라서 $2 < 3$이므로 □ 안에 알맞은 수가 더 작은 것은
㉠입니다.

9 (무궁화 수)
$=$(무궁화의 전체 꽃잎 수)$\div$(한 송이의 꽃잎 수)
$=40 \div 5 = 8$(송이)
(코스모스 수)
$=$(코스모스의 전체 꽃잎 수)$\div$(한 송이의 꽃잎 수)
$=56 \div 8 = 7$(송이)
➡ $8 > 7$이므로 더 많이 있는 꽃은 무궁화입니다.

10 $16 \div 4 = 4$, $28 \div 4 = 7$
➡ 4로 똑같이 나눌 수 있는 수는 모두 2개입니다.

> **참고**
> ・$20 \div 4 = 5$이므로 22는 4로 나누면 $22 - 20 = 2$가 남습니다.
> ・$32 \div 4 = 8$이므로 35는 4로 나누면 $35 - 32 = 3$이 남습니다.
> ・$36 \div 4 = 9$이므로 37은 4로 나누면 $37 - 36 = 1$이 남습니다.

11 ・$\boxed{6} \times 8 = 48$ ➡ $48 \div \boxed{6} = 8$
・$\boxed{8} \times 6 = 48$ ➡ $48 \div \boxed{8} = 6$

12 정사각형은 네 변의 길이가 모두 같습니다.
(가장 큰 정사각형의 한 변의 길이)
$=32 \div 4 = 8$ (cm)

13 (전체 사탕 수)$=6 \times 4 = 24$(개)
(나누어 줄 수 있는 사람 수)$=24 \div 8 = 3$(명)

14
> **참고**
> (나무와 나무 사이의 간격 수)$=$(전체 거리)$\div$(간격)
> (나무 수)$=$(간격 수)$+1$

> **평가 기준**
> ❶ 나무와 나무 사이의 간격 수를 구함.
> ❷ 필요한 나무 수를 구함.

15
> **평가 기준**
> ❶ 어떤 수를 □라 하여 잘못 계산한 식을 만듦.
> ❷ 어떤 수를 구함.
> ❸ 바르게 계산한 값을 구함.

4 곱셈

1 2, 6 / 2, 60 **2** 80

3 30 **4** >

5 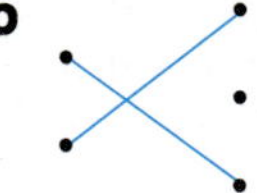 **6** 50송이

7 $20 \times 3 = 60$ / 60개

8 (왼쪽에서부터) 40, 8 / 48

9
$$
\begin{array}{r}
1\,3 \\
\times\ \ \ 3 \\
\hline
9 \\
3\,0 \\
\hline
3\,9
\end{array}
$$

10 86 **11** 36, 84

12 건우 **13** ㉡

14 $14 \times 2 = 28$ / 28살

15 $11 \times 5 = 55$ / 55마리

- -

16 (1) 124 (2) 205 **17** 288

18 183, 249 **19** 278

20 < **21** 324개

22 $31 \times 6 = 186$ / 186명

23 $42 \times 3 = 126$ / 126쪽

24 10 **25** (1) 96 (2) 91

26 87, 74 **27** ㉡

28 ( )(○)( )

29 $17 \times 4 = 68$ / 68 cm

30 하준

- -

31
$$
\begin{array}{r}
{\scriptstyle 3}\ \ \ \ \\
2\,5 \\
\times\ \ \ 7 \\
\hline
1\,7\,5
\end{array}
$$
  32 315

33 (위에서부터) 288, 252

34
$$
\begin{array}{r}
{\scriptstyle 1}\ \ \ \ \\
2\,3 \\
\times\ \ \ 6 \\
\hline
1\,3\,8
\end{array}
$$
  35 144

36 $32 \times 5 = 160$ / 160개

37 $43 \times 7 = 301$ / 301번

---

4 $40 \times 2 = 80$ ➡ $80 > 60$

5 $10 \times 4 = 40$, $30 \times 3 = 90$
$10 \times 9 = 90$, $10 \times 6 = 60$, $20 \times 2 = 40$

6 (전체 꽃의 수)
= (한 다발에 들어 있는 꽃의 수) × (다발 수)
= $10 \times 5 = 50$(송이)

7 (지수가 가지고 있는 구슬 수)
= (이서가 가지고 있는 구슬 수) × 3
= $20 \times 3 = 60$(개)

12 서아:
$$
\begin{array}{r}
3\,2 \\
\times\ \ \ 3 \\
\hline
9\,6
\end{array}
$$

13 ㉠ $23 \times 3 = 69$ ➡ $69 > 50$
㉡ $12 \times 4 = 48$ ➡ $48 < 50$

14 (현지 이모의 나이)
= (현지의 나이) × 2
= $14 \times 2 = 28$(살)

15 (날아가고 있는 철새의 수)
= (한 줄로 날아가고 있는 철새의 수) × (줄의 수)
= $11 \times 5 = 55$(마리)

17 $72 \times 4 = 288$

■의 ▲배는 ■ × ▲와 같은 곱셈으로 나타낼 수 있습니다.

19 ㉠ $84 \times 2 = 168$
➡ ㉠ + ㉡ = $168 + 110 = 278$

20 $52 \times 4 = 208$, $73 \times 3 = 219$ ➡ $208 < 219$

21 (지안이가 산 사탕 수)
= (한 봉지에 들어 있는 사탕 수) × (봉지 수)
= $81 \times 4 = 324$(개)

22 (혜주네 학교 3학년 학생 수)
= (한 반의 학생 수) × (반 수)
= $31 \times 6 = 186$(명)

23 (도영이가 3일 동안 읽은 위인전 쪽수)
= (도영이가 하루에 읽은 위인전 쪽수) × (읽은 날수)
= $42 \times 3 = 126$(쪽)

27 ㉡ $36 \times 2 = 72$ ➡ ㉠ 71 < ㉡ 72

28 $12 \times 6 = 72$, $23 \times 4 = 92$, $24 \times 3 = 72$
➡ 계산 결과가 다른 하나는 23×4입니다.

29 (상자 4개를 포장하는 데 필요한 테이프의 길이)
= (상자 한 개를 포장하는 데 필요한 테이프의 길이)
$\times$ (상자 수)
= $17 \times 4 = 68$ (cm)

30 $38 \times 2 = 76$이므로 계산 결과에 더 가깝게 어림한 사람은 하준입니다.

33 $36 \times 8 = 288$, $36 \times 7 = 252$

34 일의 자리 계산 $3 \times 6 = 18$에서 올림한 수 1을 십의 자리 계산에 더하지 않았습니다.

35 $48 > 11 > 5 > 3$이므로 가장 큰 수는 48, 가장 작은 수는 3입니다. ➡ $48 \times 3 = 144$

36 (과일 가게에서 판 사과 수)
= (한 상자에 들어 있는 사과 수) $\times$ (판 상자 수)
= $32 \times 5 = 160$(개)

37 일주일은 7일입니다.
(일주일 동안 한 줄넘기 횟수)
= (하루에 한 줄넘기 횟수) $\times 7$
= $43 \times 7 = 301$(번)

89~90쪽 1단계 기본 ➕ 유형 완성

1-1 84 cm	**1**-2 104 cm	**1**-3 80 cm
2-1 78개	**2**-2 64개	**2**-3 32개

3-1 192	**3**-2 147	
3-3 (위에서부터) 80, 52		
4-1 9	**4**-2 6	**4**-3 4

1-1
굵은 선의 길이는 정사각형의 한 변의 길이의 6배입니다. ➡ $14 \times 6 = 84$ (cm)

1-2
굵은 선의 길이는 정사각형의 한 변의 길이의 8배입니다. ➡ $13 \times 8 = 104$ (cm)

1-3
굵은 선의 길이는 16 cm인 한 변의 길이의 5배입니다. ➡ $16 \times 5 = 80$ (cm)

2-1 (처음에 가지고 있던 과자 수)
= $19 \times 5 = 95$(개)
➡ (남은 과자 수) = $95 - 17 = 78$(개)

2-2 (어머니가 사 온 방울토마토 수)
= $31 \times 3 = 93$(개)
➡ (남은 방울토마토 수) = $93 - 29 = 64$(개)

2-3 (한 상자에 12개씩 3상자에 들어 있는 초콜릿 수)
= $12 \times 3 = 36$(개)
(전체 초콜릿 수) = $36 + 6 = 42$(개)
➡ (남은 초콜릿 수) = $42 - 10 = 32$(개)

3-1 $6 \times 3 = 18$, $32 \times 3 = 96$이므로 원에 적힌 두 수를 곱하면 사각형에 적힌 수가 됩니다.
➡ $32 \times 6 = 192$

3-2 $7 \times 4 = 28$, $21 \times 4 = 84$이므로 원에 적힌 두 수를 곱하면 사각형에 적힌 수가 됩니다.
➡ $21 \times 7 = 147$

3-3 $10 \times 2 = 20$, $26 \times 8 = 208$이므로 원에 적힌 두 수를 곱하면 사각형에 적힌 수가 됩니다.
➡ $10 \times 8 = 80$, $26 \times 2 = 52$

4-1 $7 \times \blacktriangle$의 일의 자리 수가 3인 경우는 $7 \times 9 = 63$입니다.
$\blacktriangle = 9$일 때 $17 \times 9 = 153$ (◯)

4-2 $4 \times \blacktriangle$의 일의 자리 수가 4인 경우는 $4 \times 1 = 4$, $4 \times 6 = 24$입니다.
$\blacktriangle = 1$일 때 $34 \times 1 = 34$ (×)
$\blacktriangle = 6$일 때 $34 \times 6 = 204$ (◯)

4-3 $21 \times 8 = 168$이므로 $42 \times \blacktriangle = 168$입니다.
$2 \times \blacktriangle$의 일의 자리 수가 8인 경우는 $2 \times 4 = 8$, $2 \times 9 = 18$입니다.
$\blacktriangle = 4$일 때 $42 \times 4 = 168$ (◯)
$\blacktriangle = 9$일 때 $42 \times 9 = 378$ (×)

91~93쪽 2^{단계} 실력 유형 연습

1 12, 3, 36   **2** 46, 184
3 26장   **4** 124시간

---

5 ㉢, ㉡, ㉠   **6** ㉠
7 4   **8** 배추, 고추
9 1, 2, 3, 4   **10** (1) 5 (2) 3
11 48분   **12** 2학년

4 3월은 31일까지 있습니다.
(3월 한 달 동안 영어 공부를 한 시간)
=(하루에 영어 공부를 한 시간)×(날수)
=4×31=31×4=124(시간)

5 ㉠ 10×8=80   ㉡ 28×3=84   ㉢ 45×2=90
➡ ㉢ 90>㉡ 84>㉠ 80

6 ㉠ 49×5=245   ㉡ 41×7=287
➡ 250−245=5, 287−250=37이므로
㉠ 245가 ㉡ 287보다 250에 더 가깝습니다.

7 42×2=84이므로 21×●=84입니다.
21×4=84이므로 ●에 알맞은 수는 4입니다.

> **참고**
> 21×1=21, 21×2=42,
> 21×3=63, 21×4=84, 21×5=105, …
> 따라서 21×●=84일 때 ●에 알맞은 수는 4입니다.

8 18×2=36이므로 고추 모종의 수는 배추 모종의 수의 2배입니다.

9 56×1=56, 56×2=112, 56×3=168, 56×4=224, 56×5=280이므로 □ 안에 들어갈 수 있는 수는 5보다 작은 1, 2, 3, 4입니다.

10 (1) 7×2=14에서 올림한 수 1을 □×2의 계산에 더하면 11이 됩니다. ➡ □×2=10, □=5
(2) 4×□의 일의 자리 수가 2이므로
□=3 또는 □=8입니다.
□=3이면 74×3=222 (○)
□=8이면 74×8=592 (×)
따라서 □=3입니다.

> **주의**
> 올림에 주의하며 □ 안에 알맞은 수를 구하고, 완성한 곱셈식이 맞는지 꼭 확인하도록 합니다.

11 나무막대를 5도막으로 자르려면 4번 잘라야 합니다.
(나무막대를 자르는 데 걸리는 시간)
=(나무막대를 한 번 자르는 데 걸리는 시간)
×(자르는 횟수)
=12×4=48(분)

> **참고**
> 나무막대를 ■도막으로 자르려면 (■−1)번을 잘라야 합니다.

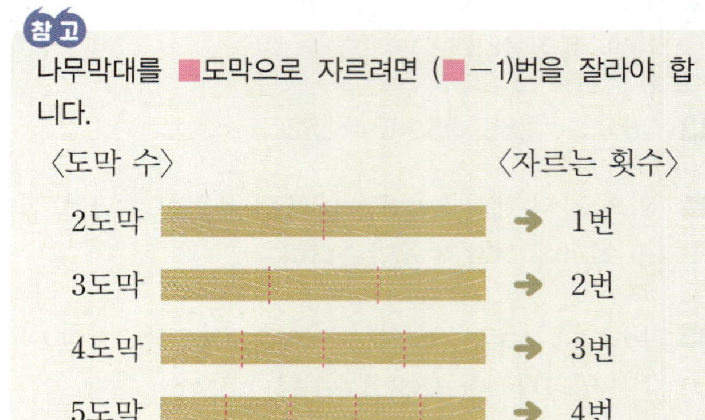

12 (2학년 학생 수)=30×4=120(명)
(3학년 학생 수)=38×3=114(명)
➡ 120>114이므로 2학년의 학생 수가 더 많습니다.

94~99쪽 3^{단계} 심화 유형 연습

심화 1 ❶ 7군데 ❷ 182 m
1-1 112 m   **1**-2 84 m
심화 2 ❶ 32개 ❷ 56개 ❸ 88개
2-1 136개   **2**-2 210점

심화 3 ❶ 96 ❷ 1, 2, 3, 4, 5 ❸ 5개
3-1 3개   **3**-2 3개
심화 4 ❶ 96 cm ❷ 6 cm ❸ 90 cm
4-1 71 cm   **4**-2 6 cm

심화 5 ❶ 12개 ❷ 96개 ❸ 288개
5-1 480개   **5**-2 455개
심화 6 ❶ 8 ❷ 4 3×8 ❸ 344
6-1 774   **6**-2 78

심화 1 ❶ (가로등 사이의 간격의 수)
=(가로등의 수)−1=8−1=7(군데)
❷ (도로의 길이)
=(가로등 사이의 간격)×(가로등 사이의 간격의 수)
=26×7=182 (m)

1-1 ① (가로등 사이의 간격의 수)$=9-1=8$(군데)
② (도로의 길이)$=14\times8=112$ (m)

1-2 ① $8+8=16$이므로 도로의 한쪽에 심은 나무는 8그루
입니다.
② (나무 사이의 간격의 수)$=8-1=7$(군데)
③ (도로의 길이)$=12\times7=84$ (m)

심화 2 ① (오리의 다리 수)$=2\times16=16\times2=32$(개)
② (토끼의 다리 수)$=4\times14=14\times4=56$(개)
③ (오리의 다리 수)$+$(토끼의 다리 수)
$=32+56=88$(개)

2-1 ① (두발자전거의 바퀴 수)$=2\times35=35\times2=70$(개)
② (세발자전거의 바퀴 수)$=3\times22=22\times3=66$(개)
③ (두발자전거의 바퀴 수)$+$(세발자전거의 바퀴 수)
$=70+66=136$(개)

2-2 ① (지난주에 수거함에 넣은 페트병과 종이 팩의 수)
$=5+3=8$(개)
(지난주에 적립된 점수)$=15\times8=120$(점)
② (이번 주에 적립된 점수)$=15\times6=90$(점)
③ (지난주와 이번 주에 적립된 점수)
$=120+90=210$(점)

심화 3 ① $24\times4=96$
② $16\times6=96$이므로 ●에는 6보다 작은 수가 들어
갈 수 있습니다.
③ 1, 2, 3, 4, 5 ➡ 5개

3-1 ① $46\times2=92$
② $23\times4=92$이므로 ●에는 4보다 작은 수인 1, 2, 3
이 들어갈 수 있습니다.
③ 1, 2, 3 ➡ 3개

3-2 ① $26\times4=104$
② $17\times6=102$, $17\times7=119$이므로 ●에는 7과 같
거나 큰 수인 7, 8, 9가 들어갈 수 있습니다.
③ 7, 8, 9 ➡ 3개

심화 4 ① (색 테이프 3장의 길이의 합)
$=32\times3=96$ (cm)
② 겹친 부분이 2군데이므로
(겹친 부분의 길이의 합)$=3\times2=6$ (cm)입니다.
③ (이어 붙인 색 테이프 전체의 길이)
$=$(색 테이프 3장의 길이의 합)
$-$(겹친 부분의 길이의 합)
$=96-6=90$ (cm)

4-1 ① (색 테이프 3장의 길이의 합)
$=25\times3=75$ (cm)
② 겹친 부분이 2군데이므로
(겹친 부분의 길이의 합)$=2\times2=4$ (cm)입니다.
③ (이어 붙인 색 테이프 전체의 길이)
$=75-4=71$ (cm)

4-2 ① (색 테이프 4장의 길이의 합)
$=51\times4=204$ (cm)
② (겹친 부분의 길이의 합)
$=$(색 테이프 4장의 길이의 합)
$-$(이어 붙인 색 테이프 전체의 길이)
$=204-186=18$ (cm)
③ 겹친 부분이 3군데이므로
(겹친 부분의 길이)$=18\div3=6$ (cm)입니다.

심화 5 ① 1시간$=60$분$=30$분$\times2$이므로
(한 시간 동안 만들 수 있는 인형 수)
$=6\times2=12$(개)입니다.
② (하루에 만들 수 있는 인형 수)$=12\times8=96$(개)
③ (3일 동안 만들 수 있는 인형 수)
$=96\times3=288$(개)

5-1 ① 1시간$=60$분$=15$분$\times4$이므로
(한 시간 동안 만들 수 있는 가방 수)
$=4\times4=16$(개)입니다.
② (하루에 만들 수 있는 가방 수)$=16\times6=96$(개)
③ (5일 동안 만들 수 있는 가방 수)
$=96\times5=480$(개)

5-2 ① (한 시간 동안 두 기계가 만들 수 있는 의자 수)
$=7+6=13$(개)
② (하루에 두 기계가 만들 수 있는 의자 수)
$=13\times5=65$(개)
③ 일주일은 7일이므로
(일주일 동안 두 기계가 만들 수 있는 의자 수)
$=65\times7=455$(개)입니다.

심화 6 ① 곱이 가장 크게 되려면 곱셈 $\boxed{\ }\boxed{\ }\times\boxed{㉠}$에서
두 번 곱해지는 ㉠에 수 카드 중 가장 큰 수인 8을
놓아야 합니다.
② ㉠에 8을 놓고 남은 수 카드 4, 3으로 더 큰 두 자
리 수를 만들면 43이므로 곱이 가장 크게 되는 곱
셈은 43×8입니다.
③ $43\times8=344$

6-1
① 곱이 가장 크게 되려면 곱셈에서 두 번 곱해지는 한 자리 수에 수 카드 중 가장 큰 수인 9를 놓아야 합니다.
② 남은 수 카드 8, 6으로 더 큰 두 자리 수를 만들면 86이므로 곱이 가장 크게 되는 곱셈은 86×9입니다.
③ $86 \times 9 = 774$

6-2
① 곱이 가장 작게 되려면 곱셈에서 두 번 곱해지는 한 자리 수에 수 카드 중 가장 작은 수인 2를 놓아야 합니다.
② 남은 수 카드 3, 9로 더 작은 두 자리 수를 만들면 39이므로 곱이 가장 작게 되는 곱셈은 39×2입니다.
③ $39 \times 2 = 78$

100~101쪽 3단계 심화 ➕ 유형 완성

1 ⓒ, ⓔ, ⓐ	**2** 9마리
3 6	**4** 41 cm
5 8바퀴	**6** 120, 15

1
ⓐ 12의 9배 ➡ $12 \times 9 = 108$
ⓒ 27씩 5묶음 ➡ $27 \times 5 = 135$
ⓔ $43 + 43 + 43$ ➡ $43 \times 3 = 129$
따라서 ⓒ $135 >$ ⓔ $129 >$ ⓐ 108입니다.

2
(염소의 다리 수)$= 15 \times 4 = 60$(개)
(닭의 다리 수)$= 78 - 60 = 18$(개)
➡ (닭의 수)$= 18 \div 2 = 9$(마리)

3

$$\begin{array}{r} ⓐ\,ⓐ \\ \times \quad ⓐ \\ \hline 3\,9\,6 \end{array}$$

일의 자리 계산 ⓐ$\times$ⓐ에서 일의 자리 수가 6이 되려면 $4 \times 4 = 16$, $6 \times 6 = 36$이므로 ⓐ$=4$ 또는 ⓐ$=6$입니다.
➡ $44 \times 4 = 176$ ($\times$), $66 \times 6 = 396$ ($\bigcirc$)이므로 ⓐ에 알맞은 수는 6입니다.

4
겹친 부분이 6군데이므로
(겹친 부분의 길이의 합)$= 11 \times 6 = 66$ (cm)입니다.
(색 테이프 7장의 길이의 합)$= 221 + 66 = 287$ (cm)
➡ $41 \times 7 = 287$이므로 색 테이프 한 장의 길이는 41 cm입니다.

5
(톱니바퀴 ㉮가 5바퀴 도는 동안 톱니바퀴 ㉯와 맞물려 돌아가는 톱니 수)$= 56 \times 5 = 280$(개)
톱니바퀴 ㉮와 ㉯가 맞물려 돌아가는 톱니 수는 같으므로 톱니바퀴 ㉯가 □바퀴 돈다고 하면 $35 \times □ = 280$이고 $35 \times 8 = 280$이므로 □$=8$입니다.
따라서 톱니바퀴 ㉮가 5바퀴 도는 동안 톱니바퀴 ㉯는 8바퀴 돕니다.

6
두 수를 ■, ▲(■ $>$ ▲)라 하면
■ $+$ ▲ $= 135$, ■ $\div$ ▲ $= 8$입니다.
나눗셈식을 곱셈식으로 바꾸면
■ $=$ ▲ $\times 8$이므로 ▲ $\times 8 +$ ▲ $= 135$입니다.
▲가 8개인 수
▲ $\times 9 = 135$이므로 ▲ $= 15$이고, ■ $= 15 \times 8 = 120$입니다.

102~103쪽 Test 단원 실력 평가

1 62

2
$$\begin{array}{r} 5\,7 \\ \times \quad 3 \\ \hline 2\,1 \\ 1\,5\,0 \\ \hline 1\,7\,1 \end{array}$$

3 138

4 300

5 $>$

6 39개

7 399

8 328 cm

9 168명

10
❶ (빨간 장미의 수)$= 21 \times 4 = 84$(송이)
❷ (노란 장미의 수)$= 33 \times 3 = 99$(송이)
❸ (빨간 장미와 노란 장미의 수)$= 84 + 99 = 183$(송이)   답 183송이

11 (왼쪽에서부터) 102, 306, 9

12 (위에서부터) 2, 8

13 268

14
❶ 1시간$=60$분$=20$분$\times 3$이므로 (한 시간 동안 만들 수 있는 필통 수)$= 5 \times 3 = 15$(개)입니다.
❷ (하루에 만들 수 있는 필통 수)$= 15 \times 4 = 60$(개)
❸ (6일 동안 만들 수 있는 필통 수)$= 60 \times 6 = 360$(개)   답 360개

3 46>7>5>3이므로 가장 큰 수는 46, 가장 작은 수는 3입니다. ➡ 46×3=138

4 20×3=60, 60×5=300

5 31×5=155, 42×3=126 ➡ 155>126

6 (전체 당근 수)
＝(한 봉지에 담은 당근 수)×(봉지 수)
＝13×3=39(개)

7 10이 3개, 1이 6개인 수는 36이고 36을 8배 한 수는 36×8=288입니다. ➡ 288＋111=399

8 (정사각형의 네 변의 길이의 합)
＝82×4=328 (cm)

9 (3학년 전체 학생 수)＝26×7=182(명)
➡ (안경을 쓰지 않은 학생 수)＝182－14=168(명)

10 평가 기준
❶ 빨간 장미의 수를 구함.
❷ 노란 장미의 수를 구함.
❸ 빨간 장미와 노란 장미의 수의 합을 구함.

11 원에 적힌 두 수를 곱하면 사각형에 적힌 수가 됩니다.
➡ 34×3=⎡102⎤, 3×⑨=27, 34×⑨=⎡306⎤

12
$$\begin{array}{r} ⊙\,6 \\ \times\quad ⓛ \\ \hline 2\,0\,8 \end{array}$$
6×ⓛ의 일의 자리 수가 8이므로 ⓛ=3 또는 ⓛ=8입니다.

· ⓛ=3이면 ⊙×3과 6×3=18에서 올림한 수 1을 더한 값이 20이어야 하므로 ⊙×3=19이고, 이를 만족하는 ⊙은 존재하지 않습니다.

· ⓛ=8이면 ⊙×8과 6×8=48에서 올림한 수 4를 더한 값이 20이어야 하므로 ⊙×8=16, ⊙=2입니다.

13 곱이 가장 작게 되려면 곱셈에서 두 번 곱해지는 한 자리 수에 수 카드 중 가장 작은 수인 4를 놓아야 합니다. 남은 수 카드 6, 7로 더 작은 두 자리 수를 만들면 67입니다. ➡ 67×4=268

14 평가 기준
❶ 한 시간 동안 만들 수 있는 필통 수를 구함.
❷ 하루에 만들 수 있는 필통 수를 구함.
❸ 6일 동안 만들 수 있는 필통 수를 구함.

---

5 길이와 시간

109~115쪽 1단계 기본 유형 연습

1 5, 7 / 5 센티미터 7 밀리미터

2 예 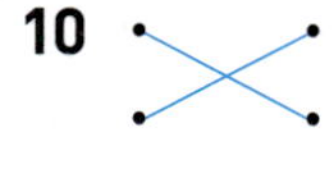

3 (1) 75　(2) 104　(3) 9, 4　(4) 28, 1

4 ⓛ / 49 mm　　　　**5** >

6 38 mm　　　　**7** 20 cm 8 mm

---

8 서준

9 (1) 9000　(2) 3200　(3) 7, 250　(4) 4, 26

10 (선으로 연결)　　　　**11** 2260 / 7, 310

12 (위에서부터) 8, 500 / 8500

13 (　)(○)　　　　**14** 9730 m

15 예 5 cm / 5 cm 3 mm

16 (1) cm　(2) mm　　　**17** ×, ○

18 ⓛ

19 (1) 210 mm　(2) 2 km

20 ⊙

21 예 동화책의 두께는 약 5 mm입니다.

---

22 (1) 6, 8　(2) 5, 4

23 (1) 3, 800　(2) 1, 300

24 8 km 840 m / 4 km 240 m

25 ⊙　　　　**26** 7 cm 3 mm

27 5 km 200 m　　　**28** 7 km 400 m

29 (1) 7시 55분 15초　(2) 2시 17분 48초

30 (1) 300　(2) 195　(3) 1, 20　(4) 4, 10

31 ⓛ

32 (선으로 연결)　　　**33** 서준

34 3분 40초

35 지호

---

36 43, 35　　　　**37** 4, 33, 49

38 >　　　　**39** 3시 50분 50초

40
$$\begin{array}{r} 5시\ 20분 \\ +\quad 3분\ 15초 \\ \hline 5시\ 23분\ 15초 \end{array}$$

41 ［4］시 ［10］분 ［20］초
  ＋　　　 ［5］분 ［25］초
  ［4］시 ［15］분 ［45］초 / 4시 15분 45초

42 11시 15분　　**43** 25, 15

44 2, 23, 12　　**45** ㉡

46 1시 50분 45초　　**47**
$$\begin{array}{r} \overset{42}{43}\text{분}\ \overset{60}{15}\text{초} \\ -\ 20\text{분}\ 22\text{초} \\ \hline 22\text{분}\ 53\text{초} \end{array}$$

48 ［11］시 ［50］분
  －［9］시 ［36］분
  ［2］시간 ［14］분 / 2시간 14분

49 2시 47분 15초

2 4 cm보다 작은 눈금 2칸이 더 가도록 긋습니다.

4 ㉡ 4 cm 9 mm＝4 cm＋9 mm
  ＝40 mm＋9 mm＝49 mm

5 3 cm 9 mm＝3 cm＋9 mm
  ＝30 mm＋9 mm＝39 mm
  ➡ 45 mm＞39 mm이므로
  45 mm＞3 cm 9 mm입니다.

7 (필통의 긴 쪽의 길이)
  ＝208 mm＝200 mm＋8 mm＝20 cm 8 mm

10 ・5 km 8 m＝5 km＋8 m
  ＝5000 m＋8 m＝5008 m
  ・5800 m＝5000 m＋800 m
  ＝5 km＋800 m＝5 km 800 m
  ・5 km 80 m＝5 km＋80 m
  ＝5000 m＋80 m＝5080 m

11 ・이순신대교: 2 km 260 m＝2 km＋260 m
  ＝2000 m＋260 m
  ＝2260 m
  ・서해대교: 7310 m＝7000 m＋310 m
  ＝7 km＋310 m
  ＝7 km 310 m

12 1 km＝1000 m를 10칸으로 똑같이 나누면 눈금 한 칸은 100 m입니다.
  8 km에서 500 m 더 간 곳이므로
  8 km 500 m＝8500 m입니다.

13 가게: 1095 m＝1000 m＋95 m
  ＝1 km＋95 m＝1 km 95 m
  1 km 400 m＞1 km 95 m이므로 집에서 더 가까운 곳은 가게입니다.

14 (산 입구에서 정상까지의 거리)
  ＝9 km 730 m＝9000 m＋730 m＝9730 m

18 방에서 화장실까지의 거리나 정수가 10초 동안 달린 거리는 1 km보다 짧습니다.

20 공원 입구에서 약 1 km 떨어진 곳은 공원 입구에서 약 500 m 떨어진 곳의 2배가 되는 거리인 ㉠입니다.

21 평가 기준
  보기 에서 길이를 골라 알맞은 문장을 만들었으면 정답으로 합니다.

23 (1)
$$\begin{array}{r} 1\ \text{km}\ \ 700\ \text{m} \\ +\ 2\ \text{km}\ \ 100\ \text{m} \\ \hline 3\ \text{km}\ \ 800\ \text{m} \end{array}$$
(2)
$$\begin{array}{r} \overset{2}{3}\ \text{km}\ \ \overset{1000}{200}\ \text{m} \\ -\ 1\ \text{km}\ \ 900\ \text{m} \\ \hline 1\ \text{km}\ \ 300\ \text{m} \end{array}$$

25 ㉠ 12 cm 8 mm＋5 cm 7 mm＝18 cm 5 mm
  ㉡ 20 cm 5 mm－2 cm 9 mm＝17 cm 6 mm
  18 cm 5 mm＞17 cm 6 mm이므로 길이가 더 긴 것은 ㉠입니다.

26 (노란색 리본의 길이)－(연두색 리본의 길이)
  ＝15 cm 5 mm－8 cm 2 mm
  ＝7 cm 3 mm

27 (문구점에서 도서관까지의 거리)
  ＋(도서관에서 소방서까지의 거리)
  ＝1 km 800 m＋3 km 400 m
  ＝5 km 200 m

28 (할머니 댁까지 남은 거리)
  ＝(할머니 댁까지의 전체 거리)－(지금까지 간 거리)
  ＝11 km－3 km 600 m＝7 km 400 m

32 2분 43초＝120초＋43초＝163초
  1분 38초＝60초＋38초＝98초
  4분 13초＝240초＋13초＝253초

33 건우: 영화 한 편을 보는 데 걸린 시간은 80분으로 나타내는 것이 알맞습니다.

34 (모래시계의 모래가 모두 떨어지는 데 걸린 시간)
  ＝220초＝180초＋40초＝3분＋40초＝3분 40초

35 서아: 175초=2분 55초

2분 55초<3분 10초이므로 양치질을 더 오래 한 사람
은 지호입니다.

37
```
         1
    3시간  40분  35초
  +       53분  14초
  ─────────────────────
    4시간  33분  49초
```

38 10시간 29분+32분=11시간 1분

➡ 11시간 1분>11시간

39 시계가 나타내는 시각은 2시 20분 50초입니다.
```
    2시     20분  50초
  + 1시간  30분
  ─────────────────────
    3시     50분  50초
```

40 시는 시끼리, 분은 분끼리, 초는 초끼리 계산합니다.

41 (동요 듣기가 끝난 시각)

=(동요를 듣기 시작한 시각)+(동요를 들은 시간)

=4시 10분 20초+5분 25초

=4시 15분 45초

42 (고속버스가 출발한 시각)+(고속버스가 달린 시간)

=8시 35분+2시간 40분

=11시 15분

44
```
    2시간  47분  30초
  -        24분  18초
  ─────────────────────
    2시간  23분  12초
```

45 ㉠ 40분 21초-20분 15초=20분 6초

㉡ 56분 10초-28분 40초=27분 30초

➡ 20분 6초<27분 30초

46 시계가 나타내는 시각은 4시 15분 35초입니다.
```
              60
     3    14    60
    4시     15분  35초
  - 2시간  24분  50초
  ─────────────────────
    1시     50분  45초
```

47 초끼리 뺄 수 없을 때에는 1분을 60초로 받아내림하여
계산합니다.

48 (지수가 운동을 한 시간)

=(운동을 끝낸 시각)-(운동을 시작한 시각)

=11시 50분-9시 36분=2시간 14분

49 (도서관에 도착한 시각)-(걸린 시간)

=3시 20분-32분 45초=2시 47분 15초

116~117쪽 1단계 기본 ➕ 유형 완성

1-1 3 cm 8 mm　　　　**1**-2 5 cm 2 mm

1-3 2 cm 1 mm

2-1 10 cm　　　　　　**2**-2 3 cm

2-3 8 km 660 m / 1 km 460 m

3-1 12시간 25분　　　**3**-2 13시간 11분 6초

3-3 (위에서부터) 10시간 12분, 11시간 56분

4-1 11시 9분 5초　　　**4**-2 6시 5분 25초

4-3 4시 20분 45초

1-1 물감의 길이는 1 cm가 3번이고 8 mm 더 긴 길이이
므로 3 cm 8 mm입니다.

1-2 비누의 길이는 1 cm가 5번이고 2 mm 더 긴 길이이
므로 5 cm 2 mm입니다.

1-3 가의 길이: 1 cm가 5번이고 4 mm 더 긴 길이이므
　　　　　로 5 cm 4 mm입니다.

나의 길이: 1 cm가 3번이고 3 mm 더 긴 길이이므
　　　　　로 3 cm 3 mm입니다.

➡ 5 cm 4 mm-3 cm 3 mm=2 cm 1 mm

2-1 26 mm=2 cm 6 mm이고,

7 cm 4 mm>6 cm 8 mm>2 cm 6 mm입니다.

따라서 가장 긴 길이와 가장 짧은 길이의 합은

7 cm 4 mm+2 cm 6 mm

=9 cm 10 mm=10 cm입니다.

2-2 88 mm=8 cm 8 mm, 72 mm=7 cm 2 mm이고,

8 cm 8 mm>7 cm 2 mm>6 cm 9 mm>

5 cm 8 mm입니다.

따라서 가장 긴 길이와 가장 짧은 길이의 차는

8 cm 8 mm-5 cm 8 mm=3 cm입니다.

2-3 5060 m=5 km 60 m이고,

5 km 60 m>4 km 160 m>3 km 600 m입니다.

➡ 합: 5 km 60 m+3 km 600 m=8 km 660 m

차: 5 km 60 m-3 km 600 m=1 km 460 m

3-1 (낮의 길이)=24시간-11시간 35분

　　　　　　=23시간 60분-11시간 35분

　　　　　　=12시간 25분

3-2 (낮의 길이)=24시간-10시간 48분 54초

　　　　　　=23시간 59분 60초-10시간 48분 54초

　　　　　　=13시간 11분 6초

3-3 (설날의 낮의 길이)=24시간−13시간 48분
　　　　　　　　　　=10시간 12분
　　　(추석의 밤의 길이)=24시간−12시간 4분
　　　　　　　　　　=11시간 56분

> **참고**
> (밤의 길이)=24시간−(낮의 길이)

4-1 초바늘이 35바퀴 도는 데 걸리는 시간은 35분입니다.
　➡ 10시 34분 5초+35분=11시 9분 5초

4-2 초바늘이 40바퀴 도는 데 걸리는 시간은 40분입니다.
　➡ 5시 25분 25초+40분=6시 5분 25초

4-3 초바늘이 2바퀴를 돌면 2분이고, 작은 눈금 3칸을 더
　갔으므로 2분 3초 후의 시각입니다.
　➡ 4시 18분 42초+2분 3초=4시 20분 45초

118~121쪽 2단계 실력 유형 연습

1 (위에서부터) 1분 38초, 163초
2 색연필　　　　　**3** 현서
4 3 km 400 m　　　**5** ㉢, ㉣
6 2시간 21분
7 소윤 / 예 5002 m는 5 km보다 2 m 더 긴 길이야.

- -

8 핫도그
9 4, 6 / 32 / 1 cm 4 mm
10 3 km 600 m　　　**11** 책 읽는 호랑이
12 2000걸음　　　　**13** 2시간 28분 5초
14 나 모둠

2 긴쪽의 길이가 12 cm인 필통에 똑바로 넣을 수 없는
　것은 12 cm보다 더 긴 것입니다.
　색연필은 132 mm=13 cm 2 mm이므로 필통에 똑
　바로 넣을 수 없습니다.

3 서준: 넘어진 자전거 한 대를 세우는 데 걸린 시간은
　　　　'초'를 사용하여 나타내는 것이 알맞습니다.
　은우: 서울에서 부산까지 가는 데 걸린 시간은 '시간'을
　　　　사용하여 나타내는 것이 알맞습니다.

4 (세훈이네 집~도서관)+(도서관~세훈이네 집)
　　=1 km 700 m+1 km 700 m=3 km 400 m

5 ㉠ 2 km 8 m=2 km+8 m
　　　　　　　　=2000 m+8 m=2008 m
　㉢ 60 cm 9 mm=60 cm+9 mm
　　　　　　　　=600 mm+9 mm=609 mm

6 오후 1시 46분=13시 46분
　(서울에서 춘천까지 가는 데 걸리는 시간)
　=(춘천에 도착하는 시각)−(서울에서 출발하는 시각)
　=13시 46분−11시 25분=2시간 21분

7 **평가 기준**
> 5002 m는 5 km보다 2 m 더 긴 길이라고 썼으면 정답으
> 로 합니다.

8 핫도그: 2분=120초, 만두: 4분 30초=270초,
　냉동 김밥: 250초
　120초<250초<270초이므로 조리하는 데 걸리는 시
　간이 가장 짧은 음식은 핫도그입니다.

10 1 km=1000 m를 5칸으로 똑같이 나누었으므로 눈
　금 한 칸은 200 m입니다.
　㉠은 3 km에서 600 m 더 간 곳이므로
　3 km 600 m입니다.

11 (연주가 본 연극의 공연 시간)
　=3시 24분 20초−2시 57분 40초=26분 40초
　따라서 연주가 본 연극은 '책 읽는 호랑이'입니다.

12 한 걸음이 약 50 cm이므로 1 m를 가는 데 약 2걸음
　을 걸어야 합니다.
　1 km=1000 m이므로 1 km 떨어진 병원까지 가려
　면 약 2000걸음을 걸어야 합니다.

13 숙제를 시작한 시각: 3시 48분 5초
　숙제를 끝낸 시각: 6시 36분 10초
　➡ 6시 36분 10초−3시 48분 5초=2시간 48분 5초
　중간에 휴식 시간 20분을 빼야 하므로 영미가 숙제를 한
　시간은 2시간 48분 5초−20분=2시간 28분 5초입니다.

14 가 모둠:
　(호준이의 달리기 기록)+(수지의 달리기 기록)
　=2분 13초+1분 58초=4분 11초
　나 모둠:
　(도윤이의 달리기 기록)+(아영이의 달리기 기록)
　=2분 47초+1분 20초=4분 7초
　➡ 4분 11초>4분 7초이므로 나 모둠이 이어달리기
　　경주에서 이겼습니다.

3단계 심화 유형 연습

심화 1 **1** 1190 m **2** 병원, 도서관, 은행
1-1 공원, 경찰서, 백화점
1-2 민재, 주영, 효준, 영미

심화 2 **1** 2, 1 **2** 1시간 30분 **3** 10시 50분
2-1 11시 10분　　　　**2**-2 6시 25분

심화 3 **1** 24시간 **2** 14시간 25분
3 4시간 50분
3-1 4시간 20분　　　　**3**-2 4시간 29분 20초

심화 4 **1** 4, 2 **2** 1 km 400 m
4-1 1 km 80 m　　　　**4**-2 365 mm

심화 5 **1** 7일 **2** 1분 3초 **3** 오전 7시 1분 3초
5-1 오전 9시 58분 50초
5-2 오후 8시 55분 48초

심화 6 **1** 10시 43분 15초 **2** 10시 55분
3 11분 45초
6-1 4분 20초　　　　**6**-2 17분 28초

심화 1 **1** 1 km=1000 m이므로
1 km 190 m=1190 m입니다.
2 1094 m<1140 m<1190 m이므로
기차역에서 병원, 도서관, 은행 순서대로 가깝습
니다.

1-1 **1** 집에서 경찰서까지의 거리를 몇 km 몇 m로 나타
내면 1000 m=1 km이므로
1900 m=1 km 900 m입니다.
2 2 km 50 m>1 km 900 m>1 km 820 m이
므로 집에서 공원, 경찰서, 백화점 순서대로 멉니다.

다른 풀이
2 km 50 m=2050 m, 1 km 820 m=1820 m입니다.
2050 m>1900 m>1820 m이므로 집에서 공원, 경찰서, 백
화점 순서대로 멉니다.

1-2 **1** 가지고 있는 끈의 길이를 mm로 나타내면
주영: 80 cm 2 mm=802 mm,
효준: 79 cm 6 mm= 796 mm입니다.
2 810 mm>802 mm>796 mm>784 mm이
므로 가지고 있는 끈의 길이는 민재, 주영, 효준,
영미 순서대로 깁니다.

심화 2 **1** 1교시 수업을 시작하여 2교시 수업이 끝날 때
까지 수업 시간은 2번, 쉬는 시간은 1번 있습니다.
2 (2교시 수업이 끝날 때까지 걸린 시간)
=40+40+10=90(분)
60분=1시간이므로 90분=1시간 30분입니다.
3 (2교시 수업이 끝나는 시각)
=9시 20분+1시간 30분=10시 50분

2-1 **1** 1교시 수업을 시작하여 3교시 수업을 시작할 때까
지 수업 시간은 2번, 쉬는 시간은 2번 있습니다.
2 (3교시 수업이 시작할 때까지 걸린 시간)
=40+40+10+10=100(분)
60분=1시간이므로 100분=1시간 40분입니다.
3 (3교시 수업이 시작하는 시각)
=9시 30분+1시간 40분=11시 10분

2-2 **1** 극장에 도착하여 뮤지컬이 끝날 때까지의 시간을
알아보면 기다린 시간, 뮤지컬을 본 시간, 쉬는 시
간이 있습니다.
2 (뮤지컬이 끝날 때까지 걸린 시간)
=45분+2시간 50분+20분=3시간 55분
3 (뮤지컬이 끝나는 시각)
=2시 30분+3시간 55분=6시 25분

심화 3 **1** 하루는 24시간입니다.
2 (밤의 길이)=(하루의 길이)-(낮의 길이)
=24시간-9시간 35분
=14시간 25분
3 (밤의 길이)-(낮의 길이)
=14시간 25분-9시간 35분=4시간 50분

3-1 **1** 하루는 24시간입니다.
2 (밤의 길이)=(하루의 길이)-(낮의 길이)
=24시간-14시간 10분
=9시간 50분
3 (낮의 길이)-(밤의 길이)
=14시간 10분-9시간 50분=4시간 20분

3-2 **1** (해가 진 시각)=오후 7시 43분 15초
=19시 43분 15초
2 (낮의 길이)=19시 43분 15초-5시 28분 35초
=14시간 14분 40초
(밤의 길이)=24시간-14시간 14분 40초
=9시간 45분 20초
3 (낮의 길이)-(밤의 길이)
=14시간 14분 40초-9시간 45분 20초
=4시간 29분 20초

심화 4 ❶ 가로와 세로로 가는 칸 수가 각각 같으면 가야 하는 거리가 같으므로 두 지점 사이의 가장 짧은 길은 여러 가지 방법으로 나타낼 수 있습니다.

➜ 집에서 놀이터까지 가려면 적어도 가로로 4칸, 세로로 2칸을 가야 합니다.

❷ $\underline{250+250+250+250}+\underline{200+200}$
  4칸   2칸

$=1400$ (m)

1000 m$=$1 km이므로 1400 m$=$1 km 400 m입니다.

따라서 집에서 출발하여 적어도 1 km 80 m를 가야 놀이터에 도착할 수 있습니다.

4-1 ❶ 집에서 학교까지 가려면 적어도 가로로 4칸, 세로로 3칸을 가야 합니다.

❷ $180+180+180+180+120+120+120$

$=1080$ (m)

1000 m$=$1 km이므로 1080 m$=$1 km 80 m입니다.

따라서 집에서 출발하여 적어도 1 km 80 m를 가야 학교에 도착할 수 있습니다.

4-2 ❶ 집에서 정류장까지 가려면 적어도 가로로 4칸을 가야 하고, 정류장에서 병원까지 가려면 적어도 가로로 1칸, 세로로 3칸을 가야 합니다.

❷ 5 cm 2 mm$=$52 mm이므로

$52+52+52+52+52+35+35+35$

$=365$ (mm)입니다.

따라서 집에서 출발하여 정류장을 거쳐 병원까지 길을 따라 적어도 365 mm의 선을 그어야 합니다.

심화 5 ❶ 일주일은 7일입니다.

❷ 일주일 동안 빨라지는 시간은 $9\times7=63$(초)입니다.

➜ 60초$=$1분이므로 63초$=$1분 3초입니다.

❸ (일주일 후 오전 7시에 이 시계가 가리키는 시각)

$=$오전 7시$+$1분 3초$=$오전 7시 1분 3초

5-1 ❶ 일주일은 7일입니다.

❷ 일주일 동안 느려지는 시간은 $10\times7=70$(초)입니다. ➜ 60초$=$1분이므로 70초$=$1분 10초입니다.

❸ (일주일 후 오전 10시에 이 시계가 가리키는 시각)
$=$오전 10시$-$1분 10초$=$오전 9시 58분 50초

5-2 ❶ 오늘 오전 9시부터 다음 날 오후 9시까지의 시간은 $24+12=36$(시간)입니다.

❷ 36시간 동안 느려지는 시간은 $36\times7=252$(초)입니다.

➜ 240초$=$4분이므로 252초$=$4분 12초입니다.

❸ (다음 날 오후 9시에 이 시계가 가리키는 시각)
$=$오후 9시$-$4분 12초$=$오후 8시 55분 48초

심화 6 ❶ 지금 시각은 10시 43분 15초입니다.

❷ (출발 시각)$=$(약속 시각)$-$(걸리는 시간)
$=$11시 30분$-$35분$=$10시 55분

❸ (출발 시각)$-$(지금 시각)
$=$10시 55분$-$10시 43분 15초$=$11분 45초

6-1 ❶ 지금 시각은 1시 30분 40초입니다.

❷ (출발 시각)$=$2시 25분$-$50분$=$1시 35분

❸ (출발 시각)$-$(지금 시각)
$=$1시 35분$-$1시 30분 40초$=$4분 20초

6-2 ❶ 약속 장소에서 만나기로 한 시각은 8시 40분입니다.

❷ (출발 시각)
$=$ (약속 시각)$-$(공원까지 걸리는 시간)
  $-$(공원에서 약속 장소까지 걸리는 시간)
$=$8시 40분$-$25분$-$30분$=$7시 45분

❸ (출발 시각)$-$(지금 시각)
$=$7시 45분$-$7시 27분 32초$=$17분 28초

128~129쪽 3단계 심화 유형 완성

1 설악산, 덕유산, 함백산, 속리산

2 6 km 600 m   **3** 27 cm 9 mm

4 2시 34분 35초   **5** 15분

6 2가지

2 8000 m$=$8 km이므로
8900 m$=$8 km 900 m입니다.

(ⓛ~ⓔ)$=$(ⓛ~ⓒ)$+$(ⓒ~ⓔ)
$=$5 km 800 m$+$8 km 900 m
$=$14 km 700 m

➜ (㉠~ⓛ)$=$(㉠~ⓔ)$-$(ⓛ~ⓔ)
$=$21 km 300 m$-$14 km 700 m
$=$6 km 600 m

3 (8분 동안 탄 양초의 길이)$=8×8=64$ (mm)
60 mm$=6$ cm이므로 64 mm$=6$ cm 4 mm
(처음 양초의 길이)$=21$ cm 5 mm$+6$ cm 4 mm
$\qquad\qquad\qquad=27$ cm 9 mm

4 60분$=1$시간이므로 115분 35초$=1$시간 55분 35초
입니다. 피아노 연습을 끝낸 시각은 4시 30분 10초이
므로 연습을 시작한 시각은
4시 30분 10초-1시간 55분 35초$=2$시 34분 35초
입니다.

5 (줄넘기 연습을 한 시간)
　$=$오전 10시 25분$-$오전 9시 10분$=1$시간 15분
　(달리기 연습을 한 시간)
　$=$오후 5시 15분$-$오후 3시 45분$=1$시간 30분
　➡ (달리기 연습을 한 시간)$-$(줄넘기 연습을 한 시간)
　　$=1$시간 30분-1시간 15분$=15$분

6 체험 시간이 짧은 놀이부터 차례대로 쓰면 투호놀이,
팽이치기, 제기차기, 구슬치기, 윷놀이입니다.
체험 시간이 짧은 놀이부터 3가지씩 시간을 더하여
1시간$=60$분 안에 할 수 있는 경우를 찾아봅니다.
투호놀이$+$팽이치기$+$제기차기
$=15$분 50초$+18$분 40초$+20$분 30초$=55$분
투호놀이$+$팽이치기$+$구슬치기
$=15$분 50초$+18$분 40초$+25$분 20초$=59$분 50초
따라서 한 시간 안에 3가지 체험을 선택할 수 있는 경
우는 2가지입니다.

130~131쪽　**Test**　단원 실력 평가

1 29 mm　　　　　　**2** ⑤
3 (1) km　(2) mm　(3) cm
4 1003 m　　　　　　**5** 민재
6 ㉢, ㉣, ㉠, ㉡　　　**7** 4시 15분 5초
8
$$
\begin{array}{r}
4\text{시}\ 45\text{분}\quad\ \ \\
+\quad 3\text{분}\ 12\text{초}\\
\hline
4\text{시}\ 48\text{분}\ 12\text{초}
\end{array}
$$
9 화요일　　　　　**10** 11시간 44분
11 예 ❶ 버스 정류장에서 우체국까지의 거리는
　　2800 m$=2$ km 800 m입니다.
　　❷ 2 km 80 m<2 km 703 m<2 km 800 m
　　이므로 버스 정류장에서 학교, 수목원, 우체국 순
　　서대로 가깝습니다.　　답 학교, 수목원, 우체국

---

12 4 cm 1 mm
13 빨래하기, 설거지하기
14 예 ❶ (해가 진 시각)$=$오후 7시 10분 8초
　　　　　　　　　　$=19$시 10분 8초
　　❷ (낮의 길이)$=19$시 10분 8초-6시 54분 30초
　　　　　　　　　$=12$시간 15분 38초
　　❸ (밤의 길이)$=24$시간-12시간 15분 38초
　　　　　　　　　$=11$시간 44분 22초
　　　　　　　　　　　답 11시간 44분 22초

5 효원: 박수를 한 번 치는 데 1초가 걸립니다.

6 ㉡ 2분 13초$=133$초　㉣ 3분$=180$초
　➡ ㉢ 186초$>$㉣ 180초$>$㉠ 165초$>$㉡ 133초

7 시계가 나타내는 시각은 1시 50분 25초입니다.
1시 50분 25초$+2$시간 24분 40초$=4$시 15분 5초

9 (화요일에 내린 비의 양)$=7$ cm 5 mm$=75$ mm
(목요일에 내린 비의 양)$=6$ cm 9 mm$=69$ mm
　➡ 75 mm>71 mm>69 mm>58 mm이므로
비가 가장 많이 내린 날은 화요일입니다.

10 (조명이 켜져 있던 시간)$=$(꺼진 시각)$-$(켜진 시각)
　　　　　　　　　　$=18$시 8분-6시 24분
　　　　　　　　　　$=11$시간 44분

11 평가 기준
❶ 버스 정류장에서 우체국까지의 거리를 몇 km 몇 m로
　나타내거나 버스 정류장에서 학교, 수목원까지의 거리
　를 몇 m로 나타냄.
❷ 버스 정류장에서 가까운 순서대로 장소를 구함.

12 84 mm$=8$ cm 4 mm이고,
8 cm 4 mm>6 cm 6 mm>4 cm 3 mm입니다.
　➡ 8 cm 4 mm-4 cm 3 mm$=4$ cm 1 mm

13 시간이 가장 적게 걸리는 것은 설거지하기입니다.
　➡ (설거지하기)$+$(방 청소하기)
　　$=25$분 30초$+35$분$=60$분 30초$=1$시간 30초 ($\times$)
　　(설거지하기)$+$(빨래하기)
　　$=25$분 30초$+28$분 10초$=53$분 40초 ($\bigcirc$)

14 평가 기준
❶ 해가 진 시각을 구함.
❷ 낮의 길이를 구함.
❸ 밤의 길이를 구함.

6 분수와 소수

137~143쪽 1단계 기본 유형 연습

1 (○)(○)( )

2 (1) 9조각 (2) 6조각

3 ①, ④

4 ㉡, ㉢, ㉥

5 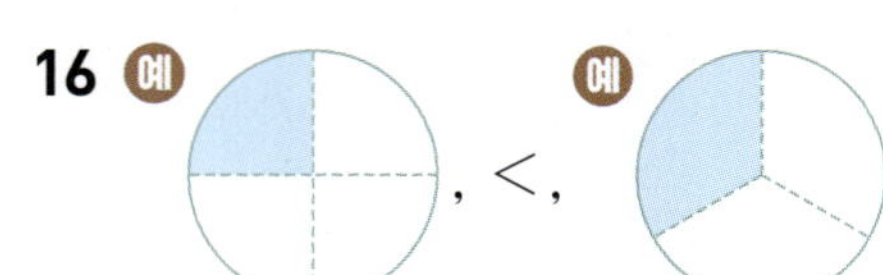

6

7 예 나누어진 조각의 모양과 크기가 같지 않습니다.

8 2, $\dfrac{2}{4}$

9 $\dfrac{3}{5}$ / 5분의 3

10

11 예 / $\dfrac{2}{6}$

12 $\dfrac{1}{3}$ / 3분의 1

13 ②, ④

14 $\dfrac{3}{7}$

15 / 큽니다에 ○표

16 예 , <, 예

17 $\dfrac{1}{13}$

18 ㉡

19 서준

20 $\dfrac{1}{8}$에 △표

21 민수

22 6, 7, 8

23 4, 3 / 큽니다에 ○표

24 예 , <, 예

25 >

26 ㉠

27 동물원

28 $\dfrac{5}{6}$

29 3개

30 도희

31 (왼쪽에서부터) 0.1, $\dfrac{4}{10}$, 0.6

32 (1) $\dfrac{8}{10}$ / 0.8 (2) $\dfrac{3}{10}$ / 0.3

33

34 (1) 0.2 (2) 7

35 0.4 m

36 0.3

37 0.6 cm / 0.8 cm

38 1.4 / 일 점 사

39 (1) 6.9 (2) 8.3

40 1.5

41 4.2 cm

42 유찬

43 ㉠

44 24.3 cm

45 2.8컵

46 예 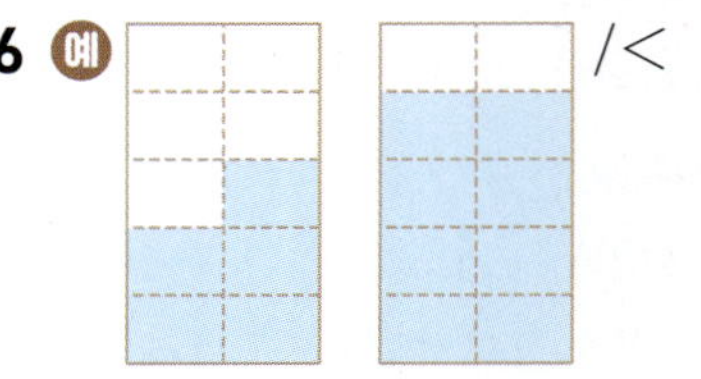 /<

47 예 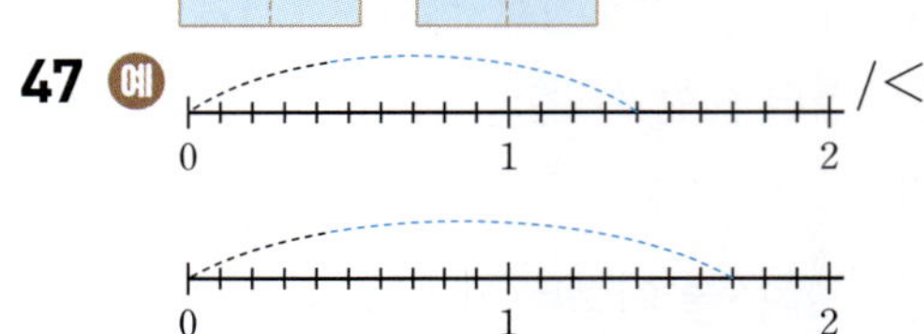 /<

48 <

49 3.2, 3.9

50 ㉡

51 2.7, 0.9에 색칠

52 (1) 8에 ○표 (2) 1에 ○표

53 은행나무

---

1 세 번째 피자는 나누어진 조각의 모양과 크기가 같지 않습니다.

> **참고**
> 똑같이 나누어진 것은 나누어진 조각의 모양과 크기가 같습니다.

3 ②, ⑤는 전체를 똑같이 나누지 않았고, ③은 전체를 똑같이 넷으로 나누었습니다.

7 **평가 기준**
> 나누어진 조각의 모양과 크기가 같지 않다고 썼으면 정답으로 합니다.

10  : 색칠한 부분은 전체를 똑같이 8로 나눈 것 중의 3입니다. → $\dfrac{3}{8}$

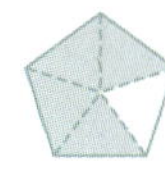 : 색칠한 부분은 전체를 똑같이 6으로 나눈 것 중의 2입니다. → $\dfrac{2}{6}$

: 색칠한 부분은 전체를 똑같이 5로 나눈 것 중의 4입니다. → $\dfrac{4}{5}$

12 이탈리아 국기에서 흰색 부분은 전체를 똑같이 3으로 나눈 것 중의 1입니다. → $\dfrac{1}{3}$ (3분의 1)

13 ①은 전체를 똑같이 8로 나눈 것 중의 3입니다. → $\dfrac{3}{8}$

②, ④는 전체를 똑같이 4로 나눈 것 중의 3입니다.

→ $\dfrac{3}{4}$

③, ⑤는 전체를 똑같이 나누지 않았습니다.

14 떡을 똑같이 7조각으로 나눈 것 중의 3조각 → $\dfrac{3}{7}$

18 ㉠ 2<3이므로 $\dfrac{1}{2}$>$\dfrac{1}{3}$입니다.

19 서준: 9<11이므로 $\dfrac{1}{9}$>$\dfrac{1}{11}$입니다.

은우: 14>11이므로 $\dfrac{1}{14}$<$\dfrac{1}{11}$입니다.

따라서 $\dfrac{1}{11}$보다 큰 분수를 말한 사람은 서준입니다.

20 단위분수는 분모가 클수록 더 작습니다.

→ 8>7>4>2이므로 $\dfrac{1}{8}$<$\dfrac{1}{7}$<$\dfrac{1}{4}$<$\dfrac{1}{2}$입니다.

따라서 $\dfrac{1}{8}$이 가장 작습니다.

21 15>12이므로 $\dfrac{1}{15}$<$\dfrac{1}{12}$입니다.

따라서 더 긴 리본을 가지고 있는 사람은 민수입니다.

22 단위분수이므로 분모를 비교하면 5<□<9입니다.

따라서 □ 안에는 6, 7, 8이 들어갈 수 있습니다.

25 분모가 같은 분수는 분자가 클수록 더 큽니다.

→ 2>1이므로 $\dfrac{2}{3}$>$\dfrac{1}{3}$입니다.

26 ㉠ $\dfrac{1}{12}$이 7개인 수: $\dfrac{7}{12}$

→ 7>5이므로 ㉠ $\dfrac{7}{12}$>㉡ $\dfrac{5}{12}$입니다.

27 $\dfrac{4}{8}$<$\dfrac{5}{8}$이므로 기차역에서 더 가까운 곳은 동물원입니다.

28 분모가 같은 분수는 분자가 클수록 더 큽니다.

→ 5>3>2이므로 $\dfrac{5}{6}$>$\dfrac{3}{6}$>$\dfrac{2}{6}$입니다.

29 분모가 14로 같으므로 분자가 11보다 작은 분수를 모두 찾으면 $\dfrac{9}{14}$, $\dfrac{10}{14}$, $\dfrac{6}{14}$입니다. → 3개

30 2<3이므로 $\dfrac{2}{4}$<$\dfrac{3}{4}$입니다.

따라서 사과를 더 많이 먹은 사람은 도희입니다.

34 ② 0.7을 분수로 나타내면 $\dfrac{7}{10}$입니다.

→ $\dfrac{7}{10}$은 $\dfrac{1}{10}$이 7개입니다.

35 $\dfrac{4}{10}$ m=0.4 m

36 시후가 먹은 피자는 전체의 $\dfrac{3}{10}$입니다.

→ $\dfrac{3}{10}$=0.3

37 1 mm=0.1 cm이므로

6 mm=0.6 cm, 8 mm=0.8 cm입니다.

41 열쇠의 길이는 4 cm 2 mm입니다.

2 mm=0.2 cm이므로 4 cm 2 mm=4.2 cm입니다.

42 유찬: 5와 0.4만큼인 수는 5.4입니다.

참고

4.5는 4와 0.5만큼인 수입니다.

43 ㉠ 0.1이 $\boxed{39}$ 개이면 3.9입니다.

㉡ 3.3은 0.1이 $\boxed{33}$ 개인 수입니다.

→ ㉠ 39>㉡ 33

44 1 mm=0.1 cm이므로 243 mm=24.3 cm입니다.

→ 현우의 신발 길이는 24.3 cm입니다.

45 2컵과 0.8컵만큼을 마셨습니다.

→ 정수가 하루 동안 마신 물은 2.8컵입니다.

48 0.1이 7개인 수는 0.7입니다. → 0.7<0.8

50 ㉡ 7.3>㉢ 7.1>㉠ 6.9

참고

소수점을 기준으로 왼쪽에 있는 수가 클수록 더 크고, 왼쪽에 있는 수가 같으면 오른쪽에 있는 수가 클수록 더 큽니다.

52 (1) 0.□>0.7에서 □>7이므로 6, 7, 8 중 □ 안에 들어갈 수 있는 수는 8입니다.

(2) 4.2>4.□에서 2>□이므로 1, 2, 3 중 □ 안에 들어갈 수 있는 수는 1입니다.

53 13.2 m>12.3 m이므로 더 높은 나무는 은행나무입니다.

144~145쪽 1단계 기본 유형 완성

1-1 4칸   **1-2** 3칸   **1-3** 3칸

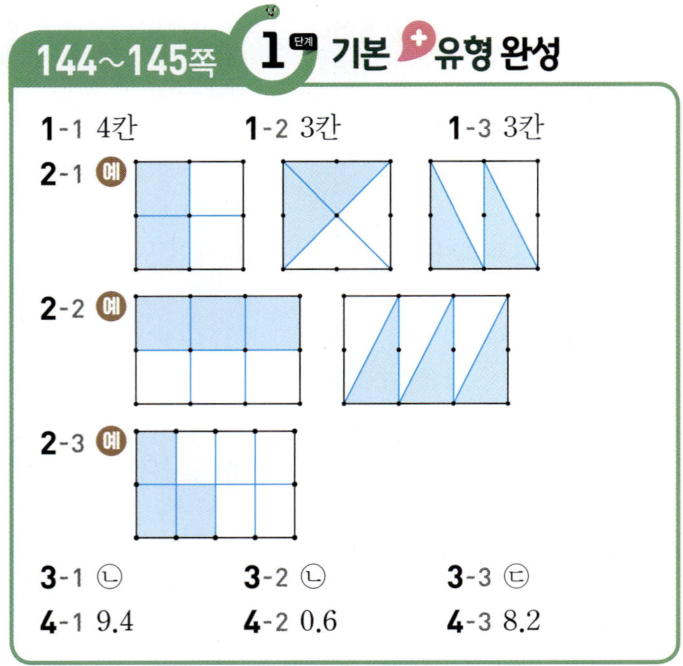

3-1 ㉡   **3-2** ㉡   **3-3** ㉢
4-1 9.4   **4-2** 0.6   **4-3** 8.2

1-1 $\frac{7}{9}$은 전체를 똑같이 9로 나눈 것 중의 7이므로 전체 9칸 중에서 7칸을 색칠해야 합니다. 색칠된 부분이 3칸이므로 7−3=4(칸)을 더 색칠해야 합니다.

1-2 $\frac{5}{6}$는 전체를 똑같이 6으로 나눈 것 중의 5이므로 전체 6칸 중에서 5칸을 색칠해야 합니다. 색칠된 부분이 2칸이므로 5−2=3(칸)을 더 색칠해야 합니다.

1-3 $\frac{5}{12}$는 전체를 똑같이 12로 나눈 것 중의 5이므로 전체 12칸 중에서 5칸을 제외한 12−5=7(칸)에 색칠해야 합니다. 색칠된 부분이 4칸이므로 7−4=3(칸)을 더 색칠해야 합니다.

2-1 $\frac{2}{4}$는 전체를 똑같이 4로 나누고 그중 2만큼 색칠합니다.

2-2 $\frac{3}{6}$은 전체를 똑같이 6으로 나누고 그중 3만큼 색칠합니다.

2-3 전체를 똑같이 8로 나누고 그중 색칠하지 않은 부분이 5만큼이므로 8−5=3만큼 색칠합니다.

3-1 ㉠ 3.4, ㉡ 6.5이므로 ㉠ 3.4<㉡ 6.5입니다.

3-2 ㉠ 3.7, ㉡ 1.2이므로 ㉠ 3.7>㉡ 1.2입니다.

3-3 ㉠ 5.8, ㉡ 4.6, ㉢ 6.2이므로 ㉢ 6.2>㉠ 5.8>㉡ 4.6입니다.

4-1 9>4>1이므로 만들 수 있는 소수 중에서 가장 큰 수는 9.4입니다.

4-2 0<6<7이므로 만들 수 있는 소수 중에서 가장 작은 수는 0.6입니다.

4-3 8>5>2>1이므로 만들 수 있는 소수 중에서 가장 큰 수는 8.5이고 두 번째로 큰 수는 8.2입니다.

146~149쪽 2단계 실력 유형 연습

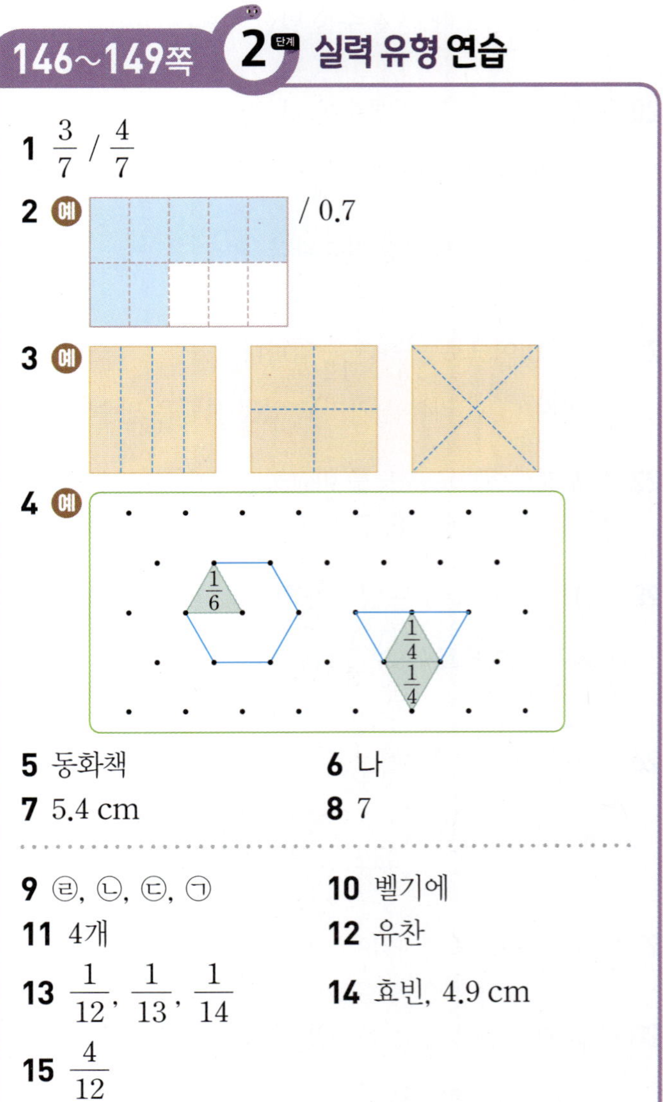

1 $\frac{3}{7}$ / $\frac{4}{7}$

2 / 0.7

5 동화책   **6** 나
7 5.4 cm   **8** 7

9 ㉣, ㉡, ㉢, ㉠   **10** 벨기에
11 4개   **12** 유찬
13 $\frac{1}{12}$, $\frac{1}{13}$, $\frac{1}{14}$ **14** 효빈, 4.9 cm
15 $\frac{4}{12}$

2 전체를 똑같이 10으로 나눈 것 중의 7만큼 색칠합니다.

➡ $\dfrac{7}{10}=0.7$

4 ・$\dfrac{1}{6}$인 부분이 1개이고, $\dfrac{1}{6}$이 6개이면 전체이므로

$\dfrac{1}{6}$을 5개 더 붙여 그립니다.

・$\dfrac{1}{4}$인 부분이 2개이고, $\dfrac{1}{4}$이 4개이면 전체이므로

$\dfrac{1}{4}$을 2개 더 붙여 그립니다.

5 9>7이므로 $\dfrac{9}{10}>\dfrac{7}{10}$입니다.

따라서 두께가 더 얇은 것은 동화책입니다.

6 가, 다, 라는 전체를 똑같이 8로 나눈 것 중의 2이므로

$\dfrac{2}{8}$입니다.

나는 전체를 똑같이 6으로 나눈 것 중의 2이므로 $\dfrac{2}{6}$입니다.

7 1 mm=0.1 cm이므로 4 mm=0.4 cm입니다.

어제 내린 비는 5 cm와 0.4 cm이므로 5.4 cm입니다.

8 1.6은 0.1이 16개이므로 ㉠=16이고, $\dfrac{9}{10}=0.9$이므로 ㉡=9입니다. ➡ ㉠－㉡=16－9=7

9 소수로 나타내면 ㉠ 1.4 ㉡ 1.7 ㉢ 1.6 ㉣ 1.9입니다.

따라서 ㉣ 1.9>㉡ 1.7>㉢ 1.6>㉠ 1.4입니다.

10 오스트리아 국기: 빨간색 부분이 전체를 똑같이 3으로

나눈 것 중의 2입니다. ➡ $\dfrac{2}{3}$

콜롬비아 국기: 전체가 똑같이 나누어지지 않았습니다.

벨기에 국기: 빨간색 부분이 전체를 똑같이 3으로 나눈

것 중의 1입니다. ➡ $\dfrac{1}{3}$

11 소수점을 기준으로 왼쪽에 있는 수가 2로 같으므로 오른쪽에 있는 수를 비교하면 4<□<9입니다.

따라서 □ 안에 들어갈 수 있는 수는 5, 6, 7, 8로 모두 4개입니다.

12 유찬: $\dfrac{1}{10}$은 0.1이고, 0.1<0.3이므로 $\dfrac{1}{10}$은 0.3보다 작습니다.

13 $\dfrac{1}{15}$보다 큰 단위분수는 $\dfrac{1}{14}$, $\dfrac{1}{13}$, …, $\dfrac{1}{2}$입니다.

이 중에서 $\dfrac{1}{11}$보다 작은 단위분수는 $\dfrac{1}{12}$, $\dfrac{1}{13}$, $\dfrac{1}{14}$입니다.

14 효빈: 49 mm는 0.1 cm가 49개이므로 4.9 cm입니다.

채윤: 3 mm는 0.3 cm이므로 5 cm와 0.3 cm인 5.3 cm입니다.

➡ 5.3 cm>5.1 cm>4.9 cm이므로 효빈이가 가장 짧은 지우개를 가지고 있습니다.

15 정우가 5조각, 수민이가 3조각을 먹었으므로 남은 케이크는 12－5－3=4(조각)입니다.

케이크를 똑같이 12조각으로 나눈 것 중의 4조각이 남았으므로 남은 케이크는 전체의 $\dfrac{4}{12}$입니다.

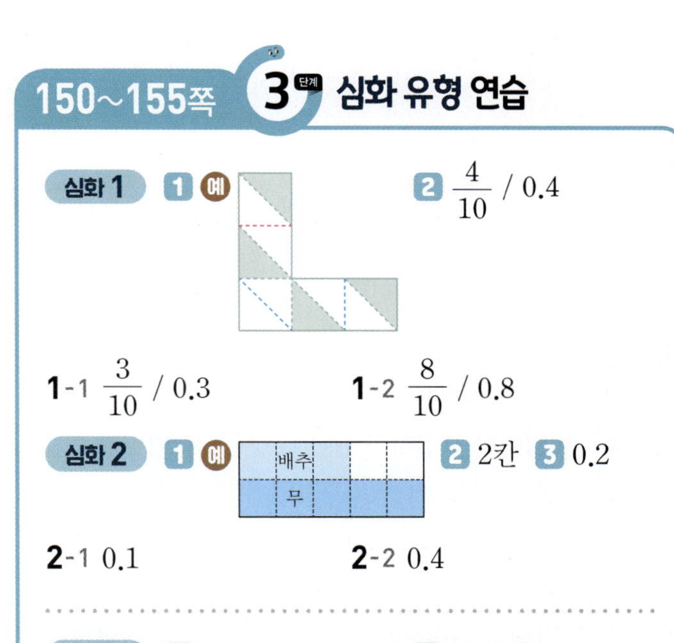

150~155쪽 **3단계 심화 유형 연습**

심화 1 **1** 예 **2** $\dfrac{4}{10}$ / 0.4

1-1 $\dfrac{3}{10}$ / 0.3　　　　**1**-2 $\dfrac{8}{10}$ / 0.8

심화 2 **1** 예 　**2** 2칸　**3** 0.2

2-1 0.1　　　　　　**2**-2 0.4

심화 3 **1** 8, 9, 10, 11, 12　**2** 6, 7, 8, 9, 10
3 8, 9, 10

3-1 4, 5　　　　　**3**-2 3, 4, 5

심화 4 **1** $\dfrac{1}{10}$ **2** $\dfrac{8}{10}$ **3** 8일

4-1 4일　　　　　**4**-2 6일

심화 5 **1** 4, 6 **2** 4.3, 4.6, 6.3, 6.4 **3** 4개

5-1 3개　　　　　**5**-2 5개

심화 6 **1** 0.3, 0.4, 0.5, 0.6 **2** 0.5, 0.6 **3** 0.5

6-1 0.6　　　　　**6**-2 3개

심화 1 ① 도형을 색칠한 부분 중 한 부분과 모양과 크기가 같게 똑같이 나누어 봅니다.

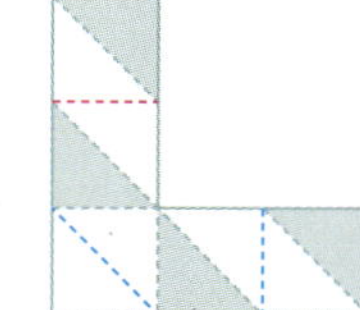

② 색칠한 부분은 전체를 똑같이 10으로 나눈 것 중의 4이므로 $\frac{4}{10}$이고, $\frac{4}{10}=0.4$입니다.

1-1 ① 도형을 색칠한 부분 중 한 부분과 모양과 크기가 같게 똑같이 나누어 봅니다.

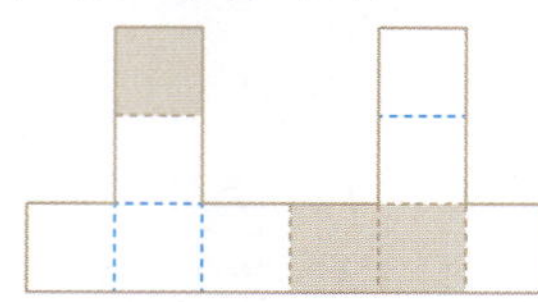

② 색칠한 부분은 전체를 똑같이 10으로 나눈 것 중의 3이므로 $\frac{3}{10}$이고, $\frac{3}{10}=0.3$입니다.

1-2 ① 도형을 색칠한 부분 중 한 부분과 모양과 크기가 같게 똑같이 나누어 봅니다.

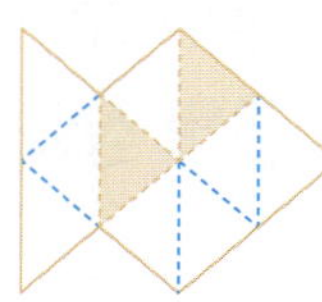

② 색칠하지 않은 부분은 전체를 똑같이 10으로 나눈 것 중의 8이므로 $\frac{8}{10}$이고, $\frac{8}{10}=0.8$입니다.

심화 2 ① 전체를 똑같이 10으로 나눈 것 중 배추는 3칸을, 무는 5칸을 색칠합니다.
② 위 ①에서 색칠하고 남은 부분은 2칸입니다.
③ 남은 부분은 전체를 똑같이 10으로 나눈 것 중의 2이므로 $\frac{2}{10}=0.2$입니다.

2-1 ① 빨간색과 파란색으로 칠한 부분만큼 색칠합니다.

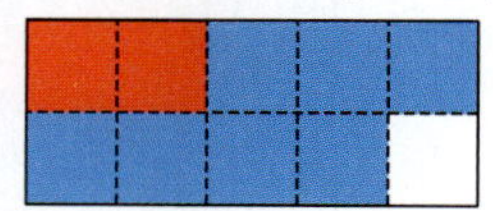

② 위 ①에서 색칠하고 남은 부분은 1칸입니다.
③ 노란색을 칠한 부분은 전체를 똑같이 10으로 나눈 것 중의 1이므로 $\frac{1}{10}=0.1$입니다.

2-2 ① 당근, 고추, 파를 심은 만큼 색칠합니다.

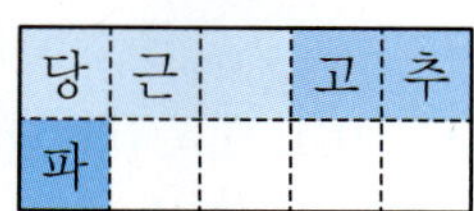

② 위 ①에서 색칠하고 남은 부분은 4칸입니다.

③ 남은 부분은 전체를 똑같이 10으로 나눈 것 중의 4이므로 $\frac{4}{10}=0.4$입니다.

심화 3 ① $\frac{7}{15}<\frac{□}{15}<\frac{13}{15}$이므로 $7<□<13$입니다.
➜ □ 안에 들어갈 수 있는 수: 8, 9, 10, 11, 12
② $\frac{1}{11}<\frac{1}{□}<\frac{1}{5}$이므로 $11>□>5$입니다.
➜ □ 안에 들어갈 수 있는 수: 6, 7, 8, 9, 10
③ □ 안에 공통으로 들어갈 수 있는 수는 8, 9, 10입니다.

3-1 ① ㉠ $\frac{3}{12}<\frac{□}{12}<\frac{9}{12}$이므로 $3<□<9$입니다.
➜ □ 안에 들어갈 수 있는 수: 4, 5, 6, 7, 8
② ㉡ $\frac{1}{6}<\frac{1}{□}<\frac{1}{2}$이므로 $6>□>2$입니다.
➜ □ 안에 들어갈 수 있는 수: 3, 4, 5
③ □ 안에 공통으로 들어갈 수 있는 수는 4, 5입니다.

3-2 ① ㉠ $\frac{2}{10}<\frac{□}{10}<\frac{7}{10}$이므로 $2<□<7$입니다.
➜ □ 안에 들어갈 수 있는 수: 3, 4, 5, 6
② ㉡ $1.9<□.9<6.9$이므로 $1<□<6$입니다.
➜ □ 안에 들어갈 수 있는 수: 2, 3, 4, 5
③ □ 안에 공통으로 들어갈 수 있는 수는 3, 4, 5입니다.

심화 4 ① 매일 같은 쪽수만큼 10일 동안 읽으므로 하루에 전체 쪽수의 $\frac{1}{10}$씩 읽어야 합니다.

② 오늘까지 동화책을 전체 쪽수의 $\frac{2}{10}$만큼 읽었으므로 앞으로 $\frac{8}{10}$만큼 더 읽어야 합니다.

③ $\frac{8}{10}$은 $\frac{1}{10}$이 8개이므로 앞으로 동화책을 8일 더 읽어야 합니다.

4-1 ① 매일 같은 양만큼 7일 동안 마시므로 하루에 전체 양의 $\frac{1}{7}$씩 마셔야 합니다.

② 오늘까지 전체 양의 $\frac{3}{7}$만큼 마셨으므로 앞으로 $\frac{4}{7}$만큼 더 마셔야 합니다.

③ $\frac{4}{7}$는 $\frac{1}{7}$이 4개이므로 앞으로 우유를 4일 더 마셔야 합니다.

4-2 **①** 벽 전체의 15부분 중 3부분에 페인트를 칠했으므로 남은 부분은 12부분이고, 이것은 벽 전체의 $\dfrac{12}{15}$ 만큼입니다.

② $\dfrac{12}{15}$ 는 $\dfrac{1}{15}$ 이 12개이고, $\dfrac{2}{15}$ 는 $\dfrac{1}{15}$ 이 2개이므로 $\dfrac{12}{15}$ 는 $\dfrac{2}{15}$ 의 6배입니다.

③ 앞으로 하루에 칠하는 양의 6배만큼 더 칠해야 하므로 페인트를 6일 더 칠해야 합니다.

심화 5 **①** 4보다 큰 소수가 되려면 소수점의 왼쪽 □ 안에는 4와 같거나 4보다 큰 수가 들어갈 수 있습니다. ➡ 4, 6

② 4보다 큰 소수를 만들면
• 소수점의 왼쪽 수가 4인 경우: 4.3, 4.6
• 소수점의 왼쪽 수가 6인 경우: 6.3, 6.4

③ 4.3, 4.6, 6.3, 6.4 ➡ 4개

다른 풀이
3장의 수 카드 중 2장을 골라 한 번씩만 사용하여 만들 수 있는 소수는 3.4, 3.6, 4.3, 4.6, 6.3, 6.4로 모두 6개입니다. 이 중에서 4보다 큰 소수는 4.3, 4.6, 6.3, 6.4로 4개입니다.

5-1 **①** 6.5보다 큰 소수가 되려면 소수점의 왼쪽 □ 안에는 6과 같거나 6보다 큰 수가 들어갈 수 있습니다. ➡ 6, 9

② 6.5보다 큰 소수를 만들면
• 소수점의 왼쪽 수가 6인 경우: 6.9
• 소수점의 왼쪽 수가 9인 경우: 9.3, 9.6

③ 6.5보다 큰 소수는 6.9, 9.3, 9.6으로 모두 3개입니다.

5-2 **①** 2.8보다 작은 소수가 되려면 소수점의 왼쪽 □ 안에는 2와 같거나 2보다 작은 수가 들어갈 수 있습니다. ➡ 1, 2

② 2.8보다 작은 소수를 만들면
• 소수점의 왼쪽 수가 1인 경우: 1.2, 1.7, 1.9
• 소수점의 왼쪽 수가 2인 경우: 2.1, 2.7

③ 2.8보다 작은 소수는 1.2, 1.7, 1.9, 2.1, 2.7로 모두 5개입니다.

심화 6 **①** 0.2와 0.7 사이의 소수는 0.3, 0.4, 0.5, 0.6입니다.

② $\dfrac{4}{10}$ =0.4이므로 0.4보다 큰 소수는 0.5, 0.6입니다.

③ ⓒ에서 0.1이 6개인 수는 0.6이므로 위 **②**에서 구한 소수 중 0.6보다 작은 소수는 0.5입니다.

6-1 **①** ㉠ 0.3과 0.8 사이의 소수는 0.4, 0.5, 0.6, 0.7입니다.

② ㉡ $\dfrac{5}{10}$ =0.5이므로 위 **①**에서 구한 소수 중 0.5보다 큰 소수는 0.6, 0.7입니다.

③ ⓒ 0.1이 7개인 수는 0.7이므로 위 **②**에서 구한 소수 중 0.7보다 작은 소수는 0.6입니다.

6-2 **①** ㉠ 3.1과 3.9 사이의 소수는 3.2, 3.3, 3.4, 3.5, 3.6, 3.7, 3.8입니다.

② ㉡ 삼 점 육은 3.6이므로 위 **①**에서 구한 소수 중 3.6보다 작은 소수는 3.2, 3.3, 3.4, 3.5입니다.

③ ⓒ 0.1이 32개인 수는 3.2이므로 위 **②**에서 구한 소수 중 3.2보다 큰 소수는 3.3, 3.4, 3.5로 모두 3개입니다.

156~157쪽 **3단계 심화 유형 완성**

> **1** 가
>
> **2** 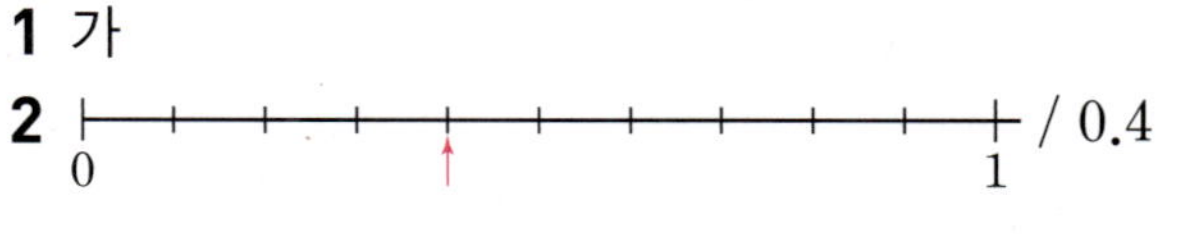 / 0.4
>
> **3** $\dfrac{4}{5}$, $\dfrac{3}{5}$, $\dfrac{1}{5}$, $\dfrac{1}{7}$　　　**4** 소방서
>
> **5** 2시간　　　**6** $\dfrac{5}{12}$

2

$\dfrac{2}{5}$ 는 1을 똑같이 5로 나눈 것 중의 2이므로 $\dfrac{2}{5}$ 를 표시하면 $\dfrac{4}{10}$ 와 같습니다. ➡ $\dfrac{4}{10}$ =0.4

3 분모가 5로 같은 분수 $\dfrac{1}{5}$, $\dfrac{4}{5}$, $\dfrac{3}{5}$ 의 크기를 비교하면 $\dfrac{4}{5}$ > $\dfrac{3}{5}$ > $\dfrac{1}{5}$ 이고, 단위분수 $\dfrac{1}{5}$ 과 $\dfrac{1}{7}$ 의 크기를 비교하면 $\dfrac{1}{5}$ > $\dfrac{1}{7}$ 이므로 $\dfrac{4}{5}$ > $\dfrac{3}{5}$ > $\dfrac{1}{5}$ > $\dfrac{1}{7}$ 입니다.

4 $\dfrac{9}{10}$ =0.9, $\dfrac{6}{10}$ =0.6이므로

1.1 km>0.9 km>0.8 km>0.6 km입니다.
주석이네 집에서 두 번째로 먼 곳은 소방서입니다.

5 의자 전체의 $\dfrac{1}{5}$을 칠했으므로 $\dfrac{4}{5}$만큼 더 칠해야 합니다.

$\dfrac{4}{5}$는 $\dfrac{1}{5}$이 4개이므로 걸리는 시간은 30분씩 4번입니다.

➔ $30 \times 4 = 120$(분)이므로 2시간이 걸립니다.

6 ① 전체 와플의 $\dfrac{1}{6}$ ② 남은 와플의 $\dfrac{1}{2}$

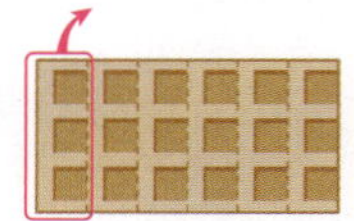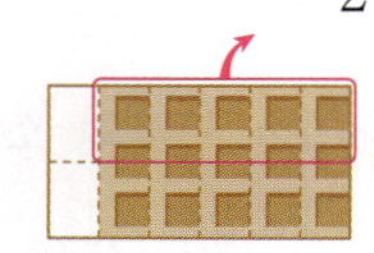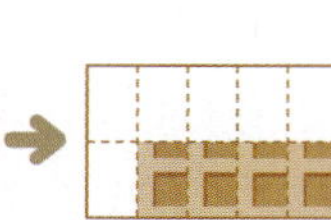

따라서 나누어 주고 남은 와플은 전체를 똑같이 12로 나눈 것 중의 5이므로 $\dfrac{5}{12}$입니다.

---

5 ㉠ $\dfrac{3}{8}$ ㉡ $\dfrac{3}{8}$ ㉢ $\dfrac{3}{6}$

색칠한 부분이 나타내는 분수가 다른 하나는 ㉢입니다.

7 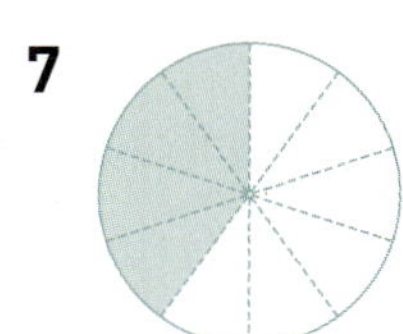

먹은 부분: $\dfrac{6}{10} = 0.6$

남은 부분: $\dfrac{4}{10} = 0.4$

8 단위분수는 분모가 작을수록 더 큽니다.

➔ $9 > \square$이므로 $\square$ 안에 들어갈 수 있는 수는 8, 6입니다.

9 분모가 11인 분수를 $\dfrac{\square}{11}$라 하면 $\dfrac{4}{11} < \dfrac{\square}{11} < \dfrac{9}{11}$이므로 $\square$ 안에 들어갈 수 있는 수는 5, 6, 7, 8입니다.

따라서 조건을 만족하는 분수는 $\dfrac{5}{11}$, $\dfrac{6}{11}$, $\dfrac{7}{11}$, $\dfrac{8}{11}$입니다.

10 $\dfrac{9}{10} = 0.9$이므로 $1.6 > 1.2 > 0.9$입니다.

리본을 가장 많이 사용한 사람은 유리입니다.

11 평가 기준

❶ 미주와 이서가 마신 물의 양만큼 색칠하여 그림으로 나타냄.
❷ 위 ❶에서 색칠하고 남은 부분의 칸 수를 구함.
❸ 남은 양은 전체의 얼마인지 소수로 나타냄.

12 $3.4 < \square.8$에서 $\square$ 안에 들어갈 수 있는 수는 3, 4, 5, 6, …입니다.

$\square.8 < 6.7$에서 $\square$ 안에 들어갈 수 있는 수는 5, 4, 3, 2, 1입니다.

따라서 $\square$ 안에 들어갈 수 있는 수는 3, 4, 5입니다.

13 $6 > 3 > 2 > 0$이므로 만들 수 있는 가장 큰 소수는 6.3이고 가장 작은 소수는 0.2입니다.

참고

• 가장 큰 소수 만들기

㉠ > ㉡ > ㉢ > ㉣ ➔ ㉠.㉡

가장 큰 수 ⌐ ⌐ 두 번째로 큰 수

• 가장 작은 소수 만들기

㉠ > ㉡ > ㉢ > ㉣ ➔ ㉣.㉢

가장 작은 수 ⌐ ⌐ 두 번째로 작은 수

14 평가 기준

❶ ㉠을 만족하는 소수를 구함.
❷ 위 ❶에서 구한 소수 중 ㉡을 만족하는 소수를 구함.
❸ 조건을 모두 만족하는 소수의 개수를 구함.

158~159쪽 Test **단원 실력 평가**

1 다

2 $\dfrac{3}{9}$ / 9분의 3

3 ㉠

4 예 

5 ㉢

6 ③

7 0.6 / 0.4

8 8, 6에 ◯표

9 $\dfrac{5}{11}$, $\dfrac{6}{11}$, $\dfrac{7}{11}$, $\dfrac{8}{11}$

10 유리

11 예 ❶ 미주와 이서가 마신 물의 양만큼 색칠합니다.

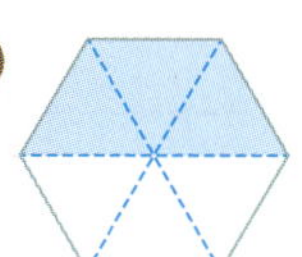

❷ 위 ❶에서 색칠하고 남은 부분은 3칸입니다.
❸ 남은 양은 전체를 똑같이 10으로 나눈 것 중의 3이므로 $\dfrac{3}{10} = 0.3$입니다. 답 0.3

12 3, 4, 5

13 6.3 / 0.2

14 예 ❶ ㉠ 1.2와 1.9 사이의 소수는 1.3, 1.4, 1.5, 1.6, 1.7, 1.8입니다.

❷ ㉡ $\dfrac{1}{10}$이 15개인 소수는 1.5이므로 위 ❶에서 구한 수 중 1.5보다 큰 소수는 1.6, 1.7, 1.8입니다.

❸ ㉢ 1과 0.8만큼인 수는 1.8이므로 위 ❷에서 구한 수 중 1.8보다 작은 소수는 1.6, 1.7로 모두 2개입니다. 답 2개

1 덧셈과 뺄셈

2~3쪽 1 단원 상위권 도전 문제

1 943 **2** 174 m **3** 7, 2, 9
4 774 **5** 7

1 100이 2개이면 200, 10이 27개이면 270, 1이 8개이면
8이므로 200＋270＋8＝478입니다.
100이 4개이면 400, 10이 3개이면 30, 1이 35개이면
35이므로 400＋30＋35＝465입니다.
➡ 478＋465＝943

2 (㉯~㉰)＝(㉮~㉰)＋(㉯~㉭)－(㉮~㉭)
(㉮~㉰)＋(㉯~㉭)＝293＋427＝720 (m)
➡ (㉯~㉰)＝720－546＝174 (m)

3 일의 자리 계산: 4＋10－■＝7, 14－■＝7
➡ 14－7＝■, ■＝7
십의 자리 계산: ▲＋10－1－▲＝●, 10－1＝●,
●＝9
백의 자리 계산: ■－1－▲＝4, 7－1－▲＝4,
6－▲＝4 ➡ 6－4＝▲, ▲＝2

4 세 수의 합이 가장 작으려면 백의 자리에 1, 2, 3을 놓고
십의 자리에 4, 5, 6, 일의 자리에 7, 8, 9를 놓아야 합
니다.
➡ 147＋258＋369＝774

5 뒤집혀 있는 카드의 수는 0, 1, 5, 8, 9가 될 수 없습니다.
뒤집혀 있는 카드의 수를 □라 하고 □의 범위에 따라
알아보면
• 1＜□＜5일 경우: 가장 큰 수는 985이고, 가장 작은
수는 10□이므로 985－10□＝882라 하면
□＝3입니다.
• 5＜□＜8일 경우: 가장 큰 수는 98□이고, 가장 작은
수는 105이므로 98□－105＝882라 하면
□＝7입니다.
➡ 뒤집혀 있는 카드의 수가 될 수 있는 수 중 가장 큰
수는 7입니다.

4~5쪽 1 단원 경시대회 예상 문제

1 4개 **2** 431 **3** 202
4 261 **5** 1

1 759－328＝431이고 431＜8□0－419입니다.
431＝●－419 ➡ ●＝431＋419, ●＝850입니다.
759－328＜8□0－419이므로 8□0은 850보다 커
야 합니다. 따라서 □ 안에 들어갈 수 있는 수는 6, 7,
8, 9로 모두 4개입니다.

2 연속하는 두 수 중에서 큰 수를 □라 하면 작은 수는
□－1입니다.
□＋□－1＝861, □＋□＝861＋1＝862이고,
862＝431＋431이므로 □＝431입니다.
따라서 두 수 중에서 더 큰 수는 431입니다.

3 315＋□＋261＝776이라 하면
576＋□＝776, □＝776－576＝200이므로
주어진 식에서 □가 백의 자리 숫자와 일의 자리 숫자
가 같은 세 자리 수 중에서 200에 가장 가까운 수일 때
두 수의 합이 776에 가장 가까운 수가 됩니다 .
따라서 □ 안에 알맞은 수는 202입니다.

4 ㉠의 자리에 364를, ㉡의 자리에 □를 넣으면
364◆□＝364＋288＋□＝913입니다.
364＋288＋□＝913, 652＋□＝913
➡ 913－652＝□, □＝261

5 • ㉮＞7인 경우:
가장 큰 수는 ㉮74, 가장 작은 수는 47㉮입니다.
㉮＝8일 때, 874－478＝396＜500(×)
㉮＝9일 때, 974－479＝495＜500(×)
• 0＜㉮＜4인 경우:
가장 큰 수는 74㉮, 가장 작은 수는 ㉮47입니다.
㉮＝1일 때, 741－147＝594＞500(○)
㉮＝2일 때, 742－247＝495＜500(×)
㉮＝3일 때, 743－347＝395＜500(×)
• ㉮＝0인 경우: 가장 큰 수는 740, 가장 작은 수는
407이므로 740－407＝333＜500(×)입니다.
➡ ㉮＝1

참고
㉮가 5, 6인 경우에는 가장 큰 수와 가장 작은 수의 백의 자
리 수가 7과 4가 되어 두 수의 차가 500보다 작으므로 조건
에 맞지 않습니다.

② 평면도형

6~7쪽　2단원 상위권 도전 문제

1 72 cm	**2** 3시	**3** 420 cm
4 10개	**5** 84 cm	**6** 3 cm

1

9 cm ▭▭▭ → 9 cm ▭▭ (27 cm)

(만든 직사각형의 네 변의 길이의 합)
$=9+27+9+27=72$ (cm)

2 1시와 5시 사이의 시각 중 긴바늘이 12를 가리키는 시각은 2시, 3시, 4시이고 이 중 긴바늘과 짧은바늘이 이루는 각이 직각인 시각은 3시입니다.

3 작은 정사각형의 한 변의 길이가 35 cm이므로
(놀이판의 짧은 변의 길이)$=35+35=70$ (cm)입니다.
큰 정사각형의 한 변의 길이가 70 cm이므로
(놀이판의 긴 변의 길이)$=35+70+35=140$ (cm)
→ (굵은 선의 길이)$=70+140+70+140=420$ (cm)

4 직각삼각형 1개짜리:
①, ②, ③, ④, ⑤ → 5개
직각삼각형 2개짜리:
①+②, ③+④, ④+⑤ → 3개
직각삼각형 3개짜리: ①+②+③, ①+②+⑤ → 2개
따라서 찾을 수 있는 크고 작은 직각삼각형은
$5+3+2=10$(개)입니다.

5 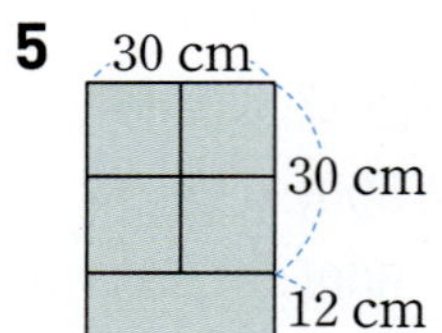
직사각형을 잘라 한 변의 길이가 15 cm인 정사각형 4개와 직사각형 1개를 만들면 왼쪽과 같습니다.
→ (만든 직사각형의 네 변의 길이의 합)
$=30+12+30+12=84$ (cm)

6 (선분 ㄱㅂ)=(선분 ㅂㄴ)이고
(선분 ㄱㅂ)+(선분 ㅂㄴ)$=24$ cm에서 $12+12=24$
이므로 (선분 ㄱㅂ)$=12$ cm입니다.
(선분 ㄹㅊ)=(선분 ㅁㄹ)=(선분 ㄱㄹ)−(선분 ㄱㅁ)
$=19-12=7$ (cm)입니다.
(선분 ㄹㅇ)=(선분 ㄹㅊ)+(선분 ㅊㅈ)+(선분 ㅈㅇ)
$=7+7+7=21$ (cm)이므로
(선분 ㄷㅇ)=(선분 ㄹㄷ)−(선분 ㄹㅇ)
$=24-21=3$ (cm)입니다.

8~9쪽　2단원 경시대회 예상 문제

1 28개	**2** 7개	**3** 4 cm
4 40 cm	**5** 20개	

1 ◺ ◿ ◈ ◹ 이 반복되는 규칙이고 반복되는
도형에 있는 직각은 모두 7개입니다.
$4+4+4+4=16$이므로 도형을 16개 늘어놓으면 규칙은 4번 반복됩니다.
→ 직각은 모두 $7×4=28$(개)입니다.

2 점 ㄷ을 꼭짓점으로 하는 각: 각 ㄴㄷㄱ, 각 ㄱㄷㅂ,
각 ㅂㄷㅁ, 각 ㅁㄷㄹ, 각 ㄴㄷㅂ, 각 ㄱㄷㅁ, 각 ㅂㄷㄹ,
각 ㄴㄷㅁ, 각 ㄱㄷㄹ, 각 ㄴㄷㄹ → 10개
점 ㄱ을 꼭짓점으로 하는 각: 각 ㄴㄱㄷ, 각 ㄷㄱㅂ,
각 ㄴㄱㅂ → 3개
→ 점 ㄷ을 꼭짓점으로 하는 각은 점 ㄱ을 꼭짓점으로
하는 각보다 $10-3=7$(개) 더 많습니다.

3 직사각형은 마주 보는 두 변의 길이가 같으므로
(사용한 철사의 길이)$=19+13+19+13=64$ (cm)
입니다. 사용한 철사의 길이가 64 cm이고
$16+16+16+16=64$이므로 한 도막을 사용하여 만든
정사각형 한 개의 네 변의 길이의 합은 16 cm입니다.
→ $4+4+4+4=16$이므로 한 도막을 사용하여 만든
정사각형의 한 변의 길이는 4 cm입니다.

4 자른 직사각형의 짧은 변의 길이를 □ cm라 하면 긴
변의 길이는 (□+□) cm입니다. 자른 직사각형 한
개의 네 변의 길이의 합이 30 cm이므로
(□+□)+□+(□+□)+□=30, □×6=30이고
$5×6=30$이므로 □=5입니다.
→ (처음 정사각형의 한 변의 길이)$=5+5=10$ (cm)
따라서 처음 정사각형의 네 변의 길이의 합은
$10+10+10+10=40$ (cm)입니다.

5 만들 수 있는 서로 다른 크기의 정사각형 모양은 모두
5가지이고 각 경우에 만들 수 있는 정사각형의 수는 다음과 같습니다.

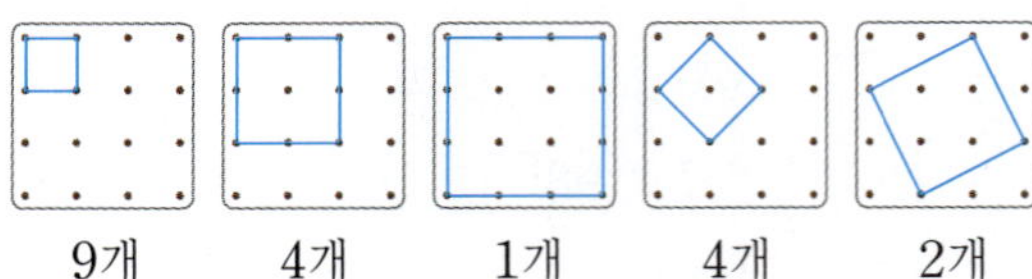

→ (만들 수 있는 크고 작은 정사각형의 수)
$=9+4+1+4+2=20$(개)

3 나눗셈

10~11쪽 **3**단원 **상위권 도전 문제**

1 7	**2** 9 cm	**3** 3개
4 15	**5** 8 cm	**6** 4가지

2 (사용한 철사의 길이)=75−3=72 (cm)
36+36=72이므로 정사각형 한 개의 네 변의 길이의 합은 36 cm입니다. 36÷4=9이므로 정사각형의 한 변의 길이는 9 cm입니다.

3 짧은 색 테이프의 길이를 □ cm라고 하면 긴 색 테이프의 길이는 (□+16) cm입니다.
□+□+16=32, □+□=16에서 8+8=16이므로 □=8입니다.
짧은 색 테이프의 길이는 8 cm, 긴 색 테이프의 길이는 24 cm이므로 긴 색 테이프를 짧은 색 테이프와 같은 길이로 24÷8=3(개)까지 만들 수 있습니다.

4 만들 수 있는 두 자리 수는 45, 46, 47, 54, 56, 57, 64, 65, 67, 74, 75, 76입니다.
이 중에서 8로 똑같이 나눌 수 있는 수는 56, 64이고 8로 나누었을 때의 몫은 56÷8=7, 64÷8=8이므로 몫을 모두 더하면 7+8=15입니다.

5 한 번 자르는 데 5분이 걸리므로
(나무 막대를 자른 횟수)=35÷5=7(번)
(자른 나무 도막의 수)=7+1=8(도막)
➡ (한 도막의 길이)=64÷8=8 (cm)

6 ㉠㉡÷㉢=㉣ → ㉢×㉣=㉠㉡이므로 수 카드로 곱셈식을 만든 후 나눗셈식을 만듭니다.
수 카드로 만들 수 있는 곱셈식은
2×7=14 (7×2=14), 4×7=28(7×4=28)입니다.
2×7=14 → 14÷2=7, 14÷7=2
4×7=28 → 28÷4=7, 28÷7=4
➡ 만들 수 있는 나눗셈식은 모두 4가지입니다.

12~13쪽 **3**단원 **경시대회 예상 문제**

1 26개	**2** 36	**3** 6개
4 6일	**5** 2 cm	**6** 18 m

1 병에 담긴 주스를 18개 사면 주스를 다 마신 빈 병은 18개 생기므로 바꿀 수 있는 새 주스는 18÷3=6(개)입니다. 바꾼 주스 6개를 다 마신 후 다시 새 주스로 바꾸면 6÷3=2(개)를 더 마실 수 있습니다.
➡ 마실 수 있는 주스는 모두 18+6+2=26(개)입니다.

2 55보다 작은 두 자리 수 중 6으로 똑같이 나눌 수 있는 수: 12, 18, 24, 30, 36, 42, 48, 54
55보다 작은 두 자리 수 중 9로 똑같이 나눌 수 있는 수: 18, 27, 36, 45, 54
➡ 6과 9로 모두 나누어지는 수: 18, 36, 54
이 중에서 십의 자리 숫자와 일의 자리 숫자의 차가 3인 수는 36입니다.

3 소윤: 72÷9=8(cm), 8÷4=2(개)이므로
(만들 수 있는 철사 조각 수)=2×9=18(개)
민재: 72÷8=9(cm), 9÷3=3(개)이므로
(만들 수 있는 철사 조각 수)=3×8=24(개)
➡ (잘라서 만든 철사 조각 수의 차)=24−18=6(개)

4 (양 1마리가 하루에 먹는 풀의 양)=10÷5=2(상자)
➡ (양 2마리가 하루에 먹는 풀의 양)=2×2=4(상자)
(말 1마리가 하루에 먹는 풀의 양)=15÷3=5(상자)
(양 2마리와 말 1마리가 하루에 먹는 풀의 양)
=4+5=9(상자)
➡ (걸리는 날수)=54÷9=6(일)

5 큰 정사각형의 네 변의 길이의 합이 24 cm이므로 큰 정사각형의 한 변의 길이는 24÷4=6 (cm)입니다.
(직사각형의 짧은 변의 길이)
=(작은 정사각형 한 변의 길이),
(큰 정사각형의 한 변의 길이)
=(직사각형의 짧은 변의 길이)×3
=(작은 정사각형 한 변의 길이)×3
➡ (작은 정사각형의 한 변의 길이)=6÷3=2 (cm)

6 15÷5=3 (m), 3×4=12 (m)이므로 ㉠ 깃발이 꽂힌 곳은 출발 지점에서 12 m 떨어진 곳입니다.
35−15=20 (m), 20÷4=5 (m)이므로 ㉡ 깃발이 꽂힌 곳은 15 m 지점에서 5×3=15 (m) 더 간 곳으로 출발 지점에서 15+15=30 (m) 떨어진 곳입니다.
➡ ㉠ 깃발에서 ㉡ 깃발까지의 거리는
30−12=18 (m)입니다.

4 곱셈

1 7	**2** 6	**3** 285분
4 4	**5** 144장	**6** 1661

2 $32 \times 3 = 96$, $24 \times 4 = 96$, $48 \times 2 = 96$, $12 \times 8 = 96$, $96 \times 1 = 96$이므로 안쪽 칸과 바깥쪽 칸에 있는 두 수의 곱이 모두 96인 규칙입니다.
$16 \times ㉠ = 96$에서 $16 \times 6 = 96$이므로 ㉠은 6입니다.

3 (월요일부터 수요일까지 매일 자전거를 탄 시간)
$= 35 \times 3 = 105$(분)
(목요일부터 일요일까지 매일 자전거를 탄 시간)
$= 45 \times 4 = 180$(분)
➜ 소윤이가 일주일 동안 자전거를 탄 시간은 모두
$105 + 180 = 285$(분)입니다.

4 ㉠$\times 4$의 일의 자리 수가 2이므로 ㉠$=3$ 또는 ㉠$=8$입니다.
㉠$=3$이면 $33 \times 4 = 132$ (○)이고,
㉠$=8$이면 $88 \times 4 = 352$ (×)이므로
㉠$=3$, ㉡$=1$입니다.
➜ ㉠$+$㉡$=3+1=4$

5 연주는 책을 토요일, 일요일에는 전날의 3배를 읽고, 월요일, 화요일에는 전날의 2배를 읽게 됩니다.
따라서 화요일에 연주가 읽어야 하는 책의 장수는
금요일: 4장
토요일: $4 \times 3 = 12$(장)
일요일: $12 \times 3 = 36$(장)
월요일: $36 \times 2 = 72$(장)
화요일: $72 \times 2 = 144$(장)입니다.

6 합이 30이고 차가 16인 두 수 중에서 작은 수를 □라 하면 큰 수는 □$+16$입니다.
두 수의 합이 30이므로
□$+$□$+16=30$, □$+$□$=14$, □$=7$입니다.
큰 수는 $7+16=23$이고, 작은 수는 7이므로 두 수의 곱은 $23 \times 7 = 161$입니다. ➜ ■$=1$, ●$=6$
따라서 비밀번호는 ■●●■이므로 1661입니다.

1 7	**2** 604	**3** 496개
4 5	**5** 24개	**6** 21개

1 어떤 수를 □라 하면 $63 \times 6 = 54 \times$□이고
$63 \times 6 = 378$이므로 $54 \times$□$=378$입니다.
$4 \times$□의 일의 자리 수가 8이므로 □$=2$ 또는 □$=7$입니다.
□$=2$이면 $54 \times 2 = 108$ (×)이고,
□$=7$이면 $54 \times 7 = 378$ (○)이므로 □$=7$입니다.
➜ 어떤 수는 7입니다.

2 수 카드의 수의 크기를 비교하면 $2<4<6<8$이므로 곱이 가장 큰 곱셈식은 $64 \times 8 = 512$이고, 곱이 가장 작은 곱셈식은 $46 \times 2 = 92$입니다.
➜ 가장 큰 곱과 가장 작은 곱의 합은 $512 + 92 = 604$입니다.

3 (5시간씩 4일 동안 만든 프린터의 수)
$= 8 \times 5 \times 4 = 40 \times 4 = 160$(개)
(6시간씩 7일 동안 만든 프린터의 수)
$= 8 \times 6 \times 7 = 48 \times 7 = 336$(개)
➜ (만든 프린터의 수)
$= 160 + 336 = 496$(개)

4 $45 \times 5 = 225$이고 □ 안에 들어갈 수 있는 세 자리 수는 24개이므로 224, 223, …, 202, 201입니다.
따라서 $40 \times ㉠ = 200$이므로 ㉠$=5$입니다.

5 삼각형 모양이 한 개일 때 성냥개비는 3개 필요하고 삼각형 모양을 한 개씩 더 만들 때마다 성냥개비는 2개씩 더 늘어납니다.
삼각형 모양을 한 개 만들고 남은 성냥개비는
$49 - 3 = 46$(개)이고, 더 만든 삼각형 모양이 □개일 때
□$\times 2 = 46$입니다.
$23 \times 2 = 46$이므로 □$=23$입니다.
따라서 삼각형 모양을 $1+23 = 24$(개) 만든 것입니다.

6 직선 도로 한쪽의 가로등 사이의 간격 수는
$33 - 1 = 32$(군데)입니다.
(직선 도로 한쪽의 길이)$= 32 \times 5 = 160$ (m)
길이가 160 m인 반대쪽 도로에 8 m 간격으로 가로등을 세우려면 $20 \times 8 = 160$이므로 간격 수는 20군데입니다.
따라서 (필요한 가로등의 수)$= 20 + 1 = 21$(개)입니다.

18~21쪽 **5** 단원 **상위권 도전 문제**

1 은우, 서준	**2** ㉡, ㉠, ㉣, ㉢
3 서우	**4** 학교
5 15 km	**6** 15시간 20분

7 1, 50, 50	**8** 오전 7시 36분 24초
9 53초	**10** 9 cm 6 mm
11 42초	**12** 6번

2 ㉠ 899 mm＝89 cm 9 mm
　㉢ 809 mm＝80 cm 9 mm
➜ 90 cm 8 mm＞89 cm 9 mm＞
　89 cm 5 mm＞80 cm 9 mm이므로 길이가 긴
　것부터 순서대로 기호를 쓰면 ㉡, ㉠, ㉣, ㉢입니다.

3 서우: 300초＝5분이므로 308초＝5분 8초입니다.
　초원: 240초＝4분이므로 294초＝4분 54초입니다.
　5분 8초＞4분 54초＞3분 4초＞2분 58초이므로 오래
　매달리기 기록이 가장 좋은 사람은 서우입니다.

참고
오래 매달리기는 시간이 길수록 기록이 좋은 것입니다.

4 (도서관~병원까지의 거리)＝2580 m＝2 km 580 m
　(집에서 도서관을 거쳐 병원까지의 거리)
　＝1 km 450 m＋2 km 580 m＝4 km 30 m
　(집에서 학교를 거쳐 병원까지의 거리)
　＝2 km 930 m＋970 m＝3 km 900 m
　4 km 30 m＞3 km 900 m이므로 학교를 거쳐 가
　는 길이 더 가깝습니다.

5 (서로 반대 방향으로 한 시간 동안 걸었을 때 두 사람
　사이의 거리)＝2 km 700 m＋3 km 300 m＝6 km
　서로 반대 방향으로 30분 동안 걸었을 때 두 사람 사이
　의 거리는 6 km의 반인 3 km입니다.
　따라서 2시간 30분 동안 걸었을 때 두 사람 사이의 거
　리는 6 km＋6 km＋3 km＝15 km입니다.

6 오후 8시 10분 30초＝20시 10분 30초
　(오늘 낮의 길이)＝(해가 진 시각)－(해가 뜬 시각)
　　　　　　　＝20시 10분 30초－4시 50분 30초
　　　　　　　＝15시간 20분

7 숙제를 끝낸 시각은 4시 14분 20초입니다.
　숙제를 시작해서 끝낼 때까지 걸린 시간은
　1시간 35분 30초＋48분＝2시간 23분 30초입니다.
　따라서 숙제를 시작한 시각은
　4시 14분 20초－2시간 23분 30초＝1시 50분 50초
　입니다.

8 하루는 24시간이고 4일은 24×4＝96(시간)이므로 4일
　동안 빨라지는 시간은 96×4＝384(초)입니다.
　360초＝6분이므로 384초＝6분 24초입니다.
　4일 후 오전 7시 30분에 이 시계가 가리키는 시각은
　오전 7시 30분＋6분 24초＝오전 7시 36분 24초입
　니다.

9 4분＝240초이므로 4분 48초＝288초입니다.
　(민재의 기록)＝935－306－288＝341(초)이고,
　341＞306＞288이므로 기록이 가장 빠른 사람은 상우
　이고, 가장 느린 사람은 민재입니다.
➜ 341－288＝53(초)

10 (가장 작은 정사각형의 세 변의 길이)
　＝2 cm 4 mm＋2 cm 4 mm＋2 cm 4 mm
　＝7 cm 2 mm
　(두 번째로 작은 정사각형의 한 변의 길이)
　＝(가장 작은 정사각형의 세 변의 길이)
　＝7 cm 2 mm
　(가장 큰 정사각형의 한 변의 길이)
　＝2 cm 4 mm＋7 cm 2 mm＝9 cm 6 mm

11 ㉠ 역에서 ㉢ 역까지 갈 때 역과 역 사이를 2번 지나고
　1번 쉬게 됩니다. 이때 20초가 걸리므로 역과 역 사이
　를 2번 지날 때 쉬지 않고 지나갈 경우 20－2＝18(초)
　가 걸립니다. 따라서 한 역에서 다음 역까지 가는 데 걸
　리는 시간은 18초의 반인 9초입니다.
➜ ㉠ 역에서 ㉲ 역까지 역과 역 사이를 4번 지나고 3번
　쉬므로 9＋2＋9＋2＋9＋2＋9＝42(초)가 걸립
　니다.

12 

긴바늘이 12를 가리키며 긴바늘과 짧은바늘이 이루는
각이 직각인 시각은 3시와 9시입니다.
어제 오전 7시와 오늘 오후 7시 사이의 시각 중에서 주
어진 설명을 만족하는 시각은 다음과 같습니다.
어제: 오전 9시, 오후 3시, 오후 9시 ┐
오늘: 오전 3시, 오전 9시, 오후 3시 ┘ ➜ 6번

22~23쪽 5단원 경시대회 예상 문제

1 1 km 200 m **2** 20분
3 5 cm 9 mm **4** 오후 7시
5 10 km 400 m **6** 오후 8시 41분 30초

1 (가로수 사이의 간격 수)=6−1=5(군데)
(도로의 길이)
=240 m+240 m+240 m+240 m+240 m
=1200 m=1 km 200 m

2 (전주역에서 남원역까지 가는 데 걸리는 시간)
=10시 30분−9시 59분=31분
(남원역에서 여수엑스포역까지 가는 데 걸리는 시간)
=11시 25분−10시 34분=51분
→ 51분−31분=20분

3 종이를 접었을 때 ㉠ 부분이 3번 겹치므로
(종이테이프를 접은 길이)+(㉠의 길이)+(㉠의 길이)
=(종이테이프를 접기 전의 길이)입니다.
(㉠의 길이)+(㉠의 길이)
=56 cm−44 cm 2 mm
=11 cm 8 mm=118 mm
118 mm=59 mm+59 mm이므로
㉠의 길이는 59 mm=5 cm 9 mm입니다.

4 (1시간 후 민우와 혜진이의 시계의 시간 차이)
=2초+4초=6초
1분=60초이므로 두 사람의 시계가 처음으로 60초 차이가 나는 때는 10시간 후입니다.
따라서 오전 9시에서 10시간 후는
오전 9시+10시간=19시=오후 7시입니다.

5 담장의 길이는 작은 정사각형 한 변의 길이의 24배와 같습니다. 작은 정사각형 한 변의 길이의 6배는 2 km 600 m이므로 작은 정사각형 한 변의 길이의 24배는
2 km 600 m+2 km 600 m+2 km 600 m
+2 km 600 m=10 km 400 m입니다.

6 빨간색 전등은 8초, 16초, 24초, 32초, 40초, …후에 깜박이고, 초록색 전등은 10초, 20초, 30초, 40초, …후에 깜박이므로 오후 8시 40분 50초부터 40초 후에 두 전등이 처음으로 동시에 깜박입니다.
(두 전등이 처음으로 동시에 깜박이는 시각)
=오후 8시 40분 50초+40초=오후 8시 41분 30초

6 분수와 소수

24~25쪽 6단원 상위권 도전 문제

1 $\dfrac{1}{8}$ **2** 민재, 은우, 유찬
3 27초 **4** 6개 **5** 6.5

1 단위분수로 나타내야 하므로 칠교판 전체를 ㉠ 조각과 모양과 크기가 같게 똑같이 나눕니다.

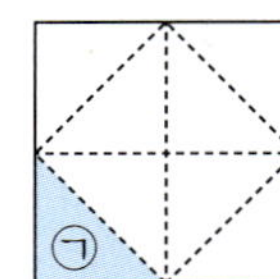

㉠ 조각은 전체를 똑같이 8로 나눈 것 중의 1이므로 칠교판 전체의 $\dfrac{1}{8}$입니다.

2 분모가 4로 같은 분수 $\dfrac{1}{4}$과 $\dfrac{3}{4}$의 크기를 비교하면
$\dfrac{1}{4}<\dfrac{3}{4}$이고, 단위분수 $\dfrac{1}{6}$과 $\dfrac{1}{4}$의 크기를 비교하면
$\dfrac{1}{6}<\dfrac{1}{4}$입니다.
따라서 $\dfrac{1}{6}<\dfrac{1}{4}<\dfrac{3}{4}$이므로 초콜릿을 적게 먹은 사람부터 차례로 이름을 쓰면 민재, 은우, 유찬입니다.

3 풍선 속 전체 공기의 $\dfrac{1}{10}$만큼이 빠져나왔으므로 남은 공기는 전체의 $\dfrac{9}{10}$입니다.
$\dfrac{9}{10}$는 $\dfrac{1}{10}$의 9배이고, $\dfrac{1}{10}$이 빠져나오는데 3초가 걸렸으므로 풍선 속 남은 공기가 모두 빠져나오는데
3×9=27(초)가 걸립니다.

4 수 카드에서 2장을 골라 만들 수 있는 소수는 0.3, 0.5, 0.8, 3.5, 3.8, 5.3, 5.8, 8.3, 8.5입니다.
$\dfrac{6}{10}$=0.6이므로 만들 수 있는 소수 중에서 0.6보다 크고 8.4보다 작은 소수를 찾으면 0.8, 3.5, 3.8, 5.3, 5.8, 8.3으로 모두 6개입니다.

5 소수점을 기준으로 왼쪽에 있는 수는 0, 3, 6이 반복되는 규칙이고, 오른쪽에 있는 수는 1, 3, 5, 7이 반복되는 규칙입니다.
따라서 15번째 소수는 소수점을 기준으로 왼쪽에 있는 수가 6이고 오른쪽에 있는 수가 5이므로 6.5입니다.

26~27쪽 **6** 단원 경시대회 예상 문제

1 4개	**2** 6, 7	**3** 서아
4 $\dfrac{4}{16}$	**5** $\dfrac{3}{9}$	**6** 108 km

2 ㉠ 0.1이 62개인 수는 6.2이므로 6.2<□.4에서 □ 안에 들어갈 수 있는 수는 6, 7, 8, 9입니다.
㉡ $\dfrac{1}{9}$이 4개인 수는 $\dfrac{4}{9}$이므로 $\dfrac{4}{9}$<$\dfrac{□}{9}$<$\dfrac{8}{9}$에서 □ 안에 들어갈 수 있는 수는 5, 6, 7입니다.
➜ □ 안에 공통으로 들어갈 수 있는 수는 6, 7입니다.

3 서아가 읽은 책의 쪽수는 전체의 $\dfrac{5}{9}$와 $\dfrac{3}{9}$만큼으로 전체의 $\dfrac{8}{9}$이고, 남은 쪽수는 전체의 $\dfrac{1}{9}$입니다.
하민이가 읽은 책의 쪽수는 전체의 $\dfrac{2}{8}$와 $\dfrac{5}{8}$만큼으로 전체의 $\dfrac{7}{8}$이고, 남은 쪽수는 전체의 $\dfrac{1}{8}$입니다.
$\dfrac{1}{9}$<$\dfrac{1}{8}$이므로 남은 쪽수가 더 적은 사람은 서아입니다.

4 수 카드 3장을 골라 한 번씩만 사용하여 만들 수 있는 분자가 4인 분수는 $\dfrac{4}{16}$, $\dfrac{4}{17}$, $\dfrac{4}{61}$, $\dfrac{4}{67}$, $\dfrac{4}{71}$, $\dfrac{4}{76}$입니다.
분자가 4로 모두 같으므로 가장 큰 분수는 $\dfrac{4}{16}$입니다.

참고
분자가 같은 분수는 분모가 작을수록 더 큽니다.

5 $\left(\dfrac{1}{3}, \dfrac{2}{3}\right)$, $\left(\dfrac{1}{4}, \dfrac{2}{4}, \dfrac{3}{4}\right)$, $\left(\dfrac{1}{5}, \dfrac{2}{5}, \dfrac{3}{5}, \dfrac{4}{5}\right)$, …
2개   3개   4개
2+3+4+5+6+7=27이므로 27번째 분수는 $\dfrac{7}{8}$, 28번째 분수는 $\dfrac{1}{9}$, 29번째 분수는 $\dfrac{2}{9}$, 30번째 분수는 $\dfrac{3}{9}$입니다.

6
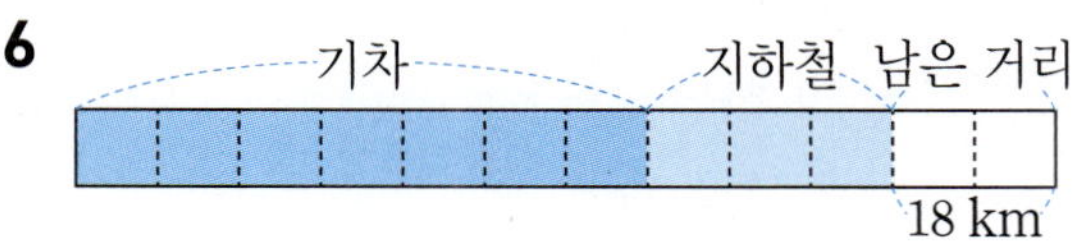

그림으로 나타내면 버스를 탄 거리인 18 km는 전체의 $\dfrac{2}{12}$입니다. 전체의 $\dfrac{1}{12}$은 18÷2=9 (km)이므로 집에서 부산까지의 거리는 12×9=108 (km)입니다.

경시대회 도전 문제

28~32쪽

1 4개	**2** $\dfrac{2}{11}$	**3** 194
4 28 / 4	**5** 120초	
6 31	**7** 2분 42초	**8** 266
9 104 cm	**10** 17 cm 9 mm	
11 79분	**12** 30, 42	

1 16×8=128이고, 45×7=315이므로 128<□9×5<315입니다.
19×5=95 (×), 29×5=145 (○), 39×5=195 (○), 49×5=245 (○), 59×5=295 (○), 69×5=345 (×)이므로 □ 안에 들어갈 수 있는 수는 2, 3, 4, 5로 모두 4개입니다.

2
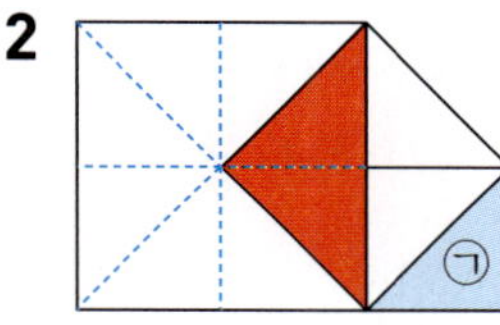
왼쪽 그림과 같이 삼각형 ㉠과 크기가 같은 삼각형으로 도형을 똑같이 나누면 11개로 나누어집니다.
따라서 빨간색 삼각형은 만들어진 도형 전체를 똑같이 11로 나눈 것 중의 2이므로 전체의 $\dfrac{2}{11}$입니다.

3 276◉154=276+276+154=552+154=706이고, □◉318=□+□+318입니다.
➜ □+□+318=706, □+□=388에서 194+194=388이므로 □=194입니다.

4 ㉠÷㉡=7을 만족하는 (㉠, ㉡)을 구하면 (7, 1), (14, 2), (21, 3), (28, 4), …입니다.
이 중에서 ㉠+㉡=32인 것은 28+4=32이므로 ㉠은 28이고, ㉡은 4입니다.

5 물이 채워지지 않은 부분은 물통 전체의 0.1=$\dfrac{1}{10}$입니다.
물이 채워진 부분은 전체를 똑같이 10으로 나눈 것 중의 10-1=9이므로 물통 전체의 $\dfrac{9}{10}$=0.9입니다.
0.9는 0.1이 9개인 수, 0.3은 0.1이 3개인 수이므로 0.9는 0.3의 3배입니다.
➜ (물을 받은 시간)=40×3=120(초)

6 어떤 두 자리 수를 ㉠㉡이라 하면 이 수의 일의 자리 숫자와 십의 자리 숫자를 바꾼 수는 ㉡㉠입니다.
㉡㉠×6=78에서 ㉠×6의 일의 자리 숫자가 8이므로 ㉠은 3 또는 8입니다.

· ㉠=3이면

$$\begin{array}{r} ㉡\ 3 \\ \times\quad 6 \\ \hline 7\ 8 \end{array}$$

3×6=18에서 올림한 수 1을 더한 값이 7이어야 하므로 ㉡×6=6, ㉡=1입니다.

· ㉠=8이면

$$\begin{array}{r} ㉡\ 8 \\ \times\quad 6 \\ \hline 7\ 8 \end{array}$$

8×6=48에서 올림한 수 4를 더한 값이 7이어야 하므로 ㉡×6=3이고, 이를 만족하는 ㉡은 존재하지 않습니다.

따라서 ㉠=3, ㉡=1이므로 어떤 두 자리 수는 31입니다.

7 오전 9시 $\xrightarrow{3시간}$ 낮 12시 $\xrightarrow{3시간}$ 오후 3시

오전 9시부터 오후 3시까지는 6시간입니다.
도영: (시계가 느려지는 시간)=15×6=90(초)
➜ 1분 30초 느려지므로 오후 2시 58분 30초를 가리킵니다.
정우: (시계가 빨라지는 시간)=12×6=72(초)
➜ 1분 12초 빨라지므로 오후 3시 1분 12초를 가리킵니다.
(두 사람의 시계가 가리키는 시각의 차)
=오후 3시 1분 12초−오후 2시 58분 30초
=2분 42초

다른 풀이

(두 사람의 시계가 가리키는 시각의 차)
=(도영이의 시계가 느려지는 시간)
　+(정우의 시계가 빨라지는 시간)
=1분 30초+1분 12초=2분 42초

8

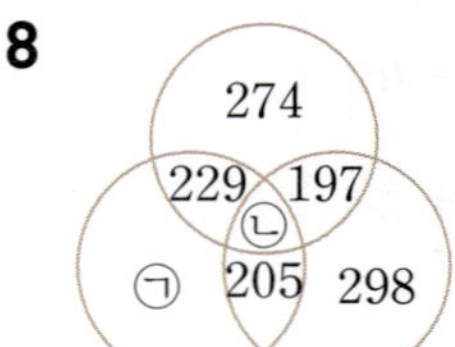

한 원 안에 있는 네 수의 합을 구합니다.
· 274+229+197+㉡=700+㉡
· 229+㉠+205+㉡=434+㉠+㉡
· 197+㉡+205+298=700+㉡
한 원 안에 있는 네 수의 합이 같으므로
434+㉠+㉡=700+㉡이므로 434+㉠=700입니다.
➜ ㉠=700−434=266

9 가장 작은 정사각형 ㉣의 한 변의 길이는 정사각형 ㉢의 한 변의 길이의 반인 4 cm입니다.
(정사각형 ㉡의 한 변의 길이)=8+4=12 (cm)
(정사각형 ㉠의 한 변의 길이)=8+12=20 (cm)
가장 큰 직사각형의 가로는 12+20=32 (cm)이고, 세로는 20 cm이므로 가장 큰 직사각형의 네 변의 길이의 합은 32+20+32+20=104 (cm)입니다.

10 점 ㉠에서 점 ㉡까지 그을 수 있는 가장 짧은 선의 길이는 가장 작은 직사각형의 긴 변 2개와 짧은 변 3개만큼의 길이의 합과 같습니다.

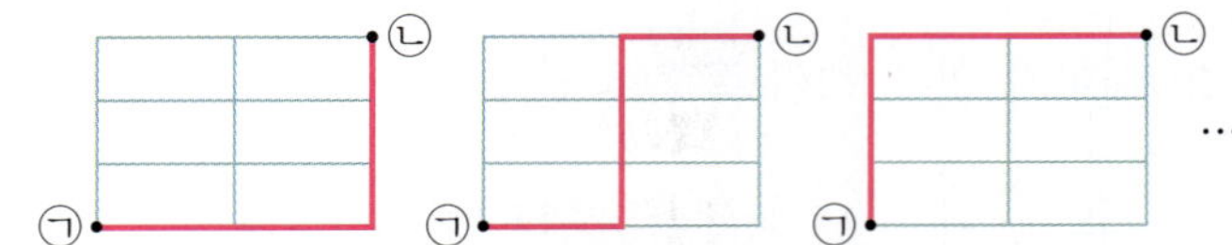

(가장 작은 직사각형의 긴 변 2개의 길이)
=46 mm+46 mm=92 mm
2 cm 9 mm=29 mm이므로
(가장 작은 직사각형의 짧은 변 3개의 길이)
=29 mm+29 mm+29 mm=87 mm
(점 ㉠에서 점 ㉡까지 그을 수 있는 가장 짧은 선의 길이)
=92 mm+87 mm=179 mm=17 cm 9 mm

11 4도막으로 자르려면 4−1=3(번) 잘라야 하므로
(나무 도막을 한 번 자르는데 걸리는 시간)
=21÷3=7(분)입니다.
10도막으로 자르려면 10−1=9(번) 자르고
9−1=8(번) 쉬어야 합니다.
➜ (나무 도막을 9번 자르는 데 걸리는 시간)
　=9×7=63(분)
　(8번 쉰 시간)=2×8=16(분)
따라서 나무 도막을 10도막으로 자르는 데 걸리는 시간은 63+16=79(분)입니다.

12 똑같이 6으로 나누어지는 수 중 50보다 작은 수:
6, 12, 18, 24, 30, 36, 42, 48
두 수의 합을 □라 하면 □÷8=9, □=8×9=72입니다.
➜ 6, 12, 18, 24, 30, 36, 42, 48 중 합이 72인 두 수는 24, 48 또는 30, 42입니다.
두 수의 차가 48−24=24, 42−30=12이므로 조건을 모두 만족하는 두 수는 30, 42입니다.

천재교육 초등 수학 로드맵

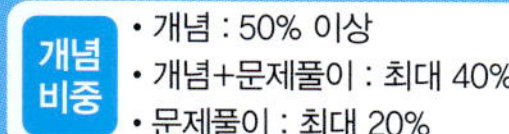

단계	연산 (개념+문제풀이)	연산 (문제풀이)	개념 (개념)	개념 (개념+문제풀이)	유형 (개념+문제풀이)	유형 (문제풀이)	시험 대비 (문제풀이)	특수 목적 (창의 사고력)	특수 목적 (문해력)
기초		계산박사	똑똑한 하루 수학	수학리더 개념 / 개념 해결의 법칙				창의력 수학 노크	
기본	연산력 수학 노크	수학리더 연산	개념클릭	수학리더 기본		수학 더 익힘			
			우등생 수학 / 수학의 힘 알파		수학리더 기본+응용	수학리더 유형			
실력		빅터연산			수학의 힘 베타	유형 해결의 법칙 / 수학리더 응용·심화	수학 단원평가	사고력 수학 노크	수학도 독해가 힘이다 / 독해가 힘이다 문장제 수학편
심화		창의융합 빅터연산				최고수준S / 응용 해결의 법칙			
최상위						최고수준 / 최강 TOT / 수학리더 최상위	HME 수학 학력평가		

※ 월간지: Go!매쓰, New 해법수학, 해법수학 개념학습, 메릭스 수학, 해법수학 단원평가 마스터

어린이제품
안전 특별법에
의한 품질 표시

에듀테크로 미래를 디자인하는
천재교육

AI가 추천하는 나를 위한 맞춤 학습!
빅데이터에 기반한 학습 트렌드 분석!
에듀테크가 펼치는 학습 현장은
놀라움의 연속입니다.

천재교육은 기술로 미래를 만들어 갑니다.

천재교육